国家示范性高职院校建设项目成果
高等职业教育教学改革系列精品教材

电气控制系统安装与调试
（第2版）

陆敏智　项亚南　主　编

电子工业出版社

Publishing House of Electronics Industry

北京·BEIJING

内 容 简 介

本书以三菱 FX_{3U} 系列 PLC 为控制器，基于亚龙 YL-158GA1 实训装置，结合性价比较高的昆仑通态触摸屏、三菱变频器、Kinco 步进电机、台达伺服电机进行各种对象的控制操作，介绍了三菱 FX_{3U} 系列 PLC 的 N∶N 通信和 CC-Link 通信处理方式，并分析了典型电气控制线路及故障排除方法。通过此实训装置进行相关知识点的学习，系统地整合了机电、自动化类专业所需掌握的专业知识及技能，使学生深刻理解上述工业生产设备的工作原理、操作及应用，同时有效地培养学生的实践动手能力、综合分析能力，体现职业院校"以就业为导向"的教学理念。

本书可作为高等职业院校机电一体化、电气自动化专业的教材，也可作为参加国家及省职业技能大赛的学生的参考用书，还可作为相关工程技术人员的培训教材。

未经许可，不得以任何方式复制或抄袭本书之部分或全部内容。
版权所有，侵权必究。

图书在版编目（CIP）数据

电气控制系统安装与调试 / 陆敏智，项亚南主编. —2 版. —北京：电子工业出版社，2023.1
ISBN 978-7-121-44901-7

Ⅰ. ①电… Ⅱ. ①陆… ②项… Ⅲ. ①电气控制系统－安装－高等学校－教材②电气控制系统－调试方法－高等学校－教材 Ⅳ. ①TM921.5

中国国家版本馆 CIP 数据核字（2023）第 016777 号

责任编辑：王艳萍
印　　刷：三河市双峰印刷装订有限公司
装　　订：三河市双峰印刷装订有限公司
出版发行：电子工业出版社
　　　　　北京市海淀区万寿路 173 信箱　邮编 100036
开　　本：787×1 092　1/16　印张：14.25　字数：364.8 千字
版　　次：2019 年 1 月第 1 版
　　　　　2023 年 1 月第 2 版
印　　次：2025 年 8 月第 3 次印刷
定　　价：49.00 元

凡所购买电子工业出版社图书有缺损问题，请向购买书店调换。若书店售缺，请与本社发行部联系，联系及邮购电话：(010) 88254888，88258888。
质量投诉请发邮件至 zlts@phei.com.cn，盗版侵权举报请发邮件至 dbqq@phei.com.cn。
本书咨询联系方式：wangyp@phei.com.cn，(010) 88254574。

前　　言

本书立足于高职人才培养目标，根据机电、自动化类专业人才培养方案和现状，结合工作岗位实践的特点，以亚龙 YL-158GA1 控制装置为载体，开发了相关机电控制类的实训项目，将可编程控制器、变频器技术、组态控制技术、电机控制技术、PLC 通信技术、线路排故等内容通过各个项目组合在一起，真正体现了专业综合实践的要求，为机电、自动化类学生的实习、就业做好了前期准备，体现了"以就业为导向"的教学理念。

专业综合实践课程是高职院校培养学生职业技能和职业素养不可缺少的重要环节。基于亚龙 YL-158GA1 实训装置的专业综合实践课程开发搭建了实践性较强的高职综合实训教学平台，不仅对于高职学生职业能力的形成具有促进作用，对于构建理论和实践有机结合的完整的高职教育课程体系也具有整体的推动作用。

本书分为 6 个模块，包括 22 个项目和 6 个综合训练，以三菱 FX_{3U} 系列 PLC 为控制器，结合性价比较高的昆仑通态触摸屏、三菱变频器、Kinco 步进电机、台达伺服电机进行各种对象的控制操作，并介绍了 PLC 和 PLC 之间、PLC 和触摸屏之间的通信处理方式和典型电气控制线路的分析及故障排除方法。通过此实训装置进行相关知识点的学习，系统地整合了机电、自动化类专业所需掌握的专业知识及技能，使学生深刻理解上述工业生产设备的工作原理、操作及应用，同时有效地培养学生的实践动手能力与综合分析能力。由于本课程的综合性较强，要求学习者有一定的 PLC 编程基础、触摸屏组态基础、传感器检测技术知识及一定的动手实践能力与专业技能。

本课程所实施的理论与实践教学可使学生：
（1）对 YL-158GA1 高级维修电工实训装置的架构与组建有全局性的认知；
（2）了解整个实训装置各单元的工作原理；
（3）掌握各单元所采用的核心控制模块的工作原理与实现方式；
（4）熟练掌握各单元功能的实现方案，包括编程、硬件接线、程序下载及调试；
（5）掌握 PLC 与 PLC 之间、PLC 与触摸屏之间的通信处理方式；
（6）掌握典型电气控制线路的分析与故障排除方法。

机电、自动化类专业综合实践的传统教学方式是根据课程内容的结构，分知识点、技能点，按照学科教学的进度、顺序，分阶段使学生形成相应能力的，却不能完全符合职业岗位工作的系统性要求。各个高职院校的机电、自动化类专业综合实践依托的实训平台各不相同。基于 YL-158GA1 实训装置的综合实践项目式教学将学生按照课程顺序和教学进度分散掌握的能力贯穿起来，让学生在一个个真实的项目任务中全面了解电气设备从安装、接线到编程、调试的整个过程，同时在协同工作中培养一定的职业素养和团队合作能力。

本书由江苏信息职业技术学院陆敏智、项亚南担任主编，吴轶群、喻永康担任技术支持，具体分工如下：绪论、模块一～模块四由陆敏智编写，模块五、模块六由项亚南编写，吴轶群、喻永康负责项目开发、资料收集及技术支持。编者均具有多年的专业综合实践课程教学经历及电气系统技能竞赛指导经验。项目内容根据现场教学及竞赛导向编制，具有一定的实操性及实用性。本书编写过程中参考了大量书籍和手册资料，在此向各位相关作者表示感谢。

本书配有免费的电子教学课件，请有需要的教师登录华信教育资源网（www.hxedu.com.cn）

免费注册后进行下载，如有问题请在网站留言或与电子工业出版社联系（E-mail：wangyp@phei.com.cn）。

本书中界面截图均采用软件原图，不再另行修改大小写、正斜体等。

由于编者的经验、水平有限，加之时间仓促，书中难免在内容和文字上存在不足之处，敬请批评指正。

编　者

目　　录

绪论 ·· (1)

模块一　PLC 与触摸屏的控制系统设计 ································· (5)
　　项目 1.1　PLC 与触摸屏的连接与调试 ····························· (5)
　　项目 1.2　三相异步电动机的星-三角启动控制 ··················· (15)
　　项目 1.3　PLC 与触摸屏的交通灯控制 ····························· (21)
　　项目 1.4　知识竞赛抢答器控制 ······································· (28)
　　综合训练——机械手运动控制系统 ······································· (36)

模块二　PLC 与变频器的控制系统设计 ································· (44)
　　项目 2.1　变频器对三相交流电动机的简单控制操作 ··········· (44)
　　项目 2.2　PLC 与变频器对三相交流电动机的正反转控制 ···· (51)
　　项目 2.3　PLC 与变频器的模拟量控制 ····························· (58)
　　项目 2.4　三相交流电动机的七段速控制 ··························· (63)
　　综合训练——分拣装置控制（FX_{3U}-3A-ADP 应用） ············· (69)

模块三　基于 PLC 和触摸屏的步进电机控制设计 ··················· (80)
　　项目 3.1　步进电机与步进驱动器认知 ······························ (80)
　　项目 3.2　三相步进电机正反转行程控制 ··························· (87)
　　项目 3.3　基于传感器和触摸屏的步进电机控制 ·················· (91)
　　项目 3.4　基于 PLC、编码器和触摸屏的步进电机控制 ········ (95)
　　综合训练——机械手坐标位置控制 ···································· (101)

模块四　基于 PLC 和触摸屏的伺服电机控制设计 ·················· (107)
　　项目 4.1　伺服电机及伺服驱动器认知 ······························ (107)
　　项目 4.2　伺服系统的参数设置及简单控制 ······················· (116)
　　项目 4.3　伺服电机定位及速度控制 ·································· (123)
　　综合训练——伺服电机运动控制 ······································· (131)

模块五　电气控制系统通信处理 ·· (137)
　　项目 5.1　三菱 FX_{3U} 系列 PLC N∶N 通信 ······················ (137)
　　项目 5.2　基于 FX_{3U}-485-BD 的三菱 PLC 与 MCGS 触摸屏的通信 ··· (145)
　　项目 5.3　三菱 Q 系列 PLC 与 FX 系列 PLC 的 CC-Link 通信 ··· (151)
　　综合训练——定长切料控制系统 ······································· (163)

模块六　电气控制系统分析与故障维修 ·································· (169)
　　项目 6.1　X62W 铣床电气控制线路调试与排故 ·················· (169)

项目6.2　T68镗床电气控制线路调试与排故 …………………………………（181）

项目6.3　YL-158GA1故障检测单元排故 ………………………………………（186）

项目6.4　TE82系列直流电动机调速器工作原理与排故 ………………………（195）

综合训练——TE82系列直流电动机调速器与排故 ……………………………（203）

附录A　通用变频器FR-E740常用参数一览表 …………………………………（206）

附录B　FX$_{3U}$系列PLC定位用特殊软元件 ……………………………………（212）

附录C　台达ASDA-B2系列伺服参数一览表 …………………………………（216）

参考文献 ………………………………………………………………………………（222）

绪　　论

专业综合实践是机电专业的核心课程，很多学校以亚龙 YL-158GA1 实训装置作为学习平台。本课程融合了三菱 PLC、昆仑通泰 MCGS 触摸屏、传感器检测、通信方式、步进电机、步进驱动器、伺服驱动器、变频器、电气线路排故等众多知识点，是学生走向就业岗位的衔接课程。

YL-158GA1 电气控制技术实训考核装置由实训柜体、门板电气控制元件（组件）、仪表、实训考核单元挂板、典型机床电路挂板、电机单元、运动单元、温度控制组件、网孔挂板等组成。其外观如图 0-1 所示。

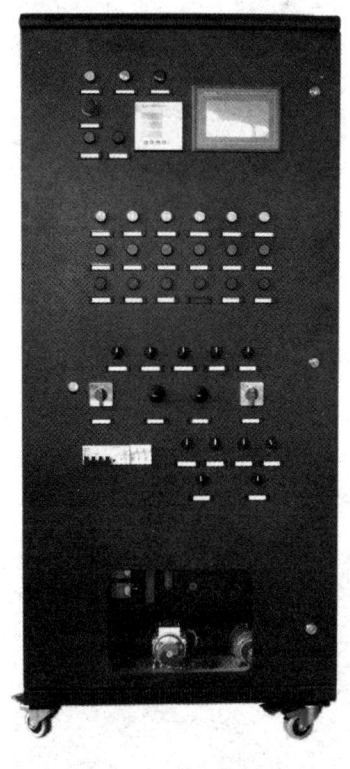
（a）正面实物图

（b）反面实物图

图 0-1　YL-158GA1 电气控制技术实训考核装置外观

该装置具有电气控制系统的电路设计、安装和布线，传感器接线与调整，PLC 编程，模拟量模块应用，人机界面组态，电机驱动（含变频器、伺服驱动器及伺服电机、步进电机及步进驱动器、继电控制与保护、三相晶闸管直流调速系统、温度控制器、增量型编码器）参数设定，以及系统统调、运行，典型机床控制电路故障排除等功能。

该实训考核装置主要组件如下。

1. 主令电气及仪表单元挂板

主令电气及仪表单元挂板是 YL-158GA1 中的控制信号和显示（指示）单元，在整个电气控制系统中，起着向系统中的其他单元提供控制信号的作用，如图 0-2 所示。

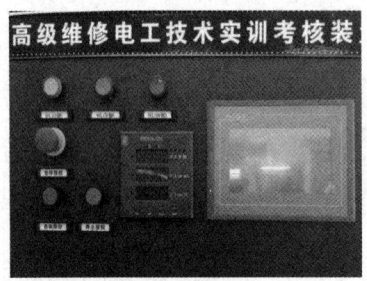

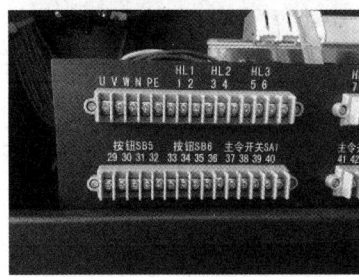
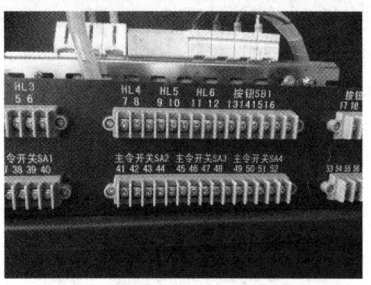

图 0-2　主令电气及仪表单元挂板

主要组成：包括进线电源控制与保护、主令电气控制元件、指示灯、触摸屏、显示仪表、紧急停止按钮等。

2. PLC 控制单元挂板

PLC 控制单元挂板是 YL-158GA1 中的主要控制单元，在整个系统中，起着对输入信号进行处理和输出电气控制信号等重要作用，如图 0-3 所示。

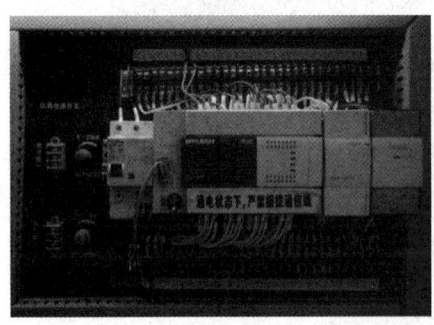
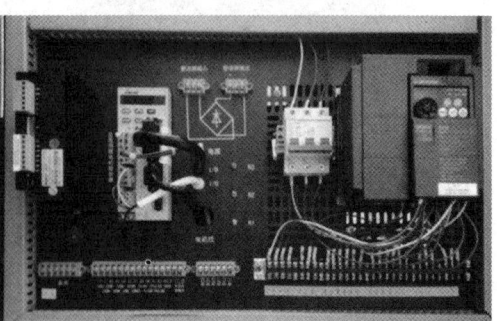

图 0-3　PLC 控制单元挂板

主要组成：包括 PLC、模拟量模块、扩展模块、0～20mA 标准恒流源、0～10V 标准恒压源、数字式显示仪表、变频器、伺服驱动器、步进驱动器等。PLC 型号为三菱 FX_{3U}-32MT，32 个输入/输出点数，晶体管输出形式，可用于步进电机和伺服电机的控制。

3. 继电控制单元挂板

继电控制单元挂板是 YL-158GA1 中实现基本的电机拖动控制的一个单元，在整个电气自动控制系统中，起着对 PLC 控制信号进行放大和执行的作用，同时可实现独立的继电拖动功能，如图 0-4 所示。

图 0-4　继电控制单元挂板

主要组成：包括断路器、熔断器、接触器、中间继电器、热保护继电器、行程开关、时间继电器、电机等。

同时还安装了由伺服、步进电机驱动（可相互转换）的小车运动装置，并且安装了传感器、微动开关、滚珠丝杠、增量型编码器等。

4. 电力电子单元挂板

电力电子单元挂板为一个相对独立的三相晶闸管全控桥整流的直流调速系统和测功、测矩、测速数字显示仪表，可通过外部电路实现对其的转速控制和启动/停止控制，实现开环控制、单闭环（电流环）控制、双闭环（电流环及速度环）控制功能，同时还可以进行故障设置，使用万用表和示波器等对故障现象进行分析，并用计算机进行故障排除，如图 0-5 所示。

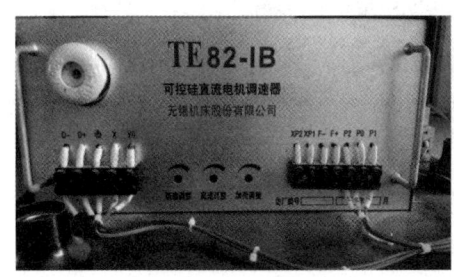

（a）直流调速系统　　　　　　　　　　（b）电路系统

图 0-5　电力电子单元挂板

主要组成：包括三相晶闸管全控桥整流的直流调速系统（电流环及速度环）、测功仪（含测功、测矩、测速）、三相整流变压器和同步变压器、磁盘电位器负载、直流电机机组、故障设置单元、励磁电源等。

5. 典型机床电路智能考核单元挂板

该单元通过对典型机床电路故障现象的分析和判断，测量和检查故障点，使用计算机智能考核软件排除故障，完成机床电路的故障检查和排除，如图 0-6 所示。

主要组成：包括 X62W 铣床电路、T68 镗床电路、YL-158GA1 排故板、计算机智能考核软件等。

（a）X62W 铣床电路

（b）T68 镗床电路

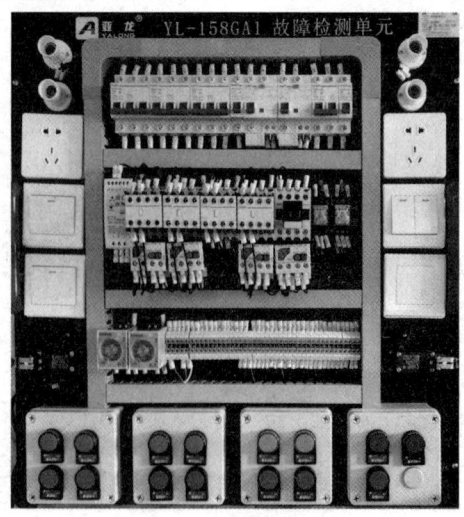

（c）YL-158GA1 排故板

图 0-6　典型机床电路智能考核单元挂板

模块一 PLC 与触摸屏的控制系统设计

本模块主要介绍 PLC 与 TPC7062Ti 触摸屏的综合控制，在 MCGS 组态软件的设计环境中，利用设备窗口组态，进行参数设置，将组态软件中的实时数据库变量与 PLC 程序中的变量相互连接，实现对外部负载对象的联合控制。

学习目标：
1. 掌握 MCGS 触摸屏的画面设计及动画组态。
2. 熟悉 PLC 与触摸屏的组态方法。
3. 掌握 MCGS 组态软件与 PLC 连接的参数设置。
4. 掌握 PLC 与触摸屏联合控制的系统接线、编程与调试方法。
5. 能够排除组态过程中的常见故障。

项目 1.1　PLC 与触摸屏的连接与调试

一、项目任务

将一台三菱 FX$_{3U}$ 系列 PLC 与触摸屏连接起来，并进行以下测试：利用触摸屏画面上的两个按钮控制 YL-158GA1 箱门上的交流 220V 供电的一盏灯点亮和熄灭；利用 YL-158GA1 箱门上的两个硬件按钮控制触摸屏画面上的一盏灯点亮和熄灭。

二、项目准备

三菱 FX$_{3U}$ 系列 PLC、MCGS 触摸屏、下载线、通信线、计算机、接线工具。

三、项目分析

YL-158GA1 采用了昆仑通态研发的人机界面 TPC7062Ti，在实时多任务嵌入式操作系统 Windows CE 环境中运行，MCGS 嵌入式组态软件组态。

该产品采用了 7 英寸高亮度 TFT 液晶显示屏（分辨率为 800 像素×480 像素），四线电阻式触摸屏（分辨率为 4096 像素×4096 像素），64KB 彩色。

CPU 主板：Cortex-A8 CPU 为核心，主频为 600MHz，128MB 存储空间。

TPC7062Ti 人机界面的硬件连接：TPC7062Ti 人机界面的电源接口、各种通信接口均在其背面，如图 1-1（a）所示。其中网口支持计算机上组态工程项目 TCP/IP 网络下载，USB1 口用来连接鼠标和 U 盘等，USB2 口用于计算机上组态工程项目 USB 通信下载，COM 串口用于和 PLC 进行连接控制。USB2 下载线和串口通信线如图 1-1（b）所示。

在 YL-158GA1 的出厂配置中，组态工程画面通过 USB2 口下载到触摸屏中，触摸屏通过 COM 串口直接与 PLC 的编程口连接，所使用的通信线带有 RS-232/RS-422 转换器。

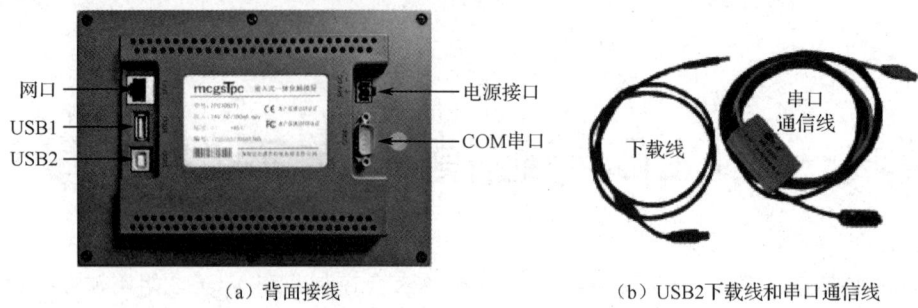

(a) 背面接线　　　　　　　　(b) USB2下载线和串口通信线

图 1-1　TPC7062Ti 的接口

为了实现正常通信，除了正确进行硬件连接，尚需对触摸屏的串口属性进行设置，这将在设备窗口组态中实现。

1. 触摸屏设备窗口组态

设备窗口是 MCGS 系统的重要组成部分，负责建立系统与外部硬件设备的连接，使得 MCGS 能从外部设备读取数据并控制外部设备的工作状态，实现对工业过程的实时监控。

在 MCGS 中，实现设备驱动的基本方法是：在设备窗口内配置不同类型的设备构件，并根据外部设备的类型和特征，设置相关的属性，将设备的操作方法，如硬件参数配置、数据转换、设备调试等都封装在构件之内，以对象的形式与外部设备建立数据的传输通道连接。系统运行过程中，设备构件由设备窗口统一调度管理，通过通道连接，向实时数据库提供从外部设备采集到的数据，从实时数据库查询控制参数，发送给系统其他部分，进行控制运算和流程调度，实现对设备工作状态的实时检测和过程的自动控制。

MCGS 的这种结构形式使其成为一个与设备无关的系统，对于不同的硬件设备，只需定制相应的设备构件，放置到设备窗口中，并设置相关的属性，系统就可对这一设备进行操作，而不需要对整个系统结构做任何改动。设置方法是在 MCGS 组态软件工作台的"设备窗口"选项卡下，双击"设备窗口"图标，将弹出"设备组态"对话框，如图 1-2 所示。

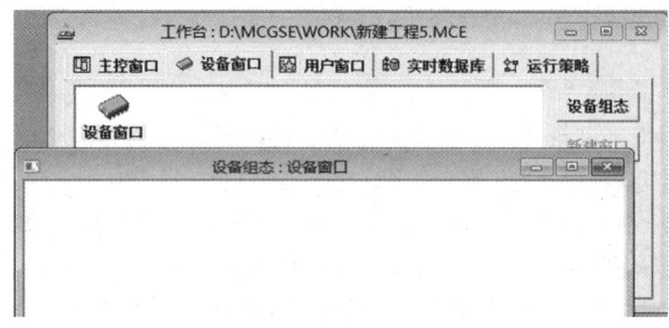

图 1-2　"设备组态"对话框

在 MCGS 单机版中，一个用户工程只允许有一个设备窗口，设置在主控窗口内。运行时，由主控窗口负责打开设备窗口。设备窗口是不可见的窗口，在后台独立运行，负责管理和调度设备驱动构件的运行。

由于 MCGS 对设备的处理采用了开放式的结构，在实际应用中，可以很方便地定制并增加所需的设备构件，不断充实设备工具箱。MCGS 将逐步提供与国内外常用的工控产品相对应的设备构件，同时，MCGS 也提供了一个接口标准，以方便用户用 Visual Basic 或 Visual C++ 编程工具自行编制所需的设备构件，装入 MCGS 的设备工具箱内。MCGS 提供了一个高级开发向导，能为用户自动生成设备驱动程序的框架。

对已经编好的设备驱动程序，MCGS 使用设备构件管理工具进行管理，单击工具条中的"工具箱"按钮 ，将弹出"设备工具箱"对话框，单击"设备工具箱"中的"设备管理"按钮，将弹出如图 1-3 所示的"设备管理"对话框。

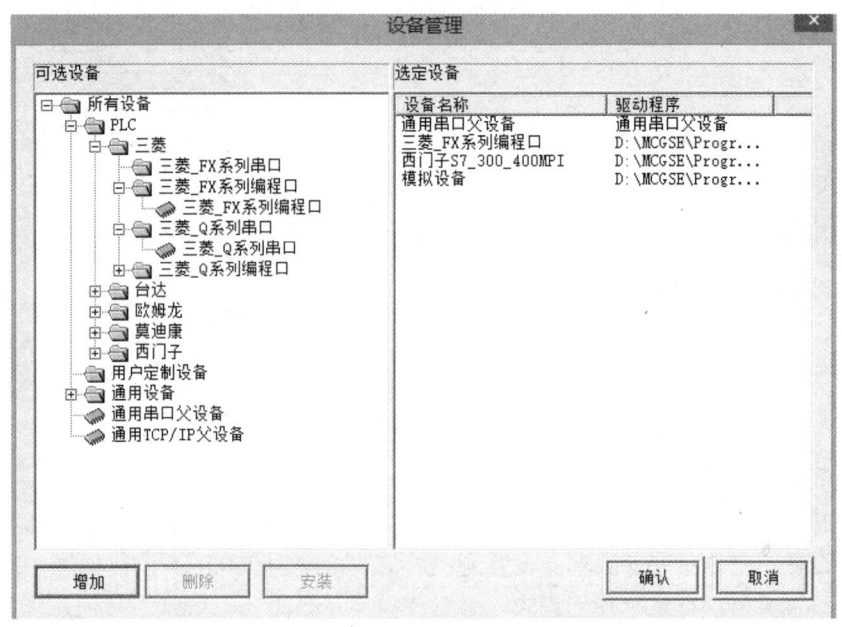

图 1-3 "设备管理"对话框

设备管理工具的主要功能是方便用户在上百种的设备驱动程序中快速找到适合自己的设备驱动程序，并完成所选设备在 Windows 中的登记和删除登记等工作。

在初次使用 MCGS 设备或用户自己新编设备之前，必须按下面的方法完成设备驱动程序的登记，否则，可能出现不可预测的错误。

设备驱动程序的登记方法：如图 1-3 所示，在对话框左边列出 MCGS 现在支持的所有设备，在对话框右边列出所有已登记设备，用户只需在对话框左边的列表框中选中需要使用的设备，单击"增加"按钮即完成了 MCGS 设备的登记工作；在对话框右边的列表框中选中需要删除的设备，单击"删除"按钮即完成了 MCGS 设备的删除登记工作。下面以三菱 FX 系列 PLC 为例，来了解硬件设备与 MCGS 组态软件是如何连接的。具体操作如下：

（1）在 MCGS 组态软件中新建一个工程，并在实时数据库中新建启动按钮、停止按钮和灯三个开关型变量。

（2）在 MCGS 组态软件开发平台上，双击"设备窗口"图标，进入"设备组态"对话框，如图 1-2 所示。在工具条中单击"工具箱"按钮，弹出"设备工具箱"对话框。单击"设备管理"按钮，弹出"设备管理"对话框。在"可选设备"中双击"通用设备"，找到"通用串口父设备"后双击，选中其下的"通用串口父设备"，单击"增加"按钮，加到右面已选设备中。再双击"PLC"，找到"三菱"后双击，再双击"三菱_FX 系列编程口"，选中其下的"三菱_FX 系列编程口"，单击"增加"按钮，加到右面已选设备中，如图 1-3 所示。

（3）单击"确认"按钮，回到"设备工具箱"对话框，如图 1-4 所示。此时设备工具箱中添加了需要用到的设备。

（4）双击"设备工具箱"中的"通用串口父设备"，再双击"三菱_FX 系列编程口"，如图 1-5 所示，此时"通用串口父设备"和"三菱_FX 系列编程口"已经被添加到设备组态窗口中了。

图 1-4 "设备工具箱"对话框

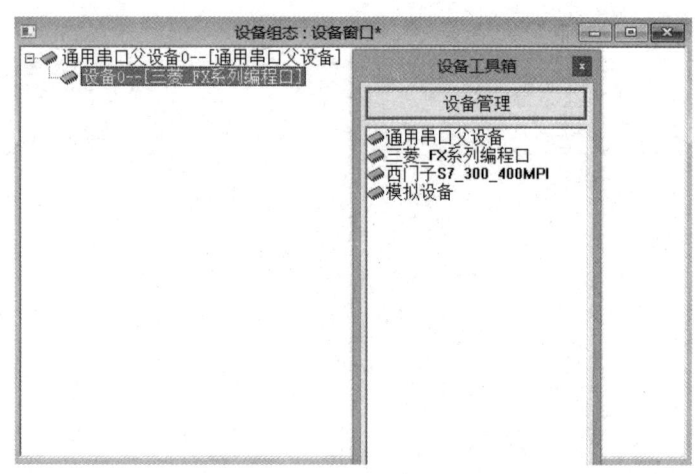

图 1-5 添加"通用串口父设备"和"三菱_FX 系列编程口"

双击"通用串口父设备"，弹出"通用串口设备属性编辑"对话框，如图 1-6 所示，按实际情况进行设置，三菱系列参数默认设置为：通信波特率为 9600，8 位数据位，1 位停止位，偶校验。串口端口号根据实际使用设置。参数设置完毕，单击"确认"按钮。如果是首次使用，请单击"帮助"按钮，打开"MCGS 帮助系统"，进行详细阅读。

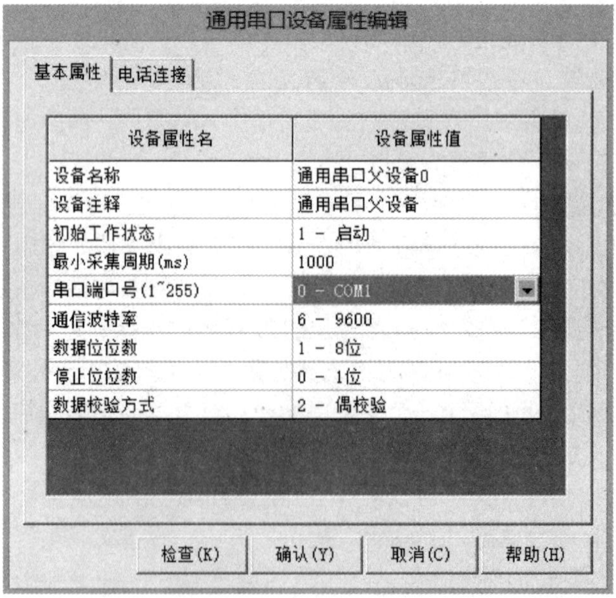

图 1-6 "通用串口设备属性编辑"对话框

计算机串口是计算机和其他设备通信时最常用的一种通信接口，一个串口可以挂接多个通信设备（如一个 RS-485 总线上可挂接 255 个 ADAM 通信模块，但它们共用一个串口父设备），为适应计算机串口的多种操作方式，MCGS 组态软件采用在通用串口父设备下挂接多个通信子设备的通信设备处理机制，各个子设备继承一些父设备的公有属性，同时又具有自己的私有属性。在实际操作时，MCGS 提供一个通用串口父设备构件和多个通信子设备构件，通用串口父设备构件完成对串口的基本操作和参数设置，通信子设备构件则为串口实际挂接设备的驱动程序。

"三菱_FX 系列编程口"构件用于 MCGS 操作和读写三菱 FX 系列 PLC 设备的各种寄存器的数据或状态。本构件使用三菱通信协议，采用通用的 RS-232/485 转换器，能够方便、快速地与 PLC 通信。

在图 1-5 中双击"设备 0--[三菱_FX 系列编程口]"，弹出"设备编辑窗口"对话框，如图 1-7 所示，在设置属性之前，可以先仔细阅读"MCGS 帮助系统"，了解在 MCGS 组态软件中如何操作三菱 FX 系列 PLC。

图 1-7 "设备编辑窗口"对话框

首先，根据实际连接的 PLC 的子系列型号设置 CPU 类型，如果 CPU 类型选择的不对，PLC 将没有任何响应。其他设备属性值采用默认设置。

其次，单击"设备编辑窗口"对话框右侧的"删除全部通道"按钮，将系统自定义的 X0000～X0007 通道全部删除，再单击"增加设备通道"或"删除设备通道"按钮来对项目需要的变量进行操作。单击"增加设备通道"按钮,弹出"增加通道"对话框,如图1-8所示,设置好后单击"确认"按钮。

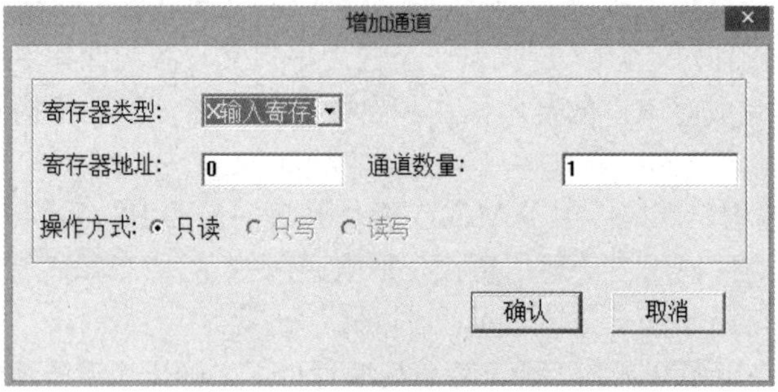

图1-8 "增加通道"对话框

"三菱_FX系列编程口"设备构件把PLC的通道分为只读、只写、读写三种情况,只读用于把PLC中的数据读入到MCGS的实时数据库中;只写用于把MCGS实时数据库中的数据写入到PLC中;读写则可以从PLC中读数据,也可以往PLC中写数据。当第一次启动设备工作时,把PLC中的数据读到MCGS的实时数据库中,以后若MCGS不改变寄存器的值则把PLC中的值读回去。若MCGS要改变当前值,则把值写到PLC中,这种操作的目的是防止用户PLC程序中有些通道的数据在计算机第一次启动,或计算机中途死机时不能复位,另外可以节省变量的个数。

此操作也可以通过单击图1-7中左侧"[内部属性]"中的"设置设备内部属性"来操作,选中后出现▒图标,单击▒图标,弹出"三菱_FX系列编程口通道属性设置"对话框,如图1-9所示。

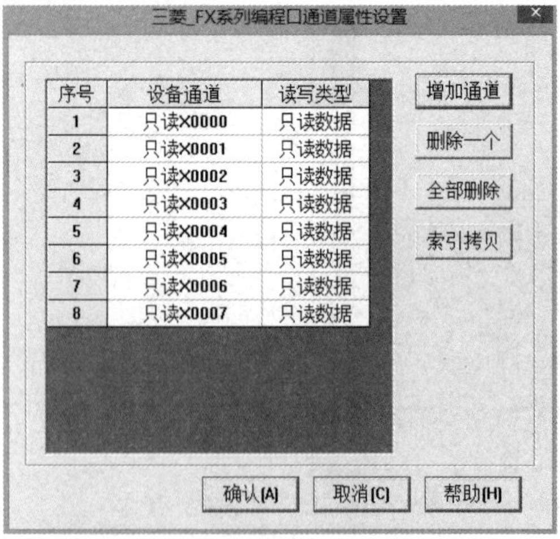

图1-9 内部属性设置

所需通道增加后,接下来就是要将PLC中的软元件与MCGS编程软件里实时数据库中定义的变量进行连接,单击图1-7中的"快速连接变量"按钮,按如图1-10所示进行设置。

选择PLC软元件对应的组态变量名称,单击"确认"按钮,就可以将两者连接起来。其他参数变量连接过程相同。

模块一　PLC与触摸屏的控制系统设计

图1-10　连接变量

单击图1-7中"启动设备调试"按钮就可以在线调试"三菱_FX系列编程口",如图1-11所示。

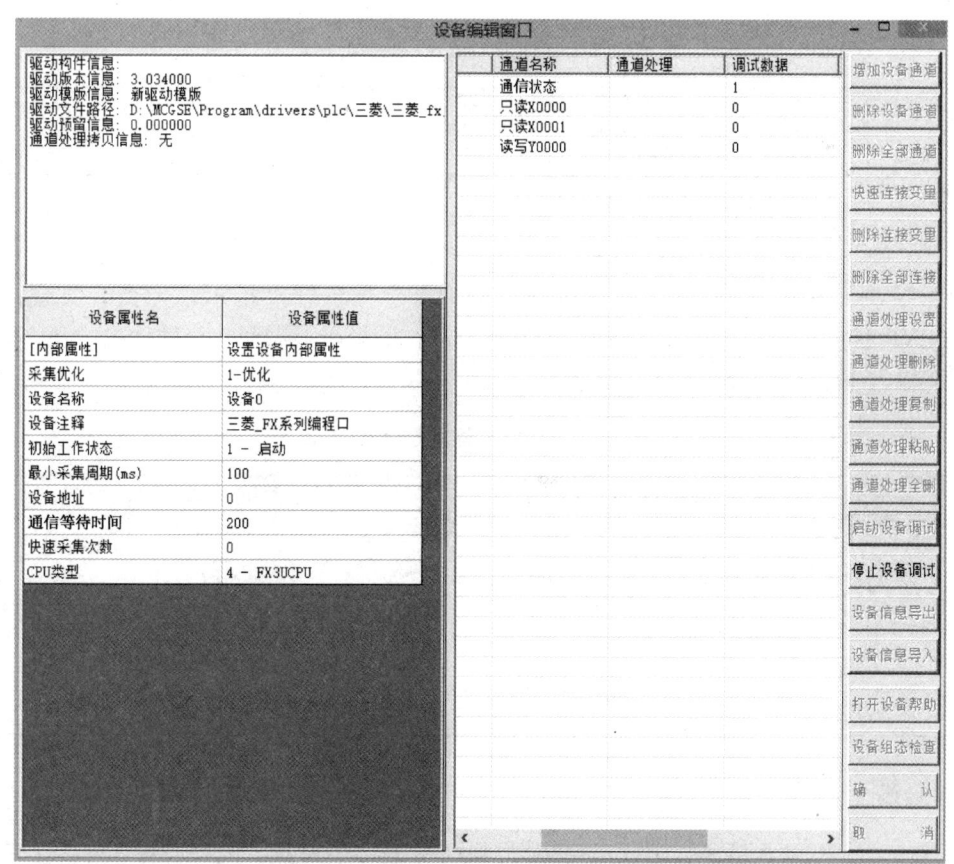

图1-11　在线调试

如果"通信状态"标志为0则表示通信正常,否则MCGS组态软件与"三菱_FX系列编程口"设备通信失败。如果通信失败,则按以下方法排除问题。

（1）检查 PLC 是否上电。
（2）检查通信电缆是否正常。
（3）确认 PLC 的实际地址是否和设备构件基本属性页的地址一致，若不知道 PLC 的实际地址，则用编程软件的搜索工具检查，若有则会显示 PLC 的地址。
（4）检查对某一寄存器的操作是否超出范围。

2. FX$_{2N}$-16EYR 模块

本项目中，控制对象为箱门上 AC 220V 供电的指示灯，对于本体 FX$_{3U}$-32MT 型号的 PLC，它属于晶体管输出型的 PLC，无法控制交流负载，因此需要用到扩展模块。三菱 FX$_{2N}$-16EYR 是三菱 PLC 中的一种输出扩展模块，其结构图如图 1-12 所示。

FX$_{2N}$-16EYR 与 FX$_{3U}$ 的 PLC 主机可以搭配使用，通过扩展口接入 PLC 本体即可。它扩展了 16 点的开关量输出信号，继电器输出，能够用于交流负载的控制。其参数表如表 1-1 所示。

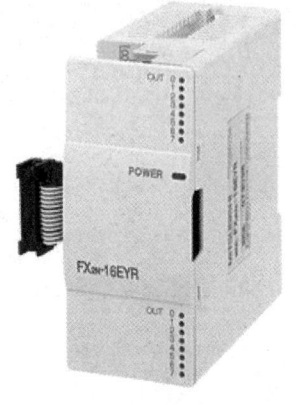

图 1-12 FX$_{2N}$-16EYR 结构图

表 1-1 FX$_{2N}$-16EYR 参数表

型号	合计点数	输出形式	电源	体积（$W \times H \times L$/mm³）	质量	适用机型
FX$_{2N}$-16EYR	16 点输出	继电器	主机提供	43×90×87	0.2kg	FX$_{1N}$、FX$_{2N}$、FX$_{3U}$

3. 输入/输出分配

根据控制要求，需要 2 个硬件按钮、一个硬件指示灯，指示灯为交流负载，接入 FX$_{2N}$-16EYR 扩展模块，起始地址编号从 Y020 开始。触摸屏上需要 2 个软件按钮、一个软件指示灯。输入/输出分配表如表 1-2 所示。

表 1-2 输入/输出分配表

输入信号			输出信号		
设备名称	代号	输入地址编号	设备名称	代号	输出地址编号
启动按钮	SB1	X000	灯	HL1	Y020
停止按钮	SB2	X001	触摸屏指示灯		M5
触摸屏"启动按钮"		M0			
触摸屏"停止按钮"		M1			

4. 接线图

根据以上输入/输出分配，需要用到按钮、指示灯等外部硬件，PLC 外部接线图如图 1-13 所示。

四、项目实施

1. 设备窗口组态过程

在 MCGS 组态软件中新建一个工程,设计如图 1-14 所示的画面,并设置"启动按钮""停止按钮"和指示灯的属性。在 MCGS 组态软件开发平台上,进行设备窗口组态,组态设置如图 1-15 所示。

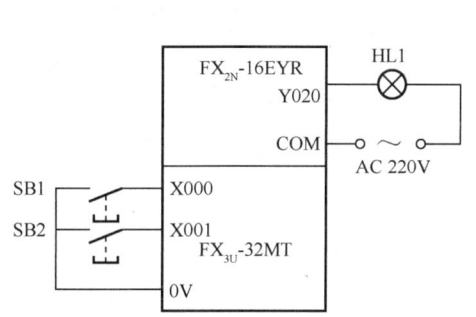

图 1-13　PLC 外部接线图

图 1-14　触摸屏参考画面

图 1-15　设备窗口组态设置

2. PLC 程序设计

PLC 参考程序如图 1-16 所示,M0 为触摸屏上的"启动按钮"关联的软元件,M1 为触摸屏上的"停止按钮"关联的软元件。当按下触摸屏上的"启动按钮"时,M0 常开触点闭合,使得 Y020 得电输出并自锁,控制外部硬件灯点亮;当按下触摸屏上的"停止按钮"时,M1

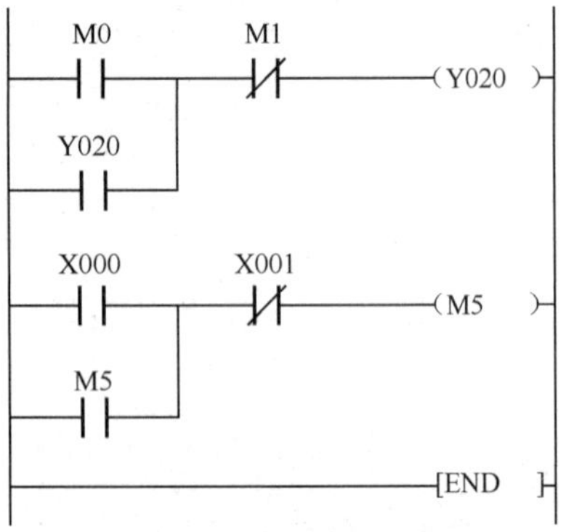

常闭触点断开，使得 Y020 断电，控制外部硬件灯熄灭。

X000 为外部硬件启动按钮，X001 为外部硬件停止按钮，M5 为触摸屏上的指示灯关联的软元件。当按下硬件启动按钮时，X000 常开触点闭合，控制 M5 得电并自锁，使得触摸屏上的指示灯点亮（变成绿色）；当按下硬件停止按钮时，X001 常闭触点断开，控制 M5 断电，使得触摸屏上的指示灯熄灭（变成红色）。

3. 下载触摸屏画面

串口通信线见图 1-1（b），连接后下载工程，弹出"下载配置"对话框，触摸屏下载配置如图 1-17 所示，单击"联机运行"按钮，"连接方式"选择"USB 通信"，单击"工程下载"按钮即可将触摸屏画面下载到触摸屏中。

图 1-16　PLC 参考程序

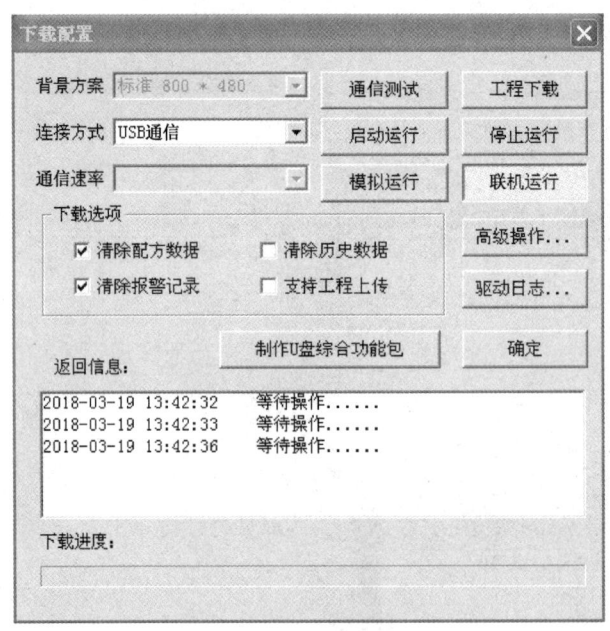

图 1-17　触摸屏下载配置

4. 写入 PLC 程序

写完程序后，将 PLC 程序下载线连接计算机的一头拔下，连接到触摸屏背面的串口上，实现触摸屏与 PLC 的连接（也可以采用三菱 FX 系列 RS-485 串口通信，不需要插拔接头，但需要设置 PLC 参数及触摸屏组态参数，见本书后面内容）。

5. 运行并调试程序

根据控制要求按下触摸屏上的"启动按钮""停止按钮"，观察外部硬件灯的运行情况；按下外部的硬件启动、停止按钮，观察触摸屏上指示灯的运行情况。若出现故障，应分别检查硬件电路接线、梯形图、触摸屏组态是否有误，修改后，应重新调试，直至系统按要求正常工作。

五、任务提升

利用 PLC 和触摸屏实现 2 盏灯的控制，要求如下：

在触摸屏上设计"启动按钮""停止按钮"和 2 盏指示灯。按下"启动按钮"，能够控制 YL-158GA1 箱门上的交流 220V 供电的 2 盏灯顺序点亮，间隔 5s；按下"停止按钮"，能够控制 2 盏灯逆序熄灭，间隔 5s。同时触摸屏上的 2 盏指示灯能够跟随硬件灯同步演示控制过程。

项目 1.2 三相异步电动机的星-三角启动控制

一、项目任务

利用 PLC 和触摸屏实现三相异步电动机的星-三角启动控制。动作过程和要求如下：

1. 电动机动作要求

按下启动按钮 SB1 后，三相异步电动机以星形运行 5s—三角形运行 5s—停止 2s 的周期一直运行，直到按下停止按钮 SB2，电动机停止运行，调试结束。电动机调试过程中，指示灯 HL1 以 1 Hz 的频率闪烁，调试结束，HL1 灯熄灭。

2. 触摸屏显示

在触摸屏上能够显示电动机是星形还是三角形运行，能够显示 HL1 的运行状态，并设有"启动按钮""停止按钮"，可控制电动机按照要求动作。

二、项目准备

三菱 FX_{3U} 系列 PLC、MCGS 触摸屏、三相异步电动机、继电控制单元、通信线、计算机、接线工具。

三、项目分析

1. 三相异步电动机主电路分析

三相异步电动机星-三角启动控制主电路如图 1-18 所示，图中主电路由三组接触器主触点分别将电动机的定子绕组接成星形和三角形，即 KM1、KM3 主触点闭合时，绕组接成星形，KM1、KM2 主触点闭合时，接成三角形。本项目若用继电接触器控制，控制电路较复杂，接线及排故任务较繁重，不适应电动机控制变化多的要求，因此用 PLC 实现控制较简单方便。两种接线方式的切换按照控制要求利用 PLC 中的定时器来完成。

先接通三相电源开关 QS，电路的工作过程如下：

按下停止按钮，不管在什么状态下，KM1、KM2、KM3 同时断电，定时器也断电，电动机停止运转。图中 KM2、KM3 的常闭触点要进行硬件互锁，以保证接触器 KM2 与 KM3 不会同时

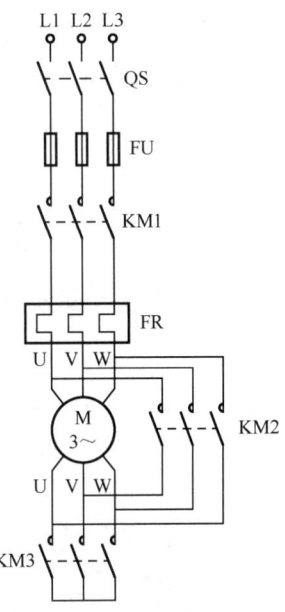

图 1-18 三相异步电动机星-三角启动控制主电路

通电，防止电源短路。三相异步电动机星-三角启动控制主电路动作图如图 1-19 所示。

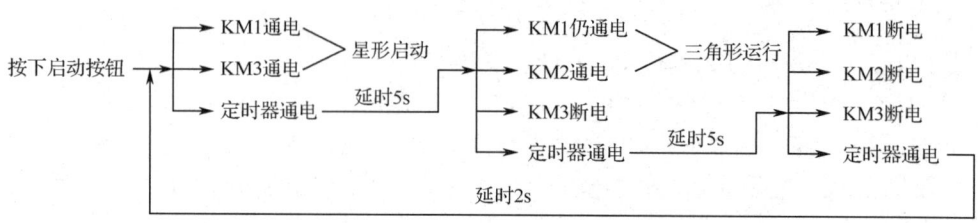

图 1-19　三相异步电动机星-三角启动控制主电路动作图

2. 交流接触器接法

本项目所控制的三相异步电动机进行星-三角切换需要用到三个交流接触器，型号为 CJX2-0910，其中 CJ 代表交流接触器，X 代表小型，2 为序列号，09 表示额定电流为 9A，10 代表除了三对常开主触点，还有一对常开辅助触点，如图 1-20 所示。接线时，上端的 L1、L2、L3 接电源进线；下端的 T1、T2、T3 接电源出线，为接触器的主触点；A1 和 A2（两个 A2 任意选择）为接触器线圈触点，接 PLC 输出端，由 PLC 输出继电器控制，从而控制主触点通断。

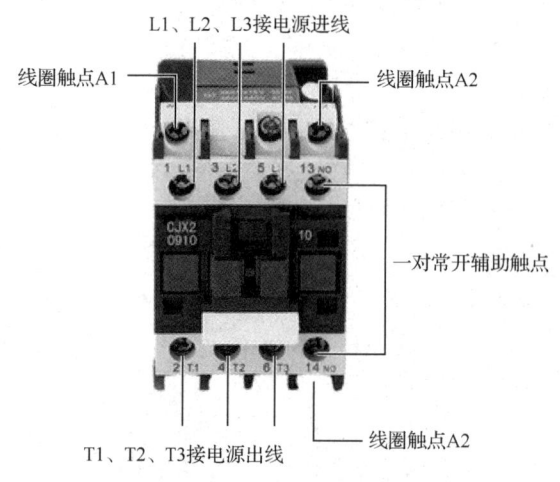

图 1-20　CJX2-0910 交流接触器接线图

3. 触摸屏动画分析

项目中需要在触摸屏上显示电动机的运行状态，当电动机为星形运行时，对应在触摸屏上的显示输出为星形运行状态；当电动机为三角形运行时，对应在触摸屏上显示输出为三角形运行状态。以上可以通过多种方式实现，这里采用动画显示构件。单击工具箱中的"动画显示"图标，放入窗口中。双击动画显示构件，弹出该构件的属性设置对话框，在"基本属性"选项卡中，将各个分段点的外形图像删除，本项目不需要显示外形图像。在各个分段点文字的文本内容中，输入需要显示的文本，如图 1-21 所示。例如：分段点 1 显示文本"星形"，分段点 2 显示文本"三角形"。再进入"显示属性"选项卡，获取分段点连接的变量，如图 1-22 所示。例如：连接变量 D0，即当 D0=1 时，显示星形运行；当 D0=2 时，显示三角形运行，D0 可以通过 PLC 控制程序获得。

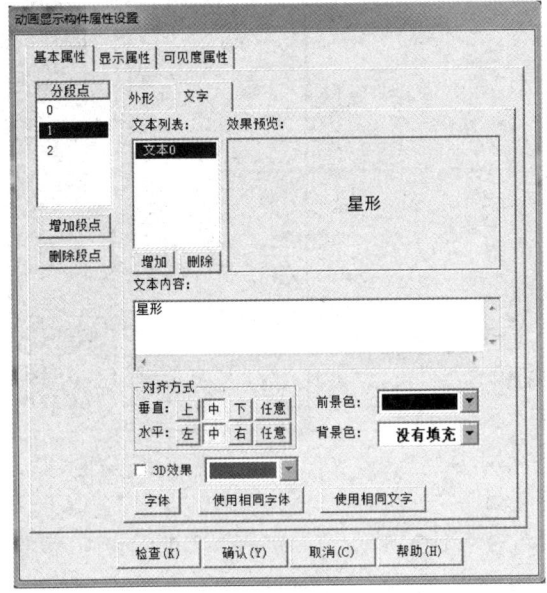

图 1-21 "动画显示构件属性设置"对话框　　　图 1-22 动画显示变量连接对话框

4. 输入/输出分配

根据电动机顺序控制要求，输入信号为 2 个硬件按钮，同时触摸屏上也设置软件按钮；输出信号为 3 个交流接触器线圈，此外还有一盏指示灯 HL1，显示电动机运行情况，都为交流负载，接入 FX_{2N}-16EYR 扩展模块，起始地址编号从 Y020 开始，输入/输出分配表如表 1-3 所示。

表 1-3　输入/输出分配表

输入信号			输出信号		
设备名称	代号	输入地址编号	设备名称	代号	输出地址编号
启动按钮	SB1	X001	电动机三相供电	接触器 KM1	Y020
停止按钮	SB2	X002	电动机三角形	接触器 KM2	Y021
触摸屏"启动按钮"		M1	电动机星形	接触器 KM3	Y022
触摸屏"停止按钮"		M2	指示灯	HL1	Y023

5. 外部接线图

根据选择的元件及其输入/输出分配，需要用到按钮、指示灯、交流接触器、热继电器等外部硬件，热继电器采用外部过载保护比较可靠，画出 PLC 外部接线示意图，如图 1-23 所示。

四、项目实施

1. 按图接线

根据主电路原理图和 PLC 外部接线示意图连接主电路和控制电路，电路中接入熔断器及热继电器进行必要的保护。

2. PLC 程序设计

根据控制任务和控制要求，结合选择的控制元件和接线端子的分配，编制梯形图程序。

（1）方法一：用基本指令设计程序。

用基本指令设计的参考梯形图程序如图 1-24 所示。编制该梯形图程序的基本思路：按下启动按钮 SB1，其动合触点 X001 闭合，驱动输出继电器 Y020，同时置位辅助继电器 M0，指示灯 Y023 以 1Hz 频率闪烁。Y020 得电后驱动输出继电器 Y022 一起得电，使电动机星形启动运行，定时器 T0 得电延时，5s 后计时时间到设定值，动断触点 T0 断开，切断 Y022，动合触点 T0 闭合，驱动输出继电器 Y021，使电动机切换为三角形运行，同时定时器 T1 得电延时，5s 后计时时间到设定值，动断触点 T1 切断 Y020 和 Y021，动合触点 T1 驱动辅助继电器 M10 得电并保持，定时器 T2 得电延时，进入暂停状态，2s 后计时时间到设定值，动合触点 T2 闭合进入下一个循环，同时动断触点 T2 断开，将 M10 和 T2 断开，以备下一个循环使用。运行过程中当按下停止按钮 SB2 时，其动合触点 X002 复位 M0，指示灯熄灭，同时动断触点 X002 控制输出继电器 Y020、Y021、Y022 都断电，电动机停止运行。

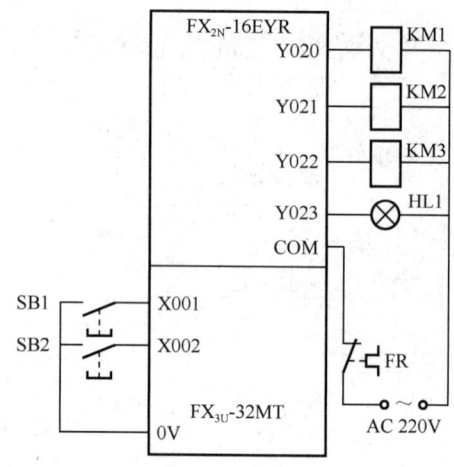

图 1-23　PLC 外部接线示意图

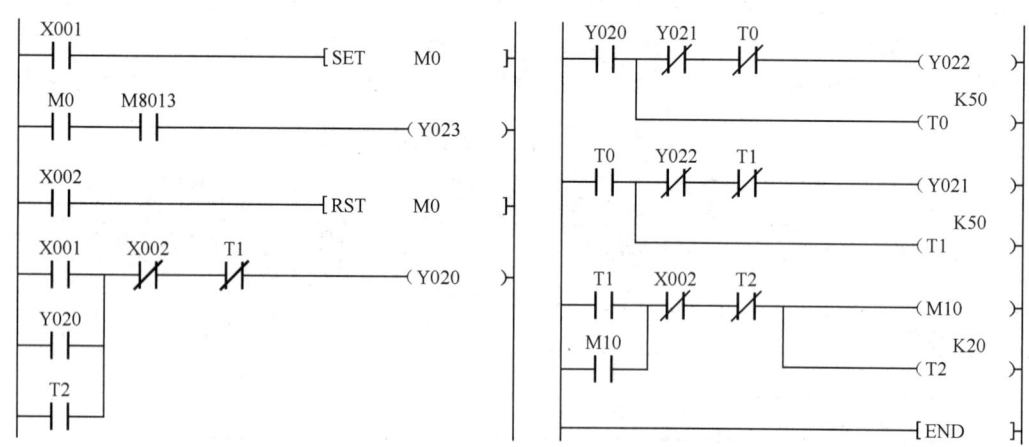

图 1-24　用基本指令设计的参考梯形图程序

在以上基本指令设计过程中，需要注意定时器延时触点的合理使用，同时需要注意星形和三角形控制的软件互锁，保证星形和三角形不能同时得电。

（2）方法二：用 SFC 设计程序。

SFC（状态转移图）程序设计方法适合较为复杂且有顺序控制的项目，它可以将复杂的工程分解为一个个小任务，便于理解，使用状态转移图能够分析整个项目的工作流程，比较直观。

根据控制要求，本项目设计过程如下：先创建一个 SFC 程序，"程序类型"选择"SFC"，如图 1-25 所示。在程序中新建第 0 个梯形图块,命名为"初始";第 1 个 SFC 块,命名为"自动"。梯形图块用于初始化设置及指示灯的控制,SFC 块用于控制电动机进行星-三角切换顺序运行,如图 1-26 所示。

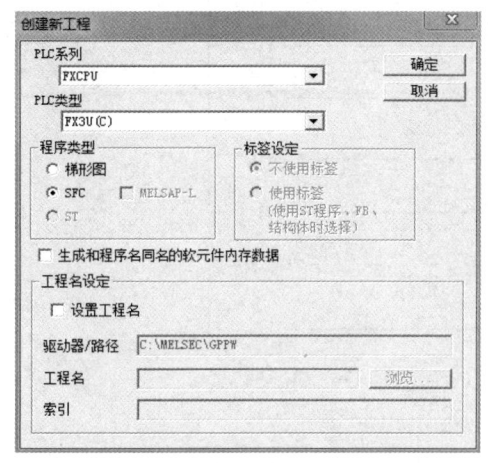

图 1-25 创建 SFC 程序

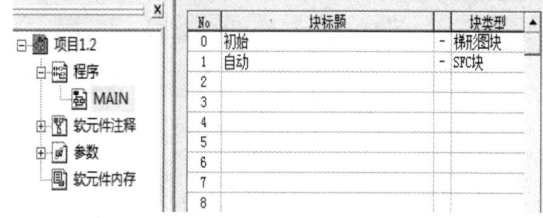

图 1-26 新建块类型

编制第 0 个梯形图块的基本思路:PLC 上电后,初始化脉冲 M8002 得电一次进入初始状态 S0,做好准备工作,按下停止按钮 SB2,动合触点 X002 闭合,也能够进入初始状态 S0;同时控制指示灯动作,即按下启动按钮 SB1,动合触点 X001 闭合,M0 置位,动合触点 M0 闭合,控制指示灯 Y023 以 1 Hz 的频率闪烁,按下停止按钮 SB2,动合触点 X002 闭合,M0 复位,动合触点 M0 恢复断开状态,指示灯熄灭。初始梯形图块如图 1-27 所示。

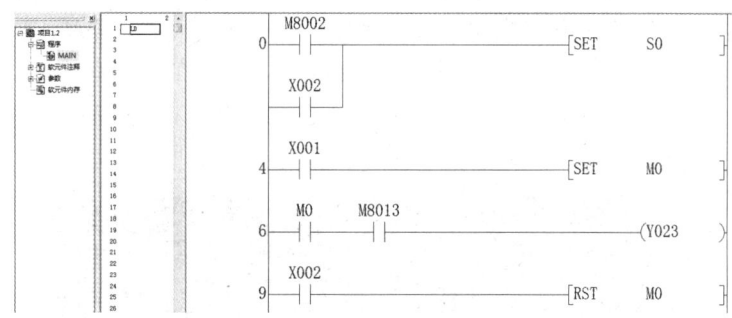

图 1-27 初始梯形图块

编制第 1 个 SFC 块的基本思路:将电动机星-三角启动控制分为 4 个状态,分别为初始状态 S0、星形启动 S20、三角形运行 S21、暂停状态 S22,再跳回 S20 不断循环。由梯形图块进入初始状态 S0,在 S0 中用区间复位指令使 S20~S22 复位,以及 Y020~Y022 复位,完成初始状态处理。当按下启动按钮 SB1 时,动合触点 X1 闭合,转移进入 S20 状态,在 S20 状态中置位 Y020,同时驱动 Y022 得电,为星形启动运行,定时器 T0 延时 5s。时间到后利用动合触点 T0 转移进入 S21 状态,在 S21 状态驱动 Y021 得电,此时 Y020 也处于得电状态,为三角形运行,定时器 T1 延时 5s。时间到后利用动合触点 T1 转移进入 S22 状态,在 S22 状态复位 Y020,此时电动机处于暂停状态,定时器 T2 延时 2s。时间到后利用动合触点 T2 转移进入 S20 状态,开始下一个循环。SFC 块流程图及对应每个状态的程序如图 1-28 所示。

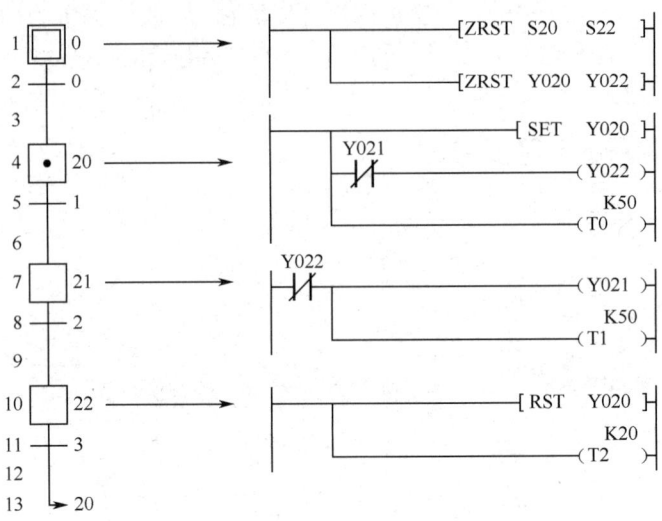

图 1-28 SFC 块流程图及对应每个状态的程序

以上程序只是外部硬件按钮实现的控制程序，需自行加入触摸屏各按钮的控制程序及电动机运行状态动画显示的程序，从而实现触摸屏与外部硬件按钮的共同控制。

3. 触摸屏设计

根据控制要求设计触摸屏参考画面，如图 1-29 所示。在 PLC 程序中加入触摸屏控制软元件，通过设备窗口组态设置触摸屏变量与 PLC 通信连接，即"启动按钮"与 PLC 中的 M1 关联，"停止按钮"与 PLC 中的 M2 关联，电动机的 KM1 与 PLC 中的 Y020 关联，电动机的 KM2 与 PLC 中的 Y021 关联，电动机的 KM3 与 PLC 中的 Y022 关联，指示灯 HL1 与 PLC 中的 Y023 关联，电动机的运行状态动画显示变量与 PLC 中的 D0 关联。在 PLC 控制程序中，当 KM1、KM3 得电时，给 D0 赋值为 1，即显示为星形状态；当 KM1、KM2 得电时，给 D0 赋值为 2，即显示为三角形状态。

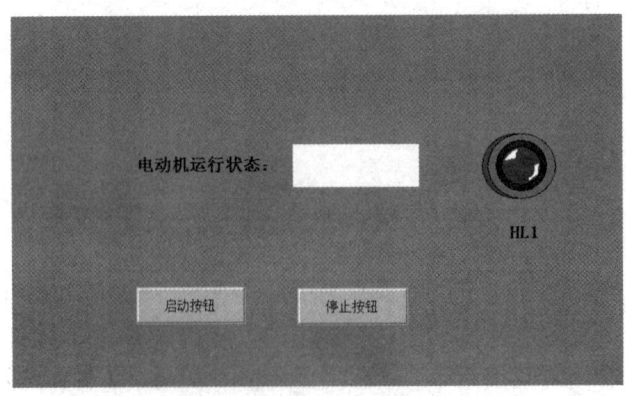

图 1-29 触摸屏参考画面

4. 运行与调试

下载触摸屏画面，写入 PLC 程序，运行与调试程序，观察电动机运行情况及触摸屏画面显示情况。若出现故障，应分别检查硬件电路接线、PLC 程序及触摸屏设置是否有误，修改后，应重新调试，直至系统按要求正常工作。

五、任务提升

利用 PLC 和触摸屏实现一台电动机正反转的两地控制，要求如下：

（1）动作顺序。

按下硬件正转启动按钮，电动机正转全压运行；按下硬件反转启动按钮，电动机先停止，3s 后反转全压运行；若按下硬件停止按钮，电动机可立即停止运行。

（2）触摸屏显示。

触摸屏上能够显示电动机的工作状态（正转、反转），并设有"正转启动按钮""反转启动按钮""停止按钮"，可控制电动机按照要求实现正反转控制。

（3）电动机动作要求。

电动机正反转控制需设置硬件互锁，同时在 PLC 程序中设置软件互锁。

项目 1.3　PLC 与触摸屏的交通灯控制

一、项目任务

用状态转移图设计一个十字路口交通灯管理 PLC 控制系统。图 1-30 所示为十字路口交通灯示意图，十字路口的交通信号灯共有 12 个，南北、东西方向的两组红、黄、绿灯的变化规律相同，所以，十字路口交通灯的控制就是一个双向（两组）红、黄、绿灯的控制，称之为 1 绿、1 黄、1 红和 2 绿、2 黄、2 红。具体控制要求如下：

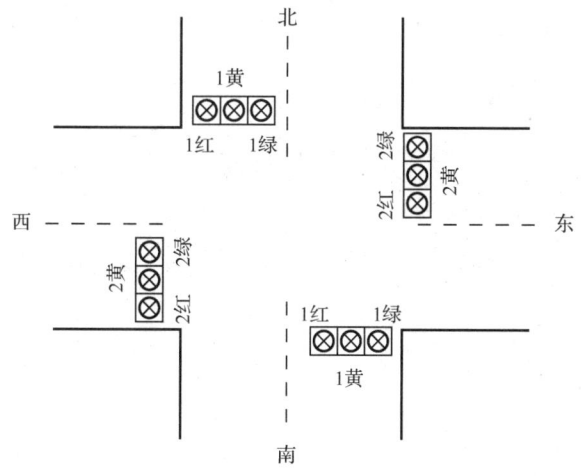

图 1-30　十字路口交通灯示意图

（1）设置一个启停按钮。

（2）当合上启停按钮时，南北红灯亮并维持 25s，同时东西绿灯亮，并维持 20s。此后，东西绿灯闪烁（亮暗间隔各为 0.5s）3 次后熄灭。

（3）接着，东西黄灯亮，维持 2s 后熄灭，变为东西红灯亮；同时南北红灯熄灭，变为南北绿灯亮。

（4）东西红灯亮将维持 30s；而南北绿灯亮维持 25s 后，再闪烁（亮暗间隔各为 0.5s）3 次后熄灭，变为南北黄灯亮，并维持 2s 后熄灭。此后，恢复为南北红灯亮，同时东西绿灯也亮。如此周而复始地循环。

（5）松开启停按钮，交通灯执行完一个周期后停止。

（6）设计触摸屏画面，与实际的硬件指示灯同步，并设有"启停按钮"。

（7）在触摸屏上设计车辆移动动画，当相应方向绿灯亮起时，车辆能够移动表示此方向是可通行的。

二、项目准备

三菱 FX$_{3U}$ 系列 PLC、MCGS 触摸屏、通信线、计算机、接线工具。

三、项目分析

1. 动画组态——水平移动（垂直移动）

本项目中，在设计触摸屏画面时，需要使通行方向的车辆移动。车辆移动动画的触摸屏设计过程如下：新建窗口，在工具箱中单击"插入元件"图标 ，选择图形对象库中的"车"，任选一种车型后单击"确定"按钮，将相应的车辆放入窗口中。双击车辆图形，此时弹出"单元属性设置"对话框，如图 1-31 所示，在"数据对象"选项卡中连接一个数值型变量"东西水平移动"，这个变量可提前在实时数据库中定义好，也可直接在这里输入文字后新建。再选择"动画连接"选项卡，如图 1-32 所示，"连接表达式"与"数据对象连接"中的变量一样，单击后面的 按钮，将弹出"动画组态属性设置"对话框，如图 1-33 所示。表达式为数值型变量"东西水平移动"，下面的参数可根据实际需要设置，如当"表达式的值"为 0 时，"最小移动偏移量"设为 0；当"表达式的值"为 70 时，"最大移动偏移量"设为-350（此处为负值，表示车辆从右往左移动，若为正值则表示车辆从左往右移动。偏移量是指移动的像素，不能超过屏的大小，即 800 像素×480 像素）。

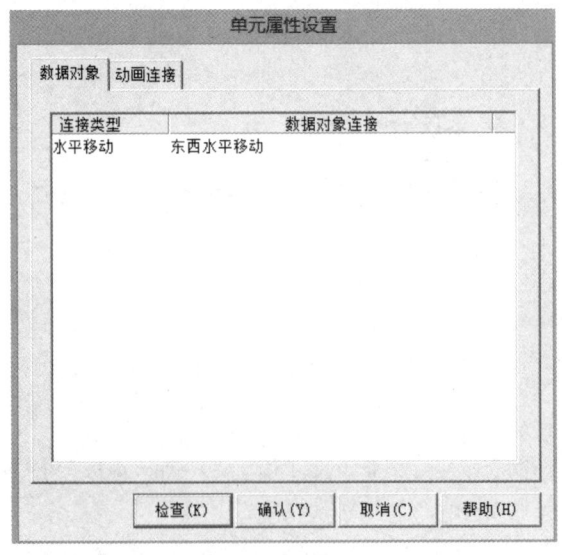

图 1-31 图形单元属性设置——数据对象

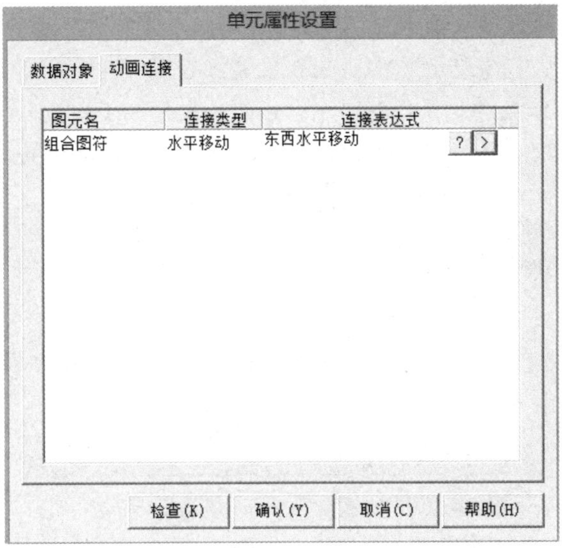

图 1-32 图形单元属性设置——动画连接

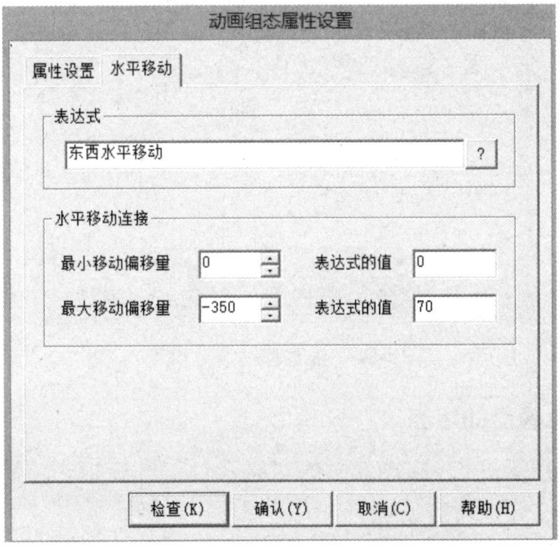

图 1-33 "动画组态属性设置"对话框

设置完车辆的属性后,接下来定义表达式"东西水平移动",可以通过运行策略来实现。在工作台的"运行策略"选项卡中选择"循环策略",并新增策略行,添加脚本程序,如图1-34所示。双击脚本程序,按照要求编写脚本。

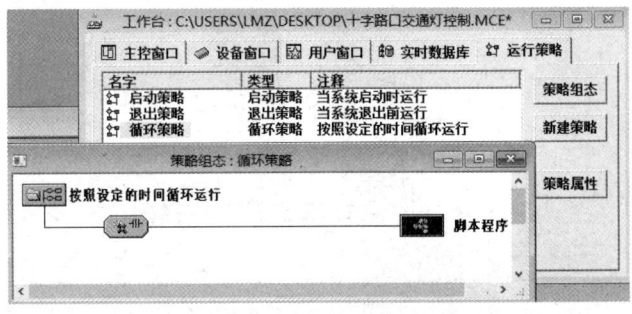

图 1-34 循环策略组态

例如：在东西方向绿灯亮起或绿灯闪烁时，"东西水平移动"这个数值型变量从 0 至 70 变化，从而使车辆图形从右往左水平移动 350 像素（在图 1-33 所示对话框中设置），脚本程序设置如图 1-35 所示，即当满足条件时"东西水平移动"加 1，当加到最大值 70 时，清零重新开始，表示车辆从起始位置往左移动 350 像素，到达 350 像素位置后回归原位重新循环。

```
IF 东西灯 = 3  OR 东西绿闪 = 1 AND 东西水平移动 < 70 THEN
    东西水平移动 = 东西水平移动 + 1
ELSE
    东西水平移动 = 0
ENDIF
```

图 1-35　脚本程序设置

垂直移动的设置与水平移动的设置类似，只是在"动画组态属性设置"对话框中选择"垂直移动"选项卡，如图 1-36 所示。

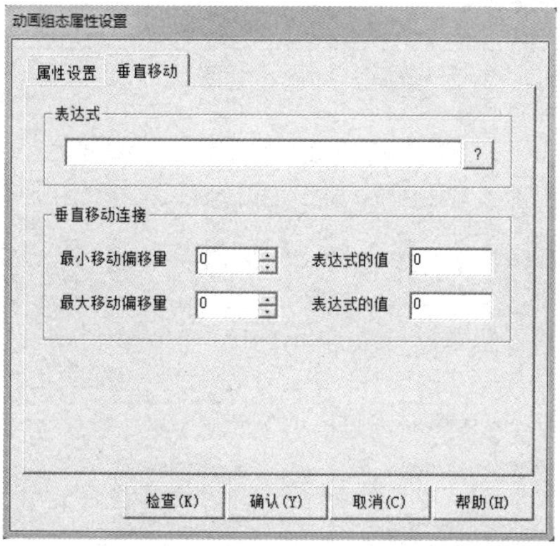

图 1-36　垂直移动属性设置

2. 动画组态——交通灯的组态

在元件库中选择"指示灯"，选择其中的"指示灯 7"模拟十字路口交通灯，如图 1-37 所示，三个灯依次表示红灯、黄灯、绿灯。

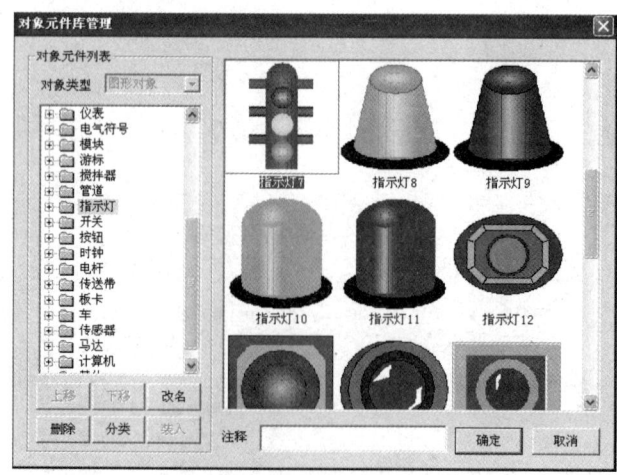

图 1-37　指示灯选择

双击指示灯图形，打开"单元属性设置"对话框，在"数据对象"选项卡中，从上到下依次连接三种颜色的灯对应的变量，如图 1-38 所示。在"动画连接"选项卡中，变量将自动关联。当变量表达式的值非零时，对应颜色的三维圆球可见。

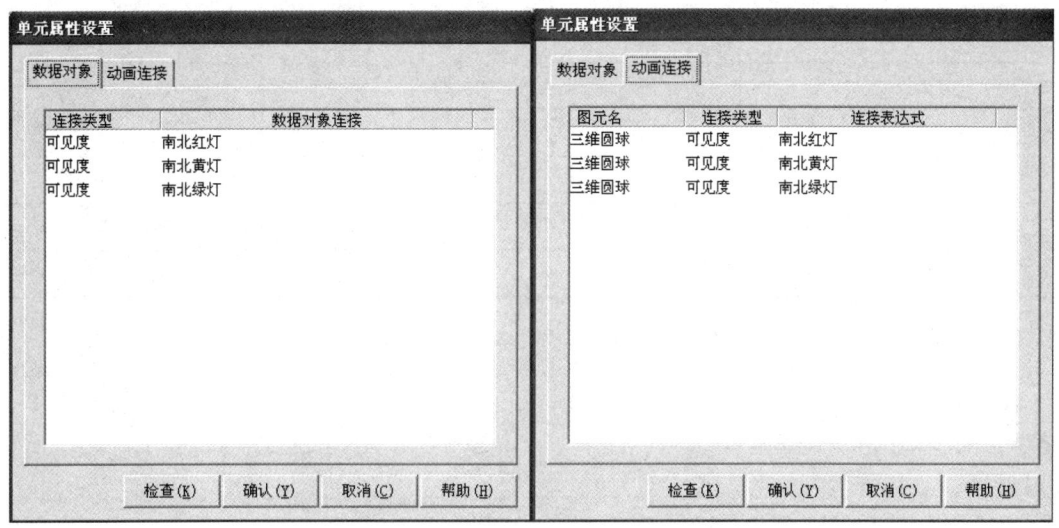

图 1-38　"单元属性设置"对话框

3. 交通灯时序图

根据控制要求，得到十字路口交通灯控制的时序图，如图 1-39 所示。

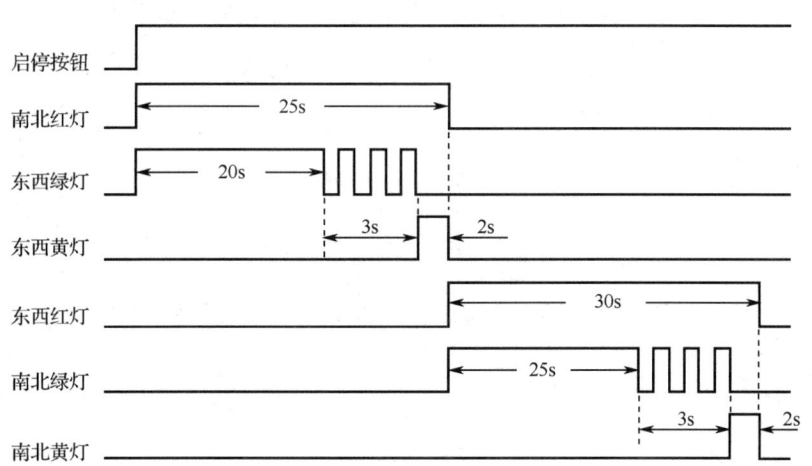

图 1-39　十字路口交通灯控制的时序图

4. PLC 输入/输出分配

根据控制要求，十字路口交通灯控制的输入/输出分配表如表 1-4 所示，指示灯为交流负载，接入 FX_{2N}-16EYR 扩展模块，起始地址编号从 Y020 开始。

表1-4 十字路口交通灯控制的输入/输出分配表

输入信号			输出信号		
设备名称	代号	输入地址编号	设备名称	代号	输出地址编号
启停按钮	SB1	X000	南北红灯	HL1	Y020
触摸屏"启停按钮"		M0	东西绿灯	HL2	Y021
			东西黄灯	HL3	Y022
			南北绿灯	HL4	Y023
			东西红灯	HL5	Y024
			南北黄灯	HL6	Y025

5. 外部接线图

根据以上输入/输出分配，需要用到按钮、指示灯等外部硬件，十字路口交通灯控制 PLC 外部接线示意图如图 1-40 所示。

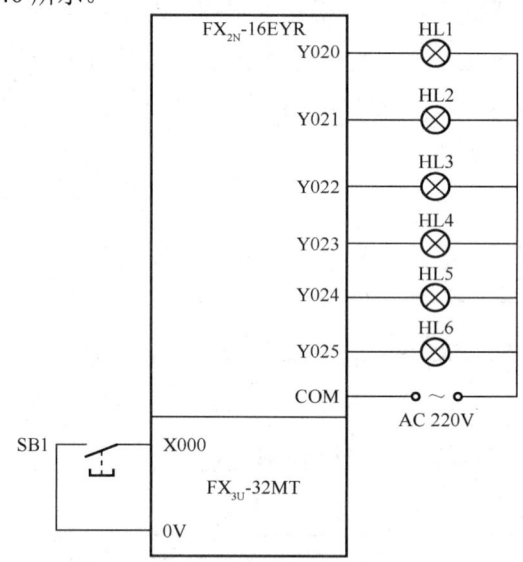

图 1-40　十字路口交通灯控制 PLC 外部接线示意图

四、项目实施

1. 按图接线

根据图 1-40 连接启停按钮、6 个指示灯及电源。

2. PLC 程序设计

按交通灯 PLC 控制时序图，本项目用步进顺控指令设计较为方便，用并行分支、汇合流程状态转移图来实现，可画出等效的并行结构状态转移图，如图 1-41 所示。左侧支路表示南北方向的交通灯变化，右侧支路表示东西方向的交通灯变化，这两条支路在总时间上是相等的，共同汇合到 S0 状态。

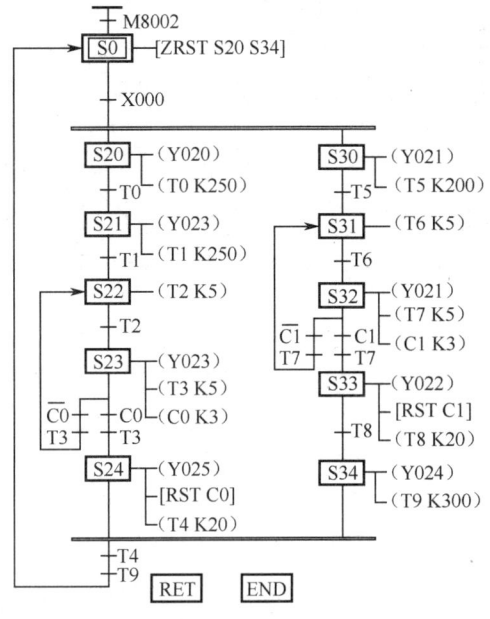

图 1-41 十字路口交通灯等效的并行结构状态转移图

可利用步进指令 STL 和 RET 指令,将上述并行分支、汇合流程状态转移图转换成步进梯形图进行调试。在程序中,可以用数据寄存器 D0 和 D1 存储东西方向灯和南北方向灯的状态,以便与触摸屏画面进行组态控制,用于车辆的移动动画显示。触摸屏的共同控制程序请读者自行设计。

3. 触摸屏画面

根据项目任务中触摸屏的控制要求,触摸屏画面中设有"启停按钮",操作属性设置为"取反",东西方向和南北方向交通灯各 2 组,当程序运行时,对应方向的灯点亮。4 个方向各放一辆车,当绿灯亮起时,该方向的车辆能够沿路水平移动或者垂直移动。其参考画面如图 1-42 所示。

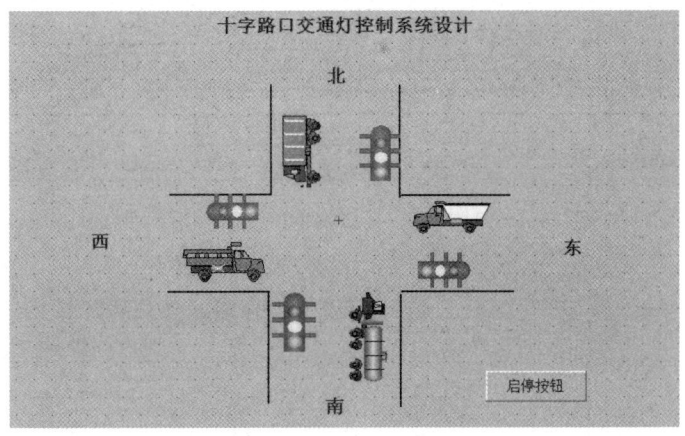

图 1-42 十字路口交通灯参考画面

在该项目中,需要设置的变量及在设备窗口组态中和 PLC 连接的变量如图 1-43 所示。

名字	类型	注释	报警
InputETime	字符型	系统内建...	
InputSTime	字符型	系统内建...	
InputUser1	字符型	系统内建...	
InputUser2	字符型	系统内建...	
东西灯	数值型		
东西绿闪	开关型		
东西水平移动	数值型		
画面启停	开关型		
南北垂直移动	数值型		
南北灯	数值型		
南北绿闪	开关型		

索引	连接变量	通道名称	通道处理
0000		通信状态	
0001	画面启停	读写M0000	
0002	南北绿闪	读写M0010	
0003	东西绿闪	读写M0011	
0004	东西灯	只读DWUB0000	
0005	南北灯	只读DWUB0001	

图 1-43　十字路口交通灯变量及设备窗口组态中和 PLC 连接的变量

4. 运行并调试程序

按下“启停按钮”，对交通灯程序进行调试运行，观察触摸屏上交通灯的的运行情况及车辆的移动情况。若出现故障，应分别检查硬件电路接线、PLC 程序及触摸屏设置是否有误，修改后，应重新调试，直至系统按要求正常工作。

五、任务提升

设计一个行人通过主干道人行横道的按钮式红绿灯交通管理的 PLC 控制系统，如图 1-44 所示。

（1）其工作过程如下：正常情况下，主干道上汽车通行，即主干道绿灯亮，人行道红灯亮。当行人想过马路时，则按下按钮 SB0 或 SB1，过 30s 后，主干道交通灯由绿灯亮变为黄灯亮，黄灯亮 10s 后，红灯亮，过 5s 后，人行道绿灯亮，15s 后，人行道绿灯开始闪烁，设定值为 5 次，闪烁 5 次后再过 5s，主干道绿灯亮，同时人行道红灯亮，恢复正常。

（2）设计触摸屏画面，与实际的硬件指示灯同步，并设有“启停按钮”。

（3）在触摸屏上设计车辆移动动画，当相应方向绿灯亮起时，车辆能够移动表示此方向是可通行的。

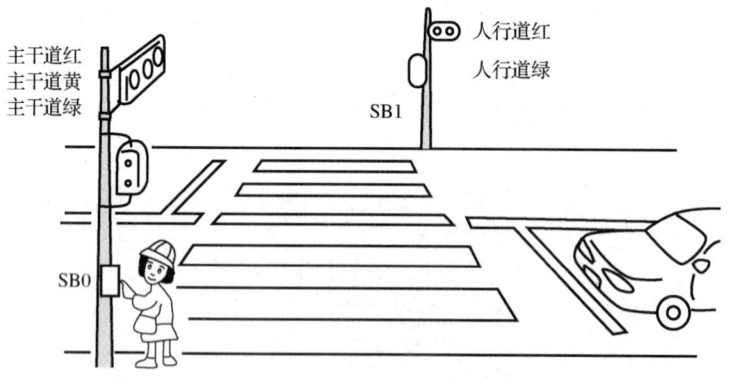

图 1-44　行人通过主干道人行横道的按钮式红绿灯交通管理的 PLC 控制系统

项目 1.4　知识竞赛抢答器控制

一、项目任务

设计一个抢答指示灯控制系统，要求用 PLC 和一台 MCGS 触摸屏进行控制和显示，具体控制要求如下：

（1）儿童 2 人一组、学生 1 人一组、教授 2 人一组，共 3 组参加抢答，参赛者若要回答主持人所提出的问题,需抢先按下桌上的按钮。

(2)为了给参赛儿童一些优待,儿童 2 人(SB1 和 SB2)中任一个人按下按钮均可抢答,灯 HL1 都亮。为了对教授组做一定限制,只有在教授 2 人(SB4 和 SB5)同时按下按钮时才算抢答成功,灯 HL3 才亮。

(3)主持人介绍题目时不能抢答,若在主持人按下比赛开始按钮后 10s 内有人抢答,则彩灯点亮表示庆贺,触摸屏显示子窗口"抢答成功";否则,显示子窗口"无人抢答",3s 后返回主界面。

(4)触摸屏可完成开始、返回、清零和加分等功能,并可实时显示各组的总得分。

二、项目准备

三菱 FX_{3U} 系列 PLC、MCGS 触摸屏、通信线、计算机、接线工具。

三、项目分析

1. 子窗口的弹框

本项目在运行结束时,需要弹出子窗口显示"抢答成功"或者"无人抢答",即在某个条件被触发时,要求能够在主界面中弹出一个子窗口,可以用运行策略来实现。弹框界面的设置过程如下:

(1)新建一个用户窗口,左上角为屏幕的原点,即(0,0),横坐标为长度方向,纵坐标为宽度方向,右下角为屏幕最大尺寸,即 800 像素×480 像素,可以通过右下方的状态条显示位置坐标,如图 1-45 所示。在用户窗口中新建一个需要弹出的子窗口,如"无人抢答",并在此窗口中进行设计。画面的大小可以自己设定,如图 1-46 所示,子窗口画面大小为 300 像素×200 像素,可以通过右下方的状态条设定原点位置和尺寸大小。

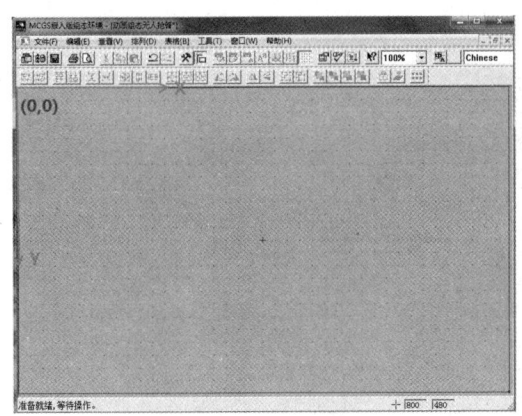

图 1-45 窗口位置坐标

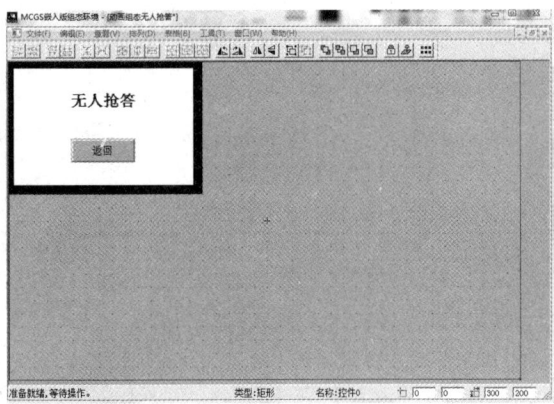

图 1-46 无人抢答画面设计

(2)在运行策略中新建一个事件策略,添加策略行,以及脚本程序,如图 1-47 所示。双击图标 ,进入"策略属性设置"对话框,如图 1-48 所示。在"关联数据对象"中选择触发的条件变量,如选择实时数据库中的"无人抢答"变量(开关型变量),当该变量由 0 变为 1 时,执行该策略事件。双击图 1-47 中" 脚本程序"图标,进入"脚本程序"对话框,如图 1-49 所示。在其右侧有系统变量、系统函数、语句等可供脚本编程使用。在"系统函数"中双击"!OpenSubWnd",即选中子窗口函数到编辑窗口中。此函数需要设置6个参数,即!OpenSubWnd(参数1,参数2,参数3,参数4,参数5,参数6),如!OpenSubWnd(无人抢答,250,140,300,200,0):第1个参数为打开的子窗口名称,如打开"无人抢答"子窗口;第2和第3个参数为子窗口左上角顶点相对 X 和 Y 坐标值,都为整型数据,如设置为(250,140);第4和第5个参数为打开的子窗口的宽度和高度,都为整型数据,此参数最好与子窗口画面设计的大小相同,如设置为(300像素×200像素);第6个参数为打开的子窗口的类型,也为整型数据,设定为0时,子窗口必须使用!CloseSubWnd来关闭,子窗口外别的构件对鼠标操作不响应。设置完毕后保存,子窗口弹框便设置完成。当触发"无人抢答"变量时,在主窗口的(250,140)位置处会显示无人抢答的子窗口(300像素×200像素)。

图 1-47　新增事件策略

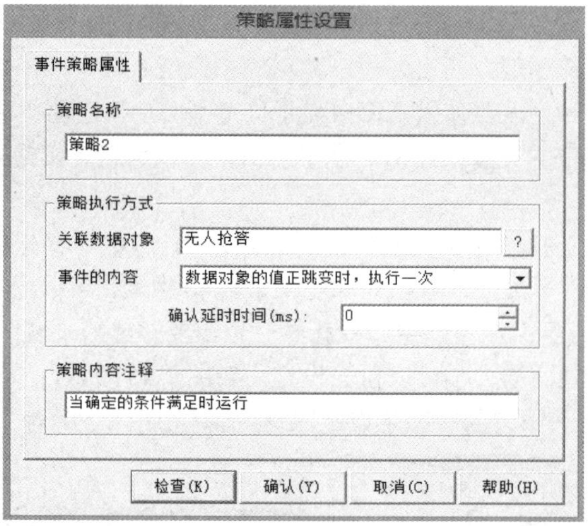

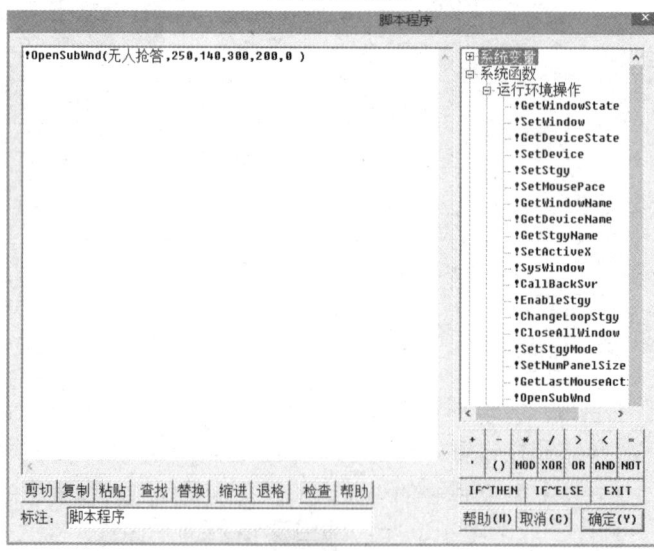

图 1-48　"策略属性设置"对话框

图 1-49　无人抢答弹框"脚本程序"对话框

2. 设备窗口组态通道处理

在实际应用中,经常需要对从设备中采集到的数据或输出到设备中的数据进行处理,以得到实际需要的工程物理量,如从 AD 通道采集进来的数据一般为电压(mV)值,需要进行量程转换或查表、计算等处理才能得到所需的工程物理量。MCGS 系统对设备采集通道的数据可以进行 8 种形式的数据处理,各种处理可单独进行也可组合进行。MCGS 的数据通道处理与设备是紧密相关的,在 MCGS 设备对话框下,打开设备编辑对话框,选中要进行数据处理的通道,在通道名称的右侧找到相应通道的通道处理位置即可进行 MCGS 的数据通道处理组态。双击相应通道的通道处理位置,进行数据通道处理,如图 1-50 所示。

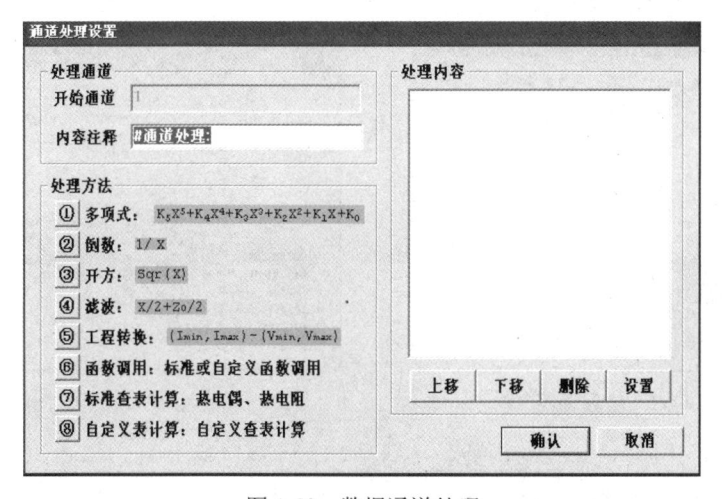

图 1-50 数据通道处理

MCGS 数据通道处理提供 8 种数据处理方法,说明如下:

(1)多项式:对设备的通道信号进行多项式(系数)处理,可设置的处理参数有 K0~K5,可以将其设置为常数,也可以设置成指定通道的值(通道号前面加"!"),另外,还应选择参数和计算输入值 X 的乘除关系,如图 1-51 所示。

(2)倒数 $1/X$:对设备输入信号进行求倒数运算。

(3)开方 Sqr(X):对设备输入信号进行求开方运算。

(4)滤波 $X/2+Z_0/2$:也叫中值滤波,计算设备本次输入信号的 1/2+上次的输入信号的 1/2 的值。

(5)工程转换:把设备输入信号转换成工程物理量。如将设备通道 1 的输入信号 100~5000mV(采集信号)转换成 0~100RH(传感器量程)的湿度,则选择工程转换,如图 1-52 所示。

MCGS 在运行环境中则根据输入信号的大小采用线性插值方法转换成工程物理量(0~100RH)。其他处理类似。

(6)函数调用:用来对设定的多个通道值进行统计计算,包括求和、求平均值、求最大值、求最小值、求标准方差。此外,还允许使用动态库来编制自己的计算算法,挂接到 MCGS 中,达到自由扩充 MCGS 算法的目的,如图 1-53 所示。需要指定用户自定义函数所在的动态库所在的路径和文件名,以及自定义函数的函数名,如图 1-54 所示。

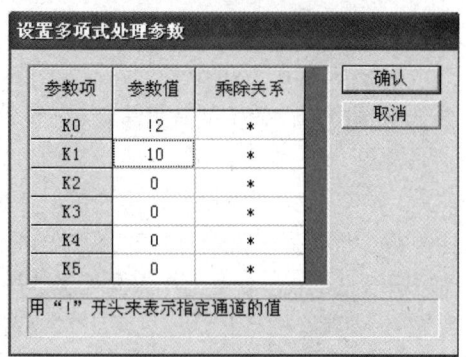

图 1-51 多项式处理

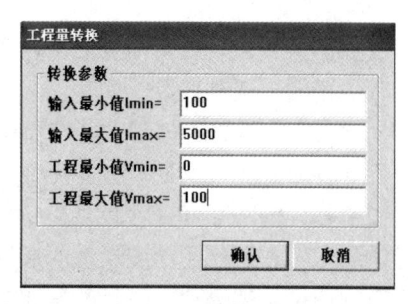

图 1-52 工程转换设置

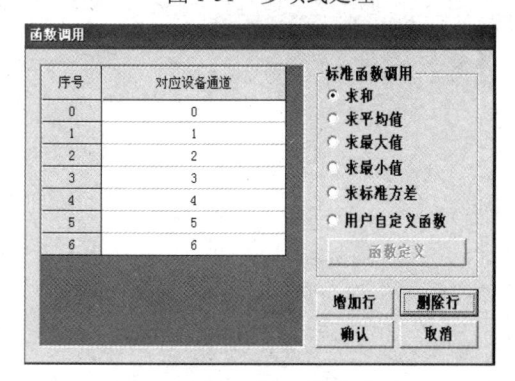

图 1-53 函数调用

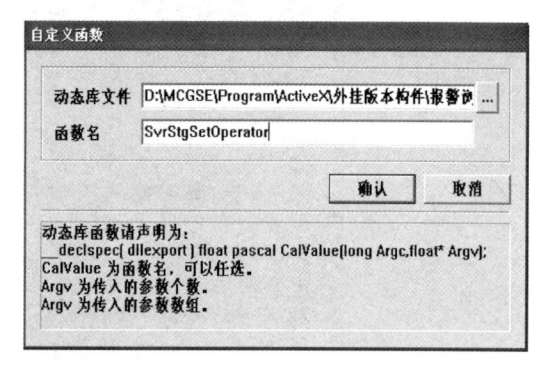

图 1-54 自定义函数

(7) 标准查表计算：如图 1-55 所示，标准查表计算包括 8 种常用热电偶和热电阻 Pt100 的查表计算。热电阻 Pt100 在查表之前，应先使用其他方式把通过 AD 通道采集进来的电压值转换成 Pt100 的电阻值，再用电阻值查表得出对应的温度值。对热电偶查表计算，需要指定作为温度补偿的通道（热电偶已做冰点补偿时，不需要温度补偿），在查表计算之前，要先把作为温度补偿的通道的采集值转换成实际温度值，把热电偶通道的采集值转换成实际的毫伏数。

(8) 自定义查表计算：首先要定义一个表，在每行输入对应值；再指定查表基准。注意，MCGS 规定用于查表计算的每列数据，必须以单调上升或单调下降的方式排列，否则无法进行查表计算，如图 1-56 所示。查表基准是第一列，MCGS 系统处理时首先将设备输入信号对应于基准（第一列）线性插值，第二列给出相应的工程物理量，即基准输入信号，对应工程物理量（传感器量程）。

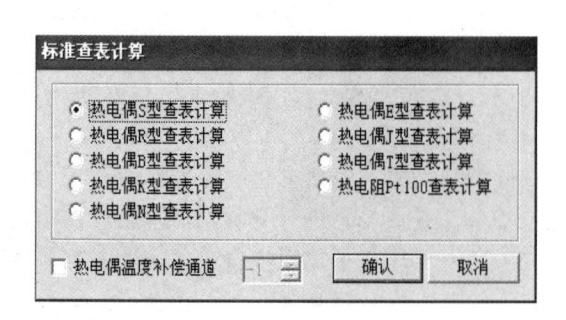

图 1-55 标准查表计算

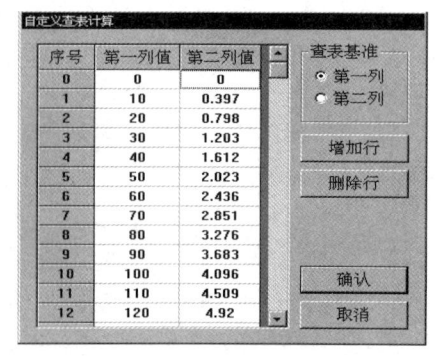

图 1-56 自定义查表计算

3. 输入/输出分配

根据控制要求，需要用到抢答器的抢答按钮、各组的抢答指示灯、彩灯等硬件，PLC 的输入/输出分配见表 1-5。指示灯为交流负载，接入 FX$_{2N}$-16EYR 扩展模块，起始地址编号从 Y020 开始。在触摸屏画面上设置"比赛开始""返回""介绍题目"等按钮，另外在触摸屏画面上增设各组得分统计，软元件分配表见表 1-5。

表 1-5 PLC 的输入/输出和触摸屏软元件分配表

输入信号			输出信号		
设备名称	代号	输入地址编号	设备名称	代号	输出地址编号
儿童抢答按钮	SB1	X001	儿童指示灯	HL1	Y020
儿童抢答按钮	SB2	X002	学生指示灯	HL2	Y021
学生抢答按钮	SB3	X003	教授指示灯	HL3	Y022
教授抢答按钮	SB4	X004	彩灯	HL4	Y023
教授抢答按钮	SB5	X005	比赛开始		M21
儿童得分		D11	介绍题目		M22
学生得分		D12	加分		M23
教授得分		D13	清零		M24
应答时间		T1	无人抢答		M11
无人应答显示时间		T2	返回主界面		M12
主持人开始辅助继电器		M100			

4. 系统接线示意图

根据以上输入/输出分配，需要用到触摸屏、按钮、指示灯等外部硬件，PLC 外部接线示意图如图 1-57 所示。

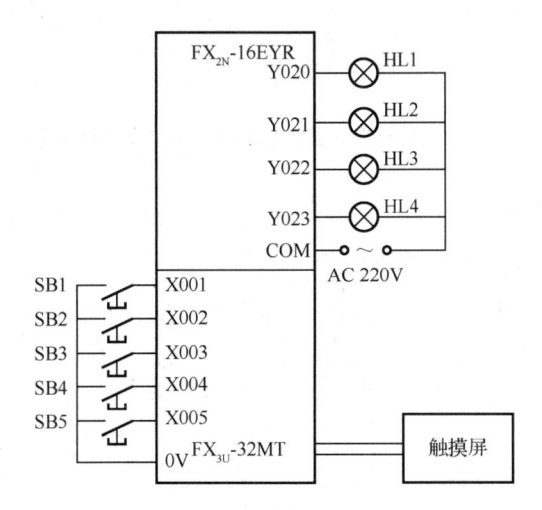

图 1-57 PLC 外部接线示意图

四、项目实施

1. 触摸屏设计

根据控制要求,可以设计 5 页触摸屏画面,如图 1-58 所示。第 1 页欢迎界面,按下"进入"按钮能够进入第 2 页抢答界面,抢答界面上设有 3 组指示灯,能够显示 3 组的抢答情况。并设有"比赛开始""介绍题目""加分""总分""清零"5 个按钮,配合 PLC 程序实现相应的控制。当按下"总分"或者"清零"按钮时,能够跳到第 3 页比赛得分界面并进行相应操作。在第 3 页界面上能够显示 3 组的得分情况。第 4 页和第 5 页用于弹框。在抢答成功时,能够弹出第 4 页子窗口。在无人抢答时,能够弹出第 5 页子窗口。

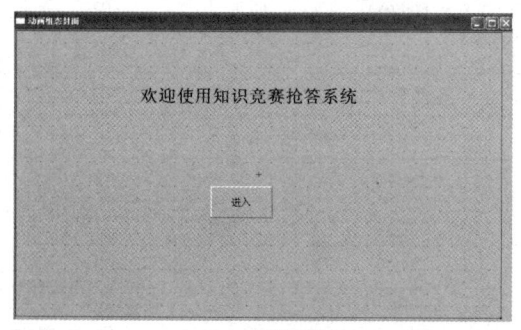

(a)欢迎界面

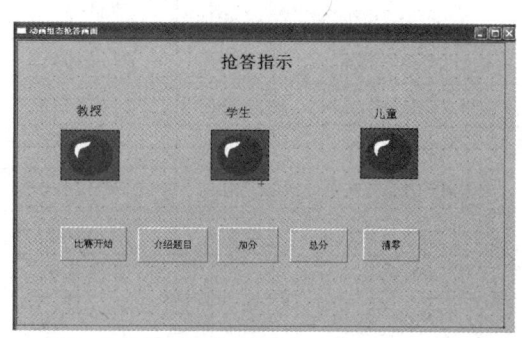

(b)抢答界面

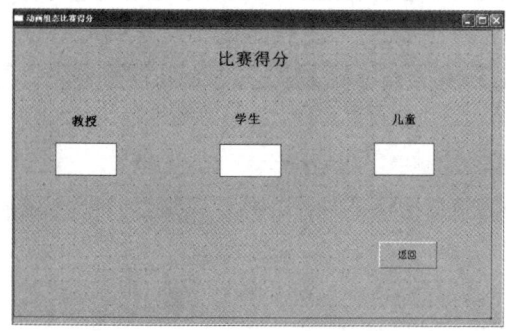

(c)比赛得分界面

(d)抢答成功子窗口

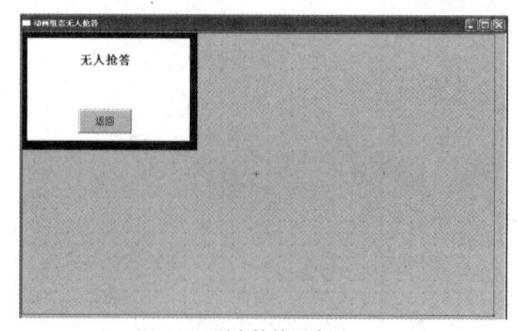

(e)无人抢答子窗口

图 1-58 触摸屏参考画面

根据画面设计及组态控制需要,实时数据库变量如图 1-59 所示。

图 1-59　实时数据库变量

在设备窗口组态中，实时数据库变量与 PLC 软元件的连接通道处理如图 1-60 所示。

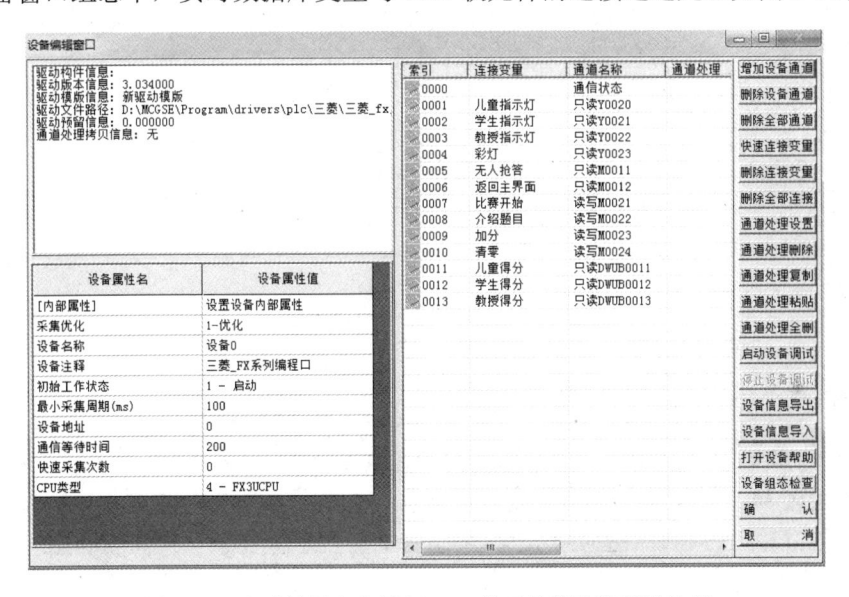

图 1-60　实时数据库变量与 PLC 软元件的连接通道处理

2. PLC 程序设计

PLC 参考程序如图 1-61 所示。程序中，各组的抢答按钮都为外部硬件按钮，见 PLC 输入分配。抢答指示灯既有外部硬件指示灯显示，也有触摸屏软件指示灯显示。辅助继电器 M21、M22、M23、M24 的通断由触摸屏抢答界面上 4 个按钮控制，M11、M12 是子窗口的弹框条件变量，数据寄存器的 D11、D12、D13 分别用于存放儿童组得分、学生组得分、教授组得分，以上软元件都通过触摸屏设备窗口组态与触摸屏画面联动，见图 1-60。

3. 运行并调试程序

根据控制要求按下抢答按钮，对程序进行调试运行，观察程序的运行情况。若出现故障，应分别检查硬件电路接线、梯形图、触摸屏组态是否有误，修改后，应重新调试，直至系统按要求正常工作。

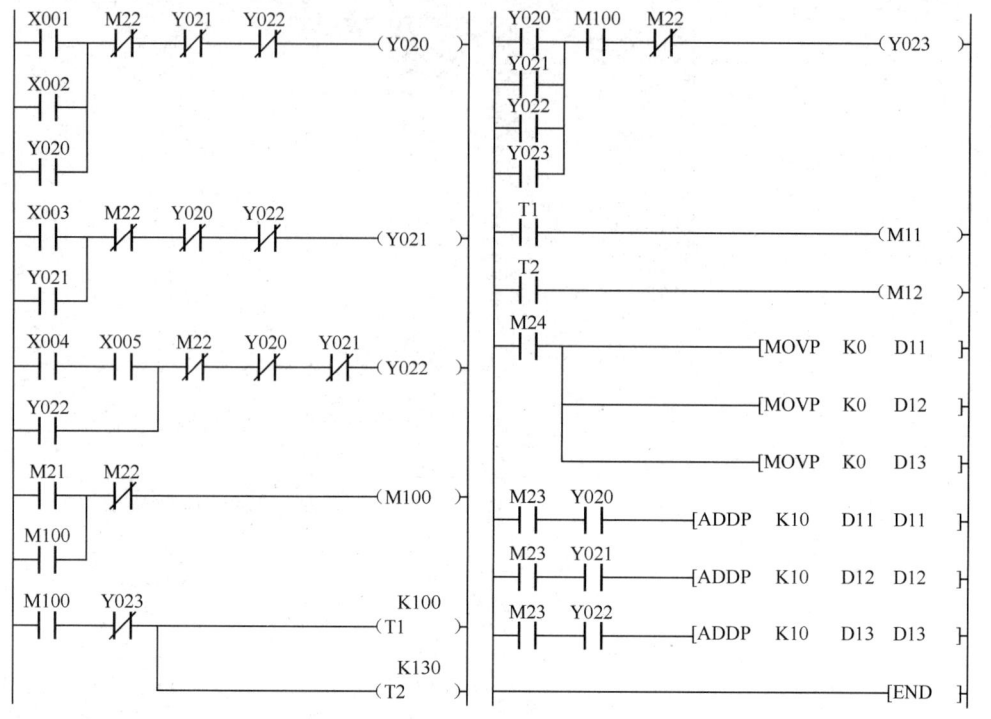

图1-61　PLC参考程序

五、任务提升

利用PLC和触摸屏，设计一个简易计算器，加法和减法运算通过PLC程序实现，乘法和除法运算通过MCGS组态中的数据处理来实现。加数（减数）和被加数（被减数）通过触摸屏上的输入框输入，和数（差数）通过触摸屏上的显示框显示。乘法和除法运算采用同样的方法。

综合训练——机械手运动控制系统

一、项目任务

利用MCGS触摸屏和PLC设计一个机械手运动控制系统，控制要求如下：

（1）按下启动按钮，机械手位于原点位置（左上角），做好启动准备。按下开始按钮，机械手按照以下顺序动作：机械手下移5s—夹紧2s—上升5s—右移10s—下移5s—放松2s—上移5s—左移10s（s为秒），最后回到原始位置停止。运行过程中，按下暂停按钮，机械手立即停止动作；松开暂停按钮，机械手可以继续运行下去。

（2）在MCGS触摸屏中演示机械手的动作过程，并设置相应的动作指示灯。在启动触摸屏画面时，要求弹出"用户登录"对话框，只有输入正确的用户名和密码才能进入欢迎界面，按下欢迎界面中的"进入运行界面"按钮，进入运行界面。在机械手动作结束时，能够在运行界面中弹出运行结束子窗口。机械手运动控制系统参考画面如图1-62所示。

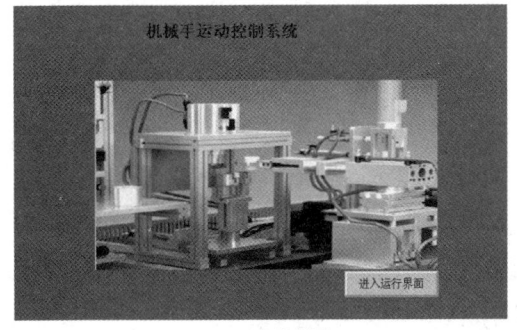

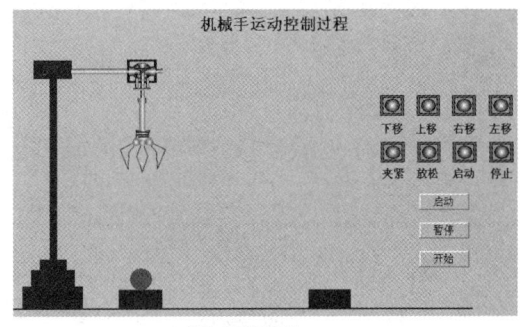

(a) 欢迎界面

(b) 运行界面

(c) 运行结束子窗口

图 1-62 机械手运动控制系统参考画面

（3）机械手的动作过程可以通过触摸屏运行策略中的脚本实现，也可以通过 PLC 程序实现。本项目要求利用 PLC 程序来实现。

二、项目准备

三菱 FX_{3U} 系列 PLC、MCGS 触摸屏、通信线、计算机、接线工具。

三、项目分析

本项目介绍机械手运动控制系统的组态过程，详细讲解应用 MCGS 组态软件完成机械手动作的全过程。本例中涉及动画制作、控制流程的编写、变量设计、定时器构件的使用等多项组态操作。结合工程实例，对 MCGS 组态软件的组态过程、操作方法和实现功能等环节进行全面的讲解，使学生对 MCGS 组态软件的内容、工作方法和操作步骤在短时间内有一个总体的认识。

在开始组态之前，先对该工程进行剖析，以便从整体上把握工程的结构、流程、需实现的功能及如何实现这些功能。

1. 机械手运动控制系统的工程框架

（1）3 个用户界面：欢迎界面、运行界面、运行结束子窗口。
（2）3 个策略：启动策略、循环策略、事件策略。

2. 需要设计的用户界面

（1）欢迎界面的设计。

（2）机械手运动控制系统运行界面的设计，主要包括：机械手及其台架工件；"启动""开始""暂停"按钮；"上移""下移""左移""右移""夹紧""放松""启动""停止"指示灯。

（3）运行结束子窗口的设计。

在设计画面时，有时在元件库中没有需要的构件，如机械手爪，此时可以利用工具箱中的绘图工具制作所需的图形，选中该图形后，选择工具箱中的 工具，此时会弹出对话框询问是否"把选定的图形对象保持到对象元件库"中，单击"确定"按钮后，新绘制的图形将添加到元件库中，成为元件库中的元件。

3. 设置权限管理

用户登录的设置过程为：选择"主控窗口"图标，单击鼠标右键，从弹出的快捷菜单中选择"属性"命令，弹出"主控窗口属性设置"对话框，在"系统运行权限"下选择"进入登录，退出不登录"，如图 1-63 所示，单击"确认"按钮。在主界面中选择"工具"菜单中的"用户权限管理"命令，出现"用户管理器"对话框，如图 1-64 所示，单击"新增用户"按钮，添加新的用户名并设定密码。也可以新增用户，将新增的用户归类为不同的用户组。设置完成后单击"退出"按钮，完成用户权限管理的设置，在启动触摸屏后，将会弹出如图 1-65 所示的"用户登录"对话框。

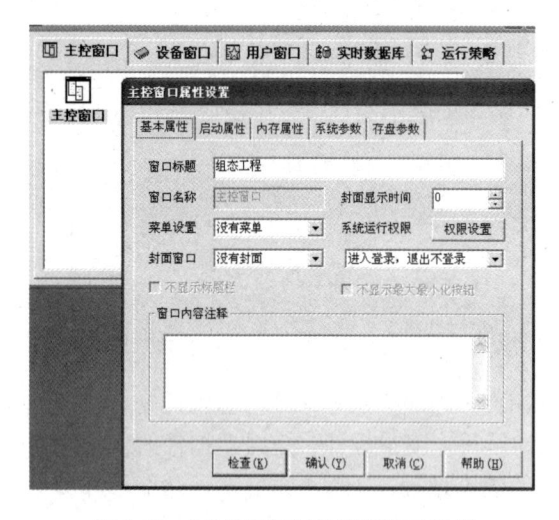

图 1-63 "主控窗口属性设置"对话框　　　　图 1-64 "用户管理器"对话框

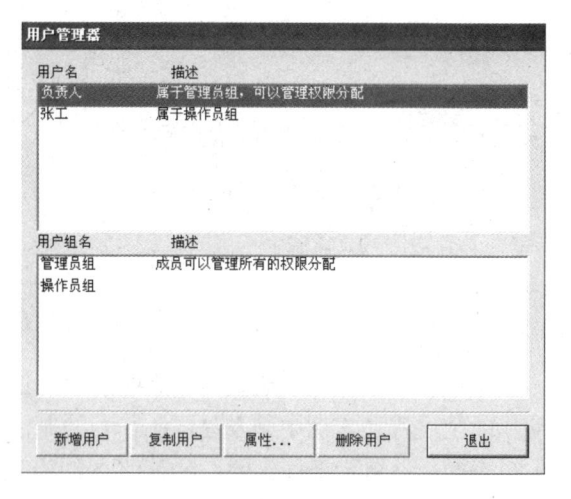

4. 机械手构件动画设计

在机械手运行过程中，需要完成部分构件的移动动画，构件移动动画连接如下：

（1）垂直移动动画连接。单击"查看"菜单，选择"状态条"命令，在屏幕右下方出现状态条信息，状态条左侧文字代表当前操作状态，右侧显示被选中对象的位置坐标和大小。在移动构件的起点与终点之间画一条直线，根据状态条坐标指示可知直线总长度，假设为 170 像素。在"用户窗口"中双击要垂直移动的构件，弹出"动画组态属性设置"对话框。在"位置动画连接"中选中"垂直移动",如图 1-66 所示。单击"垂直移动"选项卡,如图 1-67 所示,在"表达式"中填入"垂直移动量"(新建数值型变量)。在"垂直移动连接"中填入各项参数,参数设置意义为:当垂直移动量=0 时,向下移动距离=0;当垂直移动量=25 时,向下移动距离=170(如垂直移动时间为 5s,循环次数=下移时间(上升时间)/循环策略执行间隔=5s/200ms=25;垂直移动量的最大值=循环次数×变化率=25×1=25;变化率为每执行一次脚本程序垂直移动量的变化,本例中为加 1 或减 1,参考后面的脚本策略程序),单击"确认"按钮。

图 1-65 "用户登录"对话框

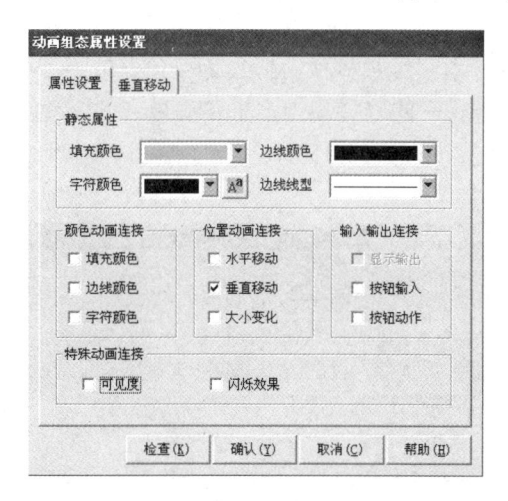

图 1-66 垂直移动设置

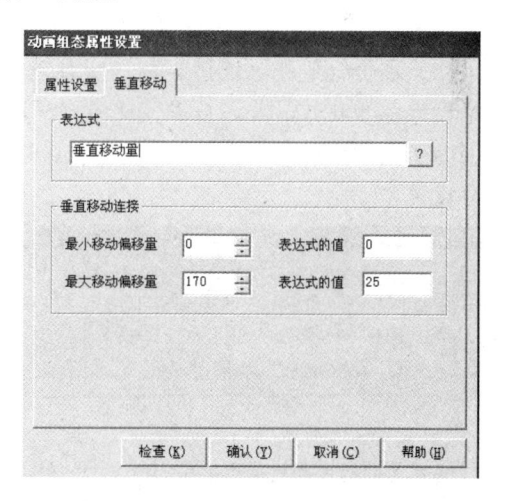

图 1-67 构件垂直移动量的设置

(2)垂直缩放动画连接。选中下滑杆,测量其长度。在下滑杆顶边与下工件顶边之间画直线,观察其长度。垂直缩放比例=直线长度/下滑杆长度,本例中为 350。双击下滑杆,弹出"动画组态属性设置"对话框,如图 1-68 所示,单击"大小变化"选项卡,进行垂直缩放量设置,如图 1-69 所示。"变化方向"选择向下,"变化方式"为缩放。输入参数的意义:当垂直移动量=0 时,直线长度=初值的 100%;当垂直移动量=25 时,直线长度=初值的 350%。

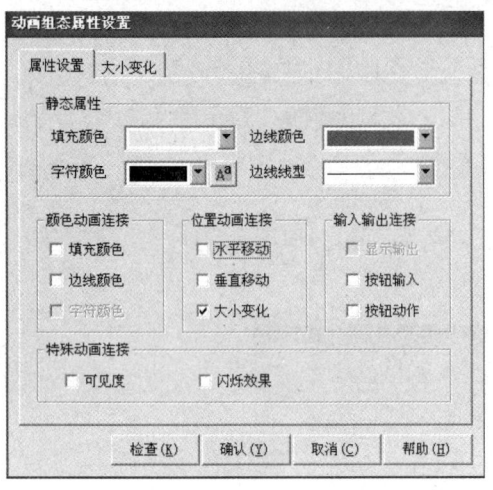

图 1-68　"动画组态属性设置"对话框 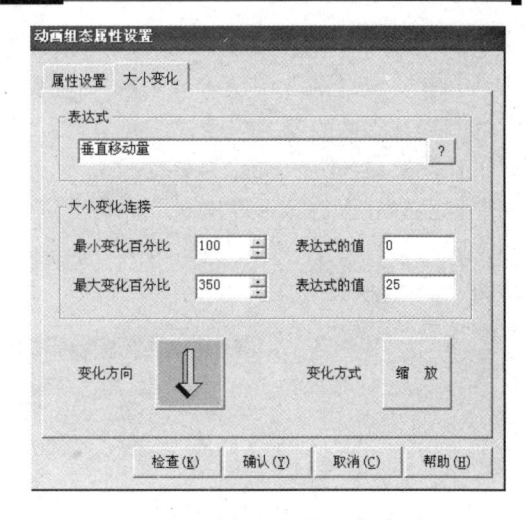　　　　图 1-69　构件垂直缩放量的设置

（3）水平移动动画连接。在工件初始位置和移动目的地之间画一条直线，记下状态条大小指示，此参数即为总的水平移动距离，假设移动距离为 280。按图 1-70 对需要水平移动的构件进行水平移动动画连接。参数设置的意义为：当水平移动量=0 时，水平移动距离=0；当水平移动量=50 时，水平移动距离=280（如水平移动时间为 10s，循环次数=左移时间（右移时间）/循环策略执行间隔=10s/200ms=50；水平移动量的最大值=循环次数×变化率=50×1=50；变化率为每执行一次脚本程序水平移动量的变化，本例中为加 1 或减 1，参考后面的脚本策略程序），单击"确认"按钮。

（4）水平缩放动画连接。估计或画直线计算构件水平缩放比例，假设为 450。按图 1-71 所示设定各个参数，并注意"变化方向"和"变化方式"的选择。当水平移动量=0 时，直线长度为初值的 100%；当水平移动量=50 时，直线长度为初值的 450%。单击"确认"按钮，保存设置。

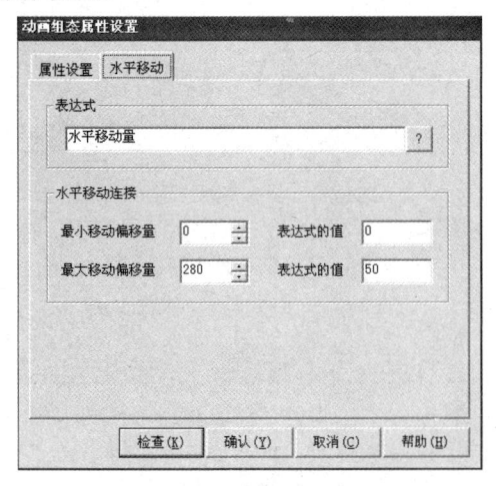

图 1-70　构件水平移动量的设置 　　　　图 1-71　构件水平缩放量设置

（5）设置可见度实现构件的显示及隐藏。双击构件，出现"动画组态属性设置"对话框，在"特殊动画连接"中勾选"可见度"，如图 1-72 所示。选择"可见度"选项卡，如图 1-73 所示，在"表达式"中填入构件可见度标志变量，如"机械手可见度"。当表达式非零时，选

择"对应图符不可见"。意思是：当机械手可见度=1时，构件不可见；机械手可见度=0时，构件可见。通过可见度的设置，来实现机械手爪的放松和夹紧状态的显示。

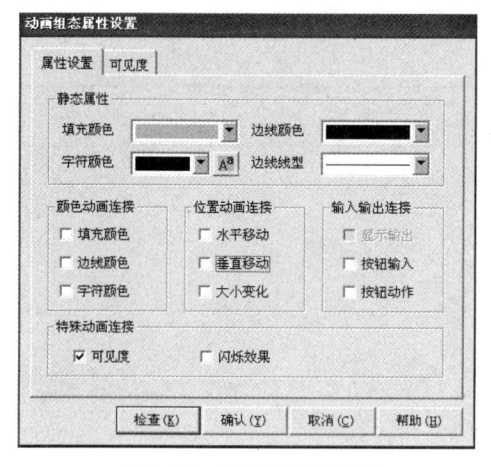

图 1-72 构件可见度设置

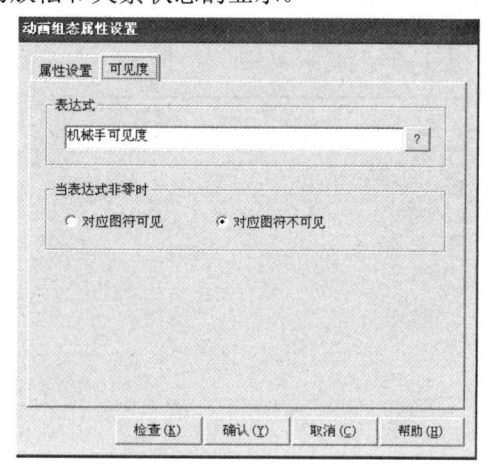

图 1-73 构件可见度属性的设置

5. 脚本程序

先建立一个循环策略，按照机械手的分步动作，添加策略行，如图1-74所示。每个动作可通过一个脚本来实现，如实现"下移"动作，将表达式条件跟相关的变量建立起联系，如图1-75所示，单击"确认"按钮保存设置，然后在策略行中添加脚本程序，可以通过将变量加1来实现一步步的移动，如图1-76所示，即当表达式条件满足时可实现机械手的下移。其他动作类似。

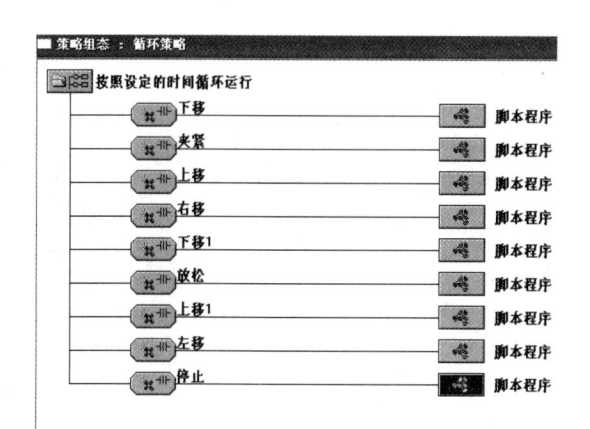

图 1-74 循环策略

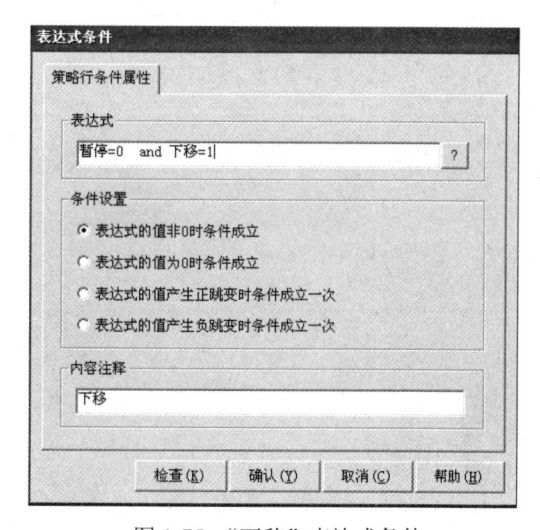

图 1-75 "下移"表达式条件

机械手的动作也可以通过PLC程序来实现。若通过PLC程序实现，则组态软件中的机械手动作的脚本程序就不需要编制了，读者可自行选择设计方案。

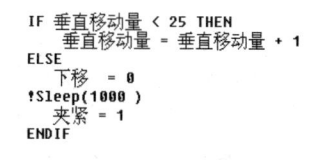

```
IF 垂直移动量 < 25 THEN
    垂直移动量 = 垂直移动量 + 1
ELSE
    下移 = 0
    !Sleep(1000)
    夹紧 = 1
ENDIF
```

图 1-76 "下移"脚本程序

四、项目实施

1. 输入/输出分配

2. PLC 程序设计或组态脚本程序

3. 触摸屏变量设计及组态过程

4. 运行调试中的问题分析

模块二　PLC 与变频器的控制系统设计

本模块主要介绍变频器的作用、分类、工作原理、基本操作等基础知识，详细分析变频器调速的一般方法，并介绍 PLC 模拟量模块中特殊功能模块 FX_{0N}-3A 和特殊适配器 FX_{3U}-3A-ADP 的应用，利用模拟量模块将频率值进行 A/D 或 D/A 转换，综合运用变频器和 PLC 对电动机进行各种方式的控制。

学习目标：
1. 熟悉三菱变频器的原理和参数设置。
2. 掌握变频器使用过程及面板操作。
3. 掌握变频器主电路和控制电路的接线。
4. 能够利用变频器和 PLC 实现电动机正反转控制及多段速控制。
5. 能够利用变频器和 PLC 实现模拟量的输入/输出控制。

项目 2.1　变频器对三相交流电动机的简单控制操作

一、项目任务

（1）利用 FR-E740-0.75K-CHT 变频器面板控制三相交流异步电动机分别以 20Hz、35Hz、50Hz 的频率正转，并能够实现反转变速。频率由变频器面板设置，正反转由参数实现。
（2）加减速时间设为 2s。

二、项目准备

三菱 FR-E740-0.75K-CHT 变频器、三相异步电动机、接线工具。

三、项目分析

变频器是把工频电源转换成各种频率的交流电源，以实现电动机变速运行的设备。改变频率 f，即可改变电动机的转速，实际中还要改变定子电压，才能正常调速。

变频器的分类方法有多种，按照主电路工作方式不同，可以分为电压型变频器和电流型变频器；按照开关方式不同，可以分为 PAM 控制变频器、PWM 控制变频器和高载频 PWM 控制变频器；按照工作原理不同，可以分为 V/f 控制变频器、转差频率控制变频器和矢量控制变频器等；按照用途不同，可以分为通用变频器、高性能专用变频器、高频变频器、单相变频器等。

本项目选用三菱 FR-E700 系列变频器中的 FR-E740-0.75K-CHT 型通用变频器，该变频器额定电压等级为三相 400V，适用容量 0.75kW 及以下的电动机。FR-E700 系列变频器的外观和型号的含义如图 2-1 所示。

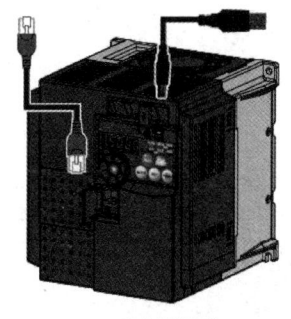

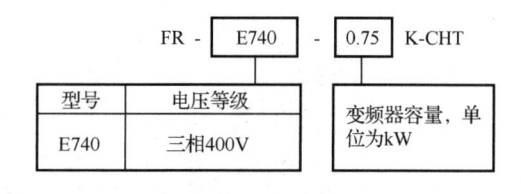

模块二　PLC与变频器的控制系统设计

（a）变频器外观　　　　　　　　　　　　（b）变频器型号的含义

图 2-1　FR-E700 系列变频器的外观和型号的含义

1. 主电路接线及端子说明

主电路是指电源接线及电动机接线回路，在接线过程中，电源的接入端子与电动机的接入端子绝不能接错，否则会造成变频器严重损坏。

（1）主电路的通用接线如图 2-2 所示。

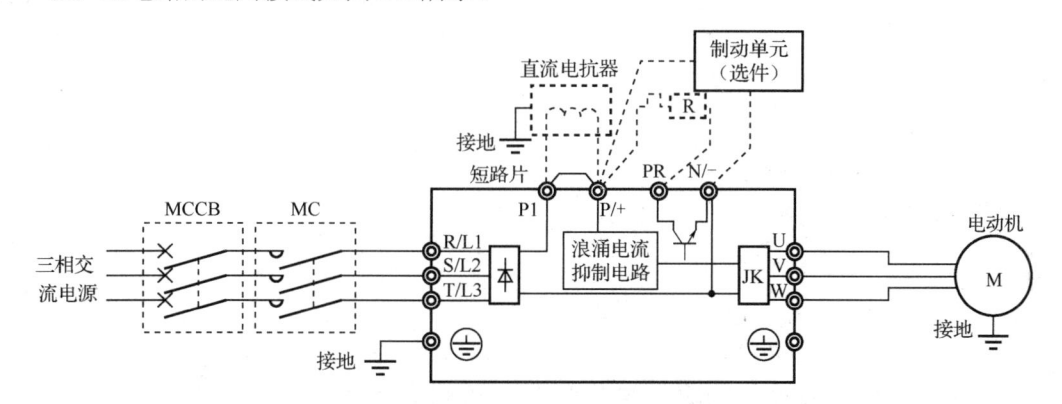

图 2-2　主电路的通用接线

（2）主电路端子说明及排列。

取下变频器正面的外壳，就能看见主电路端子，其端子功能如表 2-1 所示。

表 2-1　主电路端子功能

端子记号	端子名称	端子功能说明
R/L1、S/L2、T/L3	交流电源输入	连接工频电源。当使用高功率因数变流器（FR-HC）及共直流母线变流器（FR-CV）时不要连接任何东西
U、V、W	变频器输出	连接三相鼠笼式电动机
P/+、PR	制动电阻器连接	在端子 P/+、PR 之间连接选购的制动电阻器（FR-ABR）
P/+、N/-	制动单元连接	连接制动单元（FR-BU2）、共直流母线变流器（FR-CV）及高功率因数变流器（FR-HC）
P/+、P1	直流电抗器连接	拆下端子 P/+、P1 之间的短路片，连接直流电抗器
⏚	接地	变频器机架接地用。必须接大地

主电路端子的实际排列如图 2-3 所示。

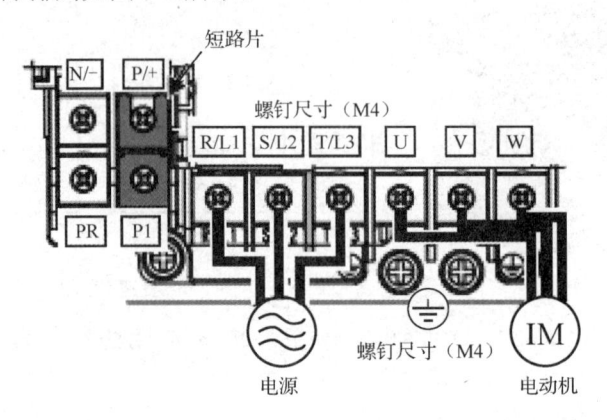

图 2-3　主电路端子的实际排列

2. 面板显示

使用变频器之前，首先要熟悉它的操作面板和键盘操作单元（或称控制单元），并且按使用现场的要求合理设置参数。FR-E700 系列变频器的参数设置，通常利用固定在其上的操作面板（不能拆下）实现，也可以使用连接到变频器 PU 接口的参数单元（FR-PU07）实现。使用操作面板可以进行运行模式、频率的设定，运行指令监视、参数设定、错误表示等。操作面板如图 2-4 所示，其上半部为面板显示器，下半部为 M 旋钮和各种按键。它们的具体功能分别如表 2-2 和表 2-3 所示。

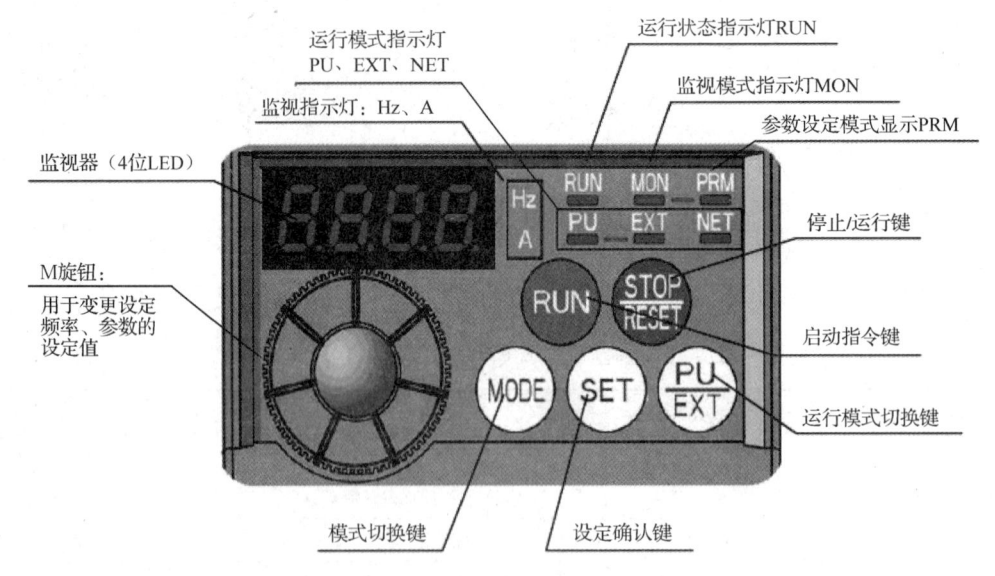

图 2-4　FR-E700 系列变频器的操作面板

3. 基本参数

三菱 FR-E740 有几百个参数，其中大部分参数采用出厂设置就可以满足使用要求，部分参数需要根据控制要求改变，现将部分基本参数列表如表 2-4 所示。

表 2-2 旋钮、按键功能

旋钮和按键	功 能
M 旋钮	用于变更设定频率、参数的设定值。按该旋钮可显示以下内容： • 监视模式下的设定频率； • 校正时的当前设定值； • 报警历史模式下的顺序
模式切换键 (MODE)	用于切换各设定模式。和 (PU/EXT) 键同时被按下也可以用来切换运行模式。长按（2s）此键可以锁定操作
设定确认键 (SET)	运行中按此键则监视器按以下顺序显示： 运行频率 → 输出电流 → 输出电压（循环）
运行模式切换键 (PU/EXT)	用于切换 PU/外部运行模式。 使用外部运行（通过另接的频率设定器和启动信号启动）模式时请按此键，使表示运行模式的 EXT 灯处于点亮状态（切换至组合模式时，可同时按 MODE 键 0.5s，或者变更参数 P79）。 PU：PU 运行模式；EXT：外部运行模式
启动指令键 (RUN)	在 PU 运行模式下，按此键启动运行。 通过 P40 的设定，可以选择旋转方向
停止/运行键 (STOP/RESET)	在 PU 运行模式下，按此键停止运转。 保护功能（严重故障）生效时，也可以进行报警复位

表 2-3 运行状态显示

显 示	功 能
运行模式指示灯	PU：PU 运行模式下亮灯； EXT：外部运行模式下亮灯； NET：网络运行模式下亮灯
监视器（4 位 LED）	显示频率、参数编号、参数值等
监视指示灯	Hz：显示频率时亮灯；A：显示电流时亮灯（显示电压时熄灯，显示设定频率监视时闪烁）
运行状态指示灯 RUN	当变频器动作时亮灯或者闪烁，其中： 亮灯——正转运行中； 慢闪烁（1.4s 循环）——反转运行中。 下列情况出现时快速闪烁（0.2s 循环）： 按键或输入启动指令都无法运行时； 有启动指令，但频率指令在启动频率以下时； 输入了 MRS 信号时
参数设定模式显示 PRM	参数设定模式下亮灯
监视模式指示灯 MON	监视模式下亮灯

表 2-4 基本参数表

功能	参数号	名　　称	设　定　范　围	最小设定单位	初　始　值
基本功能	P0	转矩提升	0～30%	0.1%	6%
	P1	上限频率	0～120Hz	0.01Hz	120Hz
	P2	下限频率	0～120Hz	0.01Hz	0Hz
	P3	基准频率	0～400Hz	0.01Hz	50Hz
	P4	多段速设定（高速）	0～400Hz	0.01Hz	50Hz
	P5	多段速设定（中速）	0～400Hz	0.01Hz	30Hz
	P6	多段速设定（低速）	0～400Hz	0.01Hz	10Hz
	P7	加速时间	0～3600/360s	0.1/0.01s	5/10s
	P8	减速时间	0～3600/360s	0.1/0.01s	5/10s
	P9	电子过电流保护	0～500A	0.01A	变频器额定电流
	P20	加/减速基准频率	1～400Hz	0.01Hz	50Hz
多段速设定	P24	多段速设定（4速）	0～400Hz、9999	0.01Hz	9999
	P25	多段速设定（5速）	0～400Hz、9999	0.01Hz	9999
	P26	多段速设定（6速）	0～400Hz、9999	0.01Hz	9999
	P27	多段速设定（7速）	0～400Hz、9999	0.01Hz	9999
—	P40	RUN键旋转方向选择	0、1	0	0
—	P79	运行模式选择	0、1、2、3、4、6、7	1	0
清除参数	Pr.CL	参数清除	0、1	1	0
	ALLC	参数全部清除	0、1	1	0
	Er.CL	报警历史清除	0、1	1	0
	Pr.CH	初始值变更清单	—	—	—

（1）转矩提升（P0）

可以把低频领域的电动机转矩按负荷要求进行调整。启动时，调整失速防止动作。

（2）输出频率范围（P1、P2）和基准频率（P3）

P1 为上限频率，决定了电动机的最高转速。用 P1 设定输出频率的上限，即使有高于此设定值的频率指令输入，输出频率也被钳位在上限频率，初始值为 120Hz。P2 为下限频率，决定了电动机的最低转速。用 P2 设定输出频率的下限，初始值为 0Hz。P3 为电动机在额定转矩时的基准频率，在 0～400Hz 范围内设定，初始值为 50Hz。

（3）多段速设定（P4、P5、P6、P24、P25、P26、P27）

P4、P5、P6 为三速设定（高速、中速和低速）对应的参数号，分别设定变频器三种不同的运行频率，至于变频器实际运行哪个参数设定的频率，则分别由其控制端子 RH、RM 和 RL 与 SD 端子的通断来决定。P24、P25、P26、P27 是由 RH、RM 和 RL 三个端子两两组合扩展出的速度设定（4速、5速、6速、7速）。

（4）加、减速时间（P7、P8）及加/减速基准频率（P20）

P7 为加速时间，即用 P7 设定从 0Hz 加速到加/减速基准频率 P20 的时间，初始值为 5s；

P8 为减速时间，即用 P8 设定从加/减速基准频率 P20 减速到 0Hz 的时间，初始值为 5s。

在我国，加/减速基准频率 P20 取出厂设定值 50Hz。

（5）电子过电流保护（P9）

P9 用来设定电子过电流保护的电流值，以防止电动机过热，故一般设定为电动机的额定电流值。

（6）RUN 键旋转方向选择（P40）

改变 P40 的参数值，可以通过操作面板上的 RUN 键改变旋转方向来实现。P40 出厂设置为 0，定义为正转，正转时对应的 RUN 指示灯常亮；当设置为 1 时，定义为反转，反转时对应的 RUN 指示灯慢闪烁。

（7）运行模式选择（P79）

此参数为变频器非常重要的一个参数。P79 用于选择变频器的运行模式，变频器的运行模式可以用外部信号操作，也可以用操作面板进行操作。任何一种运行模式均可固定或组合使用。

（8）清除参数（Pr.CL、ALLC、Er.CL、Pr.CH）

设定 Pr.CL 参数清除、ALLC 参数全部清除为 1，可使参数恢复为初始值。通过设定 Er.CL 报警历史清除为 1，可以清除报警历史。将参数调至 Pr.CH，可显示并设定初始值变更后的参数。

4．基本操作

变频器的参数设置过程如下（如将参数 P1 的频率设定为 50Hz）：

（1）接通电源时显示监示画面；

（2）选择 PU 运行模式（PU 指示灯亮，可通过 PU/EXT 键切换）；

（3）按 MODE 键，进入参数设定模式（出现 P 口为参数设定模式）；

（4）拨动 M 旋钮，选择参数号，如 P1；

（5）按 SET 键，读出当前的设定值，如 P1 显示"120"（出厂设定值）；

（6）拨动 M 旋钮，可改变设定值，如设定值从"120"变为"50"；

（7）设定值调好后按 SET 键，完成设定；

（8）按两次 SET 键，则显示下一个参数。

也可以在电动机运行过程中直接改变频率值来实现实时调速。例如：在电动机运行过程中将频率改为 20Hz，设置过程如下：

（1）接通电源时默认显示频率；

（2）按 PU/EXT 键，设定 PU 运行模式；

（3）按 RUN 键运行电动机；

（4）拨动 M 旋钮，调到面板显示 20Hz，约 5s 后闪灭；

（5）按 SET 键，确定频率值，不按 SET 键，闪烁 5s 后，显示回到原来频率值，此时，再回到第（4）步，设定频率；

（6）需要变更设定频率时进行上述的第（4）、（5）步操作；

（7）按 STOP/RESET 键，电动机停止运行。

注意：参数必须在 PU 运行模式下设置才有效。

四、项目实施

1. 按图接线

按照主电路连接变频器、三相电源及三相异步电动机。

2. 设置变频器参数

本项目需要设定的参数如下：
（1）上限频率 P1=50Hz；
（2）下限频率 P2=0Hz；
（3）基准频率 P3=50Hz；
（4）加速时间 P7=2s；
（5）减速时间 P8=2s；
（6）电子过电流保护 P9=电动机的额定电流；
（7）运行模式选择（组合）P79=0 或 1。

3. 调试运行

（1）通过操作面板设置变频 20Hz，按下 RUN 键，观察电动机是否按照设定的频率运行，并观察 RUN 指示灯，按下 STOP/RESET 键停止电动机运行。

（2）通过操作面板设置变频 35Hz，按下 RUN 键，观察电动机是否按照设定的频率运行，并观察 RUN 指示灯，按下 STOP/RESET 键停止电动机运行。

（3）通过操作面板设置变频 50Hz，按下 RUN 键，观察电动机是否按照设定的频率运行，并观察 RUN 指示灯，按下 STOP/RESET 键停止电动机运行。

（4）通过操作面板设置 P40=1，按上述同样的过程操作，观察电动机的动作及 RUN 指示灯的情况。

五、任务提升

（1）利用 FR-E740-0.75K-CHT 变频器控制三相交流异步电动机分别以 25Hz 的频率正转和 35Hz 的频率反转，频率由变频器操作面板设置。

（2）加、减速时间均设为 3s。

项目 2.2　PLC 与变频器对三相交流电动机的正反转控制

一、项目任务

利用外部控制方式，用 PLC 和变频器实现电动机正反转控制，要求电动机以 20Hz 的频率正转 5s，然后停止 3s，再以 30Hz 的频率反转 5s 后停止。加、减速时间均为 1s。正反转不能同时得电。

二、项目准备

三菱 FR-E740 变频器、三相异步电动机、三菱 FX_{3U} 系列 PLC、计算机、通信线、接线工具。

三、项目分析

三菱 FR-E740 变频器的外部控制方式主要通过外部控制电路来实现，其控制电路总体接线图如图 2-5 所示。

控制回路是根据变频器的控制方式和控制要求，按需连接外部设备的，主要分为输入回路和输出回路两部分。

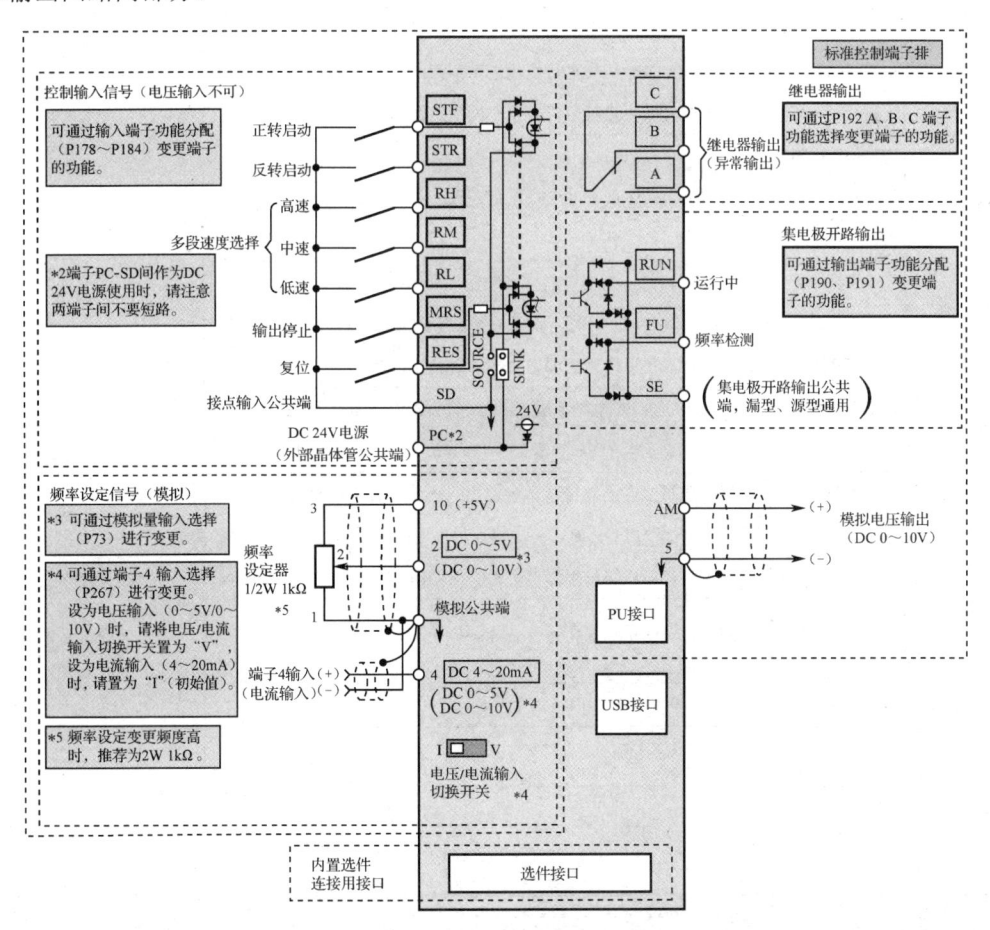

图 2-5　三菱 FR-E740 变频器的控制电路总体接线图

(1) 输入回路。

输入回路用于输入信号的连接,包括按钮、PLC、电位器等,都可以作为输入信号,控制变频器的启停、频率变化、制动、复位等。表 2-5 为输入信号端子的功能说明。

表 2-5 输入信号端子功能说明

种类	端子记号	端子名称	端子功能说明		额定规格
接点输入	STF	正转启动	STF 信号处于 ON 时为正转指令、处于 OFF 时为停止指令	STF、STR 信号同时处于 ON 时变成停止指令	输入电阻 4.7kΩ,开路时电压为 DC 21~26V,短路时电流为 DC 4~6mA
	STR	反转启动	STR 信号处于 ON 时为反转指令、处于 OFF 时为停止指令		
	RH RM RL	多段速度选择	由 RH、RM 和 RL 信号的组合可以选择多段速度		
	MRS	输出停止	MRS 信号处于 ON(20ms 或以上)时,变频器停止输出。用电磁制动器停止电动机时,用于断开变频器的输出		
	RES	复位	用于解除保护电路动作时的报警输出。请使 RES 信号处于 ON 状态 0.1s 或以上,然后断开。初始设定为始终可进行复位。进行了 P75 的设定后,仅在变频器报警发生时可进行复位。复位所需时间约为 1s		
	SD	初始设定:接点输入公共端(漏型)	接点输入端子的公共端(漏型逻辑)		—
		外部晶体管公共端(源型)	源型逻辑时,当连接晶体管输出(即集电极开路输出),如可编程控制器(PLC)时,将晶体管输出用的外部电源公共端接到该端子时,可以防止因漏电引起的误动作		
		DC 24V 电源公共端	DC 24V、0.1A 电源(端子 PC)的公共输出端。与端子 5 及端子 SE 绝缘		
	PC	初始设定:外部晶体管公共端(漏型)	漏型逻辑时,当连接晶体管输出(即集电极开路输出),如可编程控制器(PLC)时,将晶体管输出用的外部电源公共端接到该端子时,可以防止因漏电引起的误动作		电源电压范围 DC 22~26V;允许负载电流 100mA
		接点输入公共端(源型)	接点输入端子的公共端(源型逻辑)		
		DC 24V 电源	可作为 DC 24V、0.1A 的电源使用		
频率设定	10	频率设定用电源	作为外接频率设定(速度设定)用电位器的电源使用(参照 P73 模拟量输入选择)		DC 5.2V±0.2V;允许负载电流 10mA

续表

种类	端子记号	端子名称	端子功能说明	额定规格
频率设定	2	频率设定（电压）	如果输入 DC 0～5V（或 0～10V），在 5V（10V）时为最大输出频率，输入/输出成正比。通过 P73 进行 DC 0～5V（初始设定）和 DC 0～10V 输入的切换操作	输入电阻 10kΩ±1kΩ；最大允许电压 DC 20V
频率设定	4	频率设定（电流）	如果输入 DC 4～20mA（或 0～5V/0～10V），在 20mA 时为最大输出频率，输入/输出成正比。只有 AU 信号为 ON 时，端子 4 的输入信号才有效（端子 2 的输入将无效）。通过 P267 进行 4～20mA（初始设定）和 DC 0～5V、DC 0～10V 输入的切换操作 设为电压输入（0～5V/0～10V）时，请将电压 / 电流输入切换开关切换至 "V"	电流输入的情况下：输入电阻 233±5Ω，最大允许电流 30mA； 电压输入的情况下：输入电阻 10kΩ±1kΩ，最大允许电压 DC 20V 电流输入（初始状态） 电压输入
频率设定	5	频率设定公共端	频率设定信号（端子 2 或 4）及端子 AM 的公共端。请勿接大地	—

模拟量参数 P73 和 P267 的参数设置如表 2-6 所示。这两个参数在外部模拟量控制变频器频率时设定，后面会详细介绍。

表 2-6 模拟量参数 P73 和 P267 的参数设置

参数	名称	初始值	设定范围	内容	
P73	模拟量输入选择	1	0	端子 2 输入 0～10V	无可逆运行
			1	端子 2 输入 0～5V	
			10	端子 2 输入 0～10V	有可逆运行
			11	端子 2 输入 0～5V	
P267	端子 4 输入选择	0	电压 / 电流输入切换开关		内容
			0		端子 4 输入 4～20mA
			1		端子 4 输入 0～5V
			2		端子 4 输入 0～10V

在接点输入部分，出厂设置时，STF 为正转启动信号，控制电动机正向运转；STR 为反转启动信号，控制电动机反向运转；RH、RM、RL 为多段速度选择端子信号，控制电动机按照设定的频率运行；MRS 为输出停止信号，该端子有信号输入时，不管有无其他输入信号，电动机将停转；RES 为复位信号，当该端子有信号输入时，电动机能够快速停转，复位时间约为 1s；SD 为公共端，以上各个信号端子（漏型）都需要与 SD 端子接成回路才能实现控制；PC 为外部晶体管公共端（漏型）。

在频率设定部分，端子 10 为频率设定用电源，根据 P73 的设定，可为外接电位器提供 DC 0～5V 或 DC 0～10V 的电源；端子 2 为电压控制的频率设定，输入的电压与频率成正比，输入的电压可以是 DC 0～5V，也可以是 DC 0～10V，根据 P73 设定；端子 4 为电流控制的频率设定，输入的电流与频率成正比，输入的电流是 DC 4～20mA；端子 5 为频率设定公共端，即端子 2 或 4 的公共端，也是模拟电压输出端子 AM 的公共端。

（2）输出回路。

输出回路用于变频器的监控、报警、频率监测、显示等，输出信号端子的功能说明如表 2-7 所示。

表 2-7 输出信号端子功能说明

种类	端子记号	端子名称	端子功能说明	额定规格
继电器	A、B、C	继电器输出（异常输出）	指示变频器因保护功能动作停止输出的 1c 接点输出。异常时：B-C 间不导通（A-C 间导通），正常时：B-C 间导通（A-C 间不导通）	接点容量 AC 230V、0.3A（功率因数=0.4）；DC 30V、0.3A
集电极开路	RUN	运行中	变频器输出频率大于或等于启动频率（初始值0.5Hz）时为低电平，已停止或正在直流制动时为高电平	允许负载 DC 24V（最大 DC 27V）、0.1A；低电平表示集电极开路输出用的晶体管处于 ON（导通状态），高电平表示处于 OFF（不导通状态）
集电极开路	FU	频率检测	输出频率大于或等于任意设定的检测频率时为低电平，未达到时为高电平	
集电极开路	SE	集电极开路输出公共端	RUN、FU 的公共端	—
模拟电压	AM	模拟电压输出	可以从多种监视项目中选一种作为输出。变频器复位中不被输出。输出信号与监视项目的大小成比例	初始设置：输出频率 / 输出信号 DC 0~10V，允许负载电流 1mA（负载阻抗 10kΩ 以上），分辨率 8 位

A、B、C 为继电器输出，当变频器正常时，B-C 间导通，A-C 间不导通；当变频器异常时，B-C 间不导通，A-C 间导通。RUN、FU、SE 为变频器运行状态输出端子，其中，RUN 为运行中端子，输出频率大于或等于启动频率时输出低电平，已停止或在直流制动时输出高电平；FU 为频率检测端子，输出频率大于或等于任意设定的检测频率时为低电平，未达到时为高电平；SE 为 RUN 和 FU 的公共端。AM 为模拟电压输出端子，出厂设定为输出频率对应的模拟电压值。

（3）控制电路端子的实际排列如图 2-6 所示。

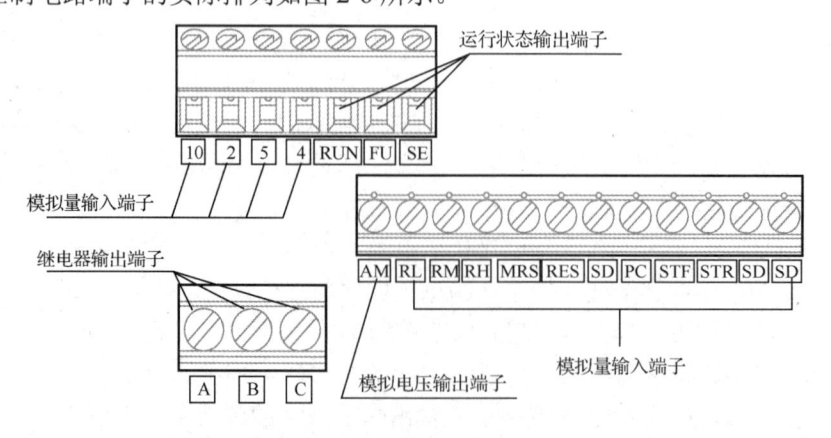

图 2-6 控制电路端子的实际排列

在变频器的使用中，主要用到的外部接线端子为：正、反转启动端子 STF 和 STR，多段速度选择端子 RH、RM、RL 及外部频率设定端子 10、2、4、5。其中正、反转启动端子 STF 和 STR 控制电动机的转动方向，其余端子可控制电动机的运行速度。

变频器在实际使用时有多种控制方式，可以用操作面板（PU 运行模式）进行操作控制，可以用外部信号进行操作控作，也可以用两种方式组合控制。其中 P79 为运行模式选择参数，根据需要设定 P79 的值，就可以选定变频器的控制方式，如表 2-8 所示。

表 2-8 变频器的运行模式选择（P79）

P79 设定值	运 行 模 式	LED 显示 ■：灯灭 □：灯亮
0	外部运行模式（简称 EXT，即变频器的频率和启停均由外部信号控制端子来控制），可操作面板上的 PU/EXT 键切换为 PU 运行模式（简称 PU，即变频器的频率和启停均由操作面板控制）	外部运行模式 EXT PU 运行模式 PU
1	只能执行 PU 运行模式	PU
2	只能执行外部运行模式；可以在外部运行、网络运行模式间切换	外部运行模式 EXT 网络运行模式 NET
3	PU 和外部组合运行模式 1；变频器的运行频率由操作面板（M 旋钮、多段速度选择等）控制，启停由外部信号控制端子（STF、STR）来控制	组合运行模式 PU EXT
4	PU 和外部组合运行模式 2；变频器的频率由外部信号控制端子来控制，启停由操作面板控制	
6	切换模式：可以在保持运行状态的同时，进行 PU 运行、外部运行、网络运行模式的切换	PU 运行模式 PU 外部运行模式 EXT 网络运行模式 NET
7	外部运行模式（PU 运行模式互锁）；X12 信号处于 ON：可切换到 PU 运行模式（外部运行模式下停止输出）；X12 信号处于 OFF：禁止切换到 PU 运行模式	PU 运行模式 PU 外部运行模式 EXT

当变频器需要用外部信号控制连续运行时，可以将 P79 设为 2，也可以将 P79 设为 3 或 4。当 P79=2 时，EXT 灯亮，变频器的启动、停止及频率都通过外部端子由外部信号来控制。当 P79=3 时，EXT 和 PU 灯同时亮，为 PU 与外部信号的组合运行模式，外部端子 STF 或 STR 控制电动机的启动、停止，用操作面板设定运行频率。当 P79=4 时，EXT 和 PU 灯同时亮，可用操作面板上的 RUN 和 STOP/RESET 键控制电动机的启动、停止，将外部电位器 RP 接入端子 10、2、4、5，可改变运行频率。

启动信号 STF、STR 的动作方式根据不同的接线形式可以分为两种。若按照图 2-7（a）

所示二线制接线,当合上 SB1,并转动电位器 RP 时,电动机可正向加减速运行;当断开 SB1 时,电动机停止运行。当合上 SB2,并转动电位器 RP 时,电动机可反向加减速运行;当断开 SB2 时,电动机停止运行。当 SB1、SB2 同时合上时,电动机立即停止运行。

若按照图 2-7(b)所示三线制接线,将 RL 端子功能设置为启动自保持功能 STOP 状态(P180=25,即 RL 端子为启动自保持功能),此时,当按下正(反)转启动按钮时,调节电位器,电动机可正(反)向加、减速运行;当断开正(反)转启动按钮时,电动机不会停止运行,当按下停止按钮时,电动机才停止运行。

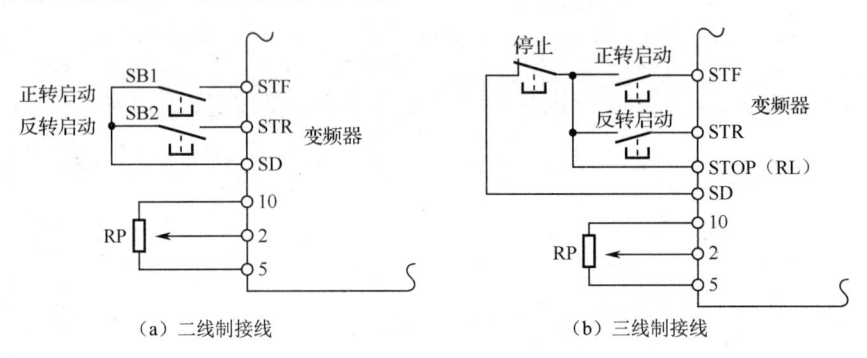

图 2-7 STF、STR 端子的接线形式

本项目可通过 PLC 控制变频器的 STR、STF 端子与 SD 端子的通和断,来实现正反转控制。速度的控制可以通过 RH、RM、RL 端子与 SD 端子的通断来实现,也可以通过电位器控制端子 10、2、4、5 来实现,在此选择利用 PLC 控制变频器的 RH、RM、RL 端子与 SD 端子的通断来实现频率的控制。

将 P79 设为 2,用外部端子控制电动机的启动、停止,通过 RH 端子控制正转频率,通过 RM 端子控制反转频率,由 P4、P5 设定频率。

1. 输入/输出分配表

根据控制任务,PLC 的输入信号为启动、停止按钮,输出信号为变频器的外部端子,输入/输出分配表如表 2-9 所示。

表 2-9 输入/输出分配表

输入信号			输出信号		
设备名称	代号	输入地址编号	设备名称	代号	输出地址编号
启动按钮	SB1	X000	正转启动	STF	Y000
停止按钮	SB2	X001	反转启动	STR	Y001
			正转频率	RH	Y002
			反转频率	RM	Y003

2. 接线图

根据以上输入/输出分配,需要用到变频器、按钮、三相异步电动机等外部硬件,PLC 和变频器的外部接线示意图如图 2-8 所示。

模块二 PLC与变频器的控制系统设计

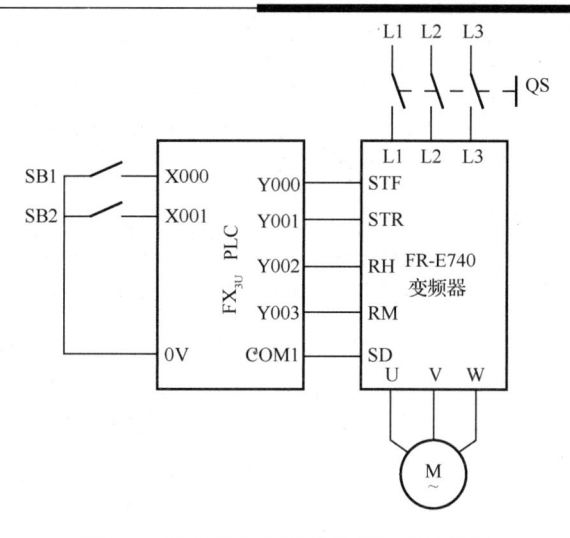

图 2-8 PLC 和变频器的外部接线示意图

四、项目实施

1. 变频器参数设置

在 PU 运行模式下按 MODE 键,设置基本参数;

正转频率 P4=20Hz;
反转频率 P5=30Hz;
加速时间 P7=1s;
减速时间 P8=1s;
运行模式选择 P79=2。

2. 编写 PLC 程序

本项目采用步进顺控指令设计较简单,PLC 状态转移图如图 2-9 所示。

PLC 上电运行时,进入初始状态 S0。按下启动按钮,X000 常开触点闭合进入 S20 状态,控制 Y000 和 Y002 得电,使电动机以 20Hz 频率正转运行,同时定时器 T0 线圈得电延时。5s 后 T0 常开触点闭合进入 S21 状态,定时器 T1 线圈得电延时,进入暂停阶段。3s 后 T1 常开触点闭合进入 S22 状态,使 Y001 和 Y003 得电,则电动机以 30Hz 频率反转运行,同时 T2 线圈得电延时,5s 后 T2 常开触点闭合,回到 S0 初始状态,电动机运行结束。在此运行过程中,只要按下停止按钮,X001 常开触点闭合,都能进入 S0 初始状态,利用区间复位指令使 S20~S22 区间复位,都能使电动机停止运行。

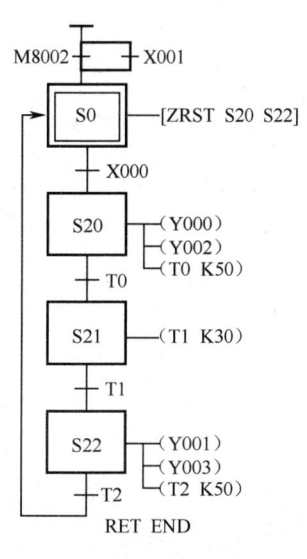

图 2-9 PLC 状态转移图

3. 调试及运行

当按下 SB1 启动按钮时，观察电动机、变频器显示器及运行指示灯，判断电动机是否以 20Hz 频率正转运行；5s 后，电动机是否停转；再过 3s 后，电动机是否以 30Hz 频率反转运行 5s 后停转。再次按下启动按钮，在运行过程中按下 SB2 停止按钮，观察电动机能否立刻停止运行。若出现故障，应分别检查硬件电路接线、梯形图、变频器参数设置等是否有误，修改后，应重新调试，直至系统按要求正常工作。

五、任务提升

利用组合控制方式，用 PLC 和变频器实现电动机正反转控制，要求电动机的启停由外部端子控制，频率由操作面板控制。按下正转启动按钮，电动机以 20Hz 的频率运行 10s 后停止，按下反转启动按钮，电动机以 30Hz 的频率运行 10s 后停止。加、减速时间均为 1s。正反转控制必须加互锁。

项目 2.3　PLC 与变频器的模拟量控制

一、项目任务

利用 PLC 算术逻辑运算指令获得变化的数字量，通过 FX_{0N}-3A 中的 D/A 转换模块，输出模拟量信号 DC 0~10V 电压控制变频器实现 0~50Hz 开环调速，启停信号及频率信号都由外部端子控制。

二、项目准备

三菱 FR-E740 变频器、三相异步电动机、三菱 FX_{3U} 系列 PLC、三菱 PLC 模拟量输入/输出模块 FX_{0N}-3A、计算机、通信线、接线工具。

三、项目分析

1. 外部频率设定端子应用

本项目需要用到外部频率设定端子 10、2、4、5。其中，端子 10 是频率设定用电源，作为外接频率设定用电位器的电源使用，可以提供 5V 直流电源。端子 2 是电压控制的频率设定，出厂设定（P73=1）为 0~5V 量程的电压，见表 2-6。在最大电压 5V 时为最大输出频率，输入/输出成正比，可以通过使 P73=0 选择 0~10V 的量程电压。端子 4 是电流控制的频率设定，如果输入 DC 4~20mA，在 4mA 时为最小输出频率，在 20mA 时为最大输出频率，输入/输出成正比。只有 AU 信号为 ON 时，端子 4 的输入信号才有效（端子 2 的输入将无效），通过 P267 进行 4~20mA（初始设定）和 DC 0~5V、DC 0~10V 输入的切换操作。端子 5 是频率设定公共端，频率设定信号（端子 2 或 4）及端子 AM 的公共端，不能接大地。具体说明见表 2-5 和表 2-6。

（1）若采用外部 0~10V 模拟电压直接控制变频器频率变化，将 P73 设置为 0，将 P79 设置为 4（组合运行模式，频率由外部端子控制，启停由操作面板控制），并外接 0~10V 直流电源到端子 2 和 5，接线图如图 2-10 所示，按下变频器操作面板上的 (RUN) 键，调节电位器控制电压由小变大，可观察到电动机的运行速度由小变大。

（2）若采用 4～20mA 模拟电流直接控制变频器频率变化，将 P267 设置为 0，即选择 4～20mA 电流输入，并外接到端子 4 和 5 上，同时需要将 AU 设置为 ON 模式，可选择 RES 为端子 4 输入选择，即将对应的参数 P184 设为 4，并将 RES 端子和 SD 端子短接，这样就完成了 AU 为 ON 的设置，接线图如图 2-11 所示。将 P79 设置为 4（组合运行模式，频率由外部端子控制，启停由操作面板控制），按下变频器面板上的 (RUN) 键，调节电位器控制电流由小变大，可观察到电动机的运行速度由小变大。

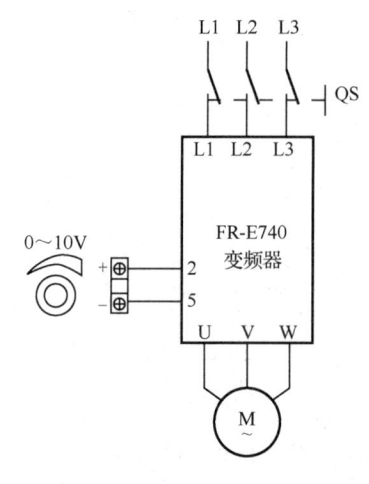

图 2-10 外部频率电压控制接线图

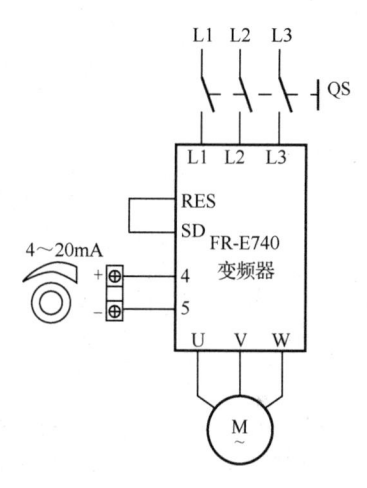

图 2-11 外部频率电流控制接线图

2. PLC 模拟量输入/输出模块 FX_{0N}-3A

为了将 PLC 输出的数字量转换为模拟电压控制变频器频率变化，PLC 连接了特殊功能模块 FX_{0N}-3A，通过 D/A 变换实现变频器的模拟量输入以达到连续调速的目的。特殊功能模块 FX_{0N}-3A 如图 2-12 所示，它具有两路输入通道和一路输出通道，最大分辨率为 8 位，输入通道接收模拟信号并将模拟信号转换成数字值，即进行 A/D 转换；输出通道采集数字值并输出等量模拟信号，即进行 D/A 转换。模拟量输入和输出方式均可以选择电压或电流，取决于用户接线方式。

使用 FX_{0N}-3A 时需要注意：

① 模块的电源来自 PLC 主单元的内部电路，其中模拟电路电源要求为 DC 24V，90mA；数字电路电源要求为 DC 5V，30mA。

② 模拟和数字电路之间用光电耦合器隔离，但模拟通道之间无隔离。

③ 在扩展母线上占用 8 个 I/O 点（输入或输出）。

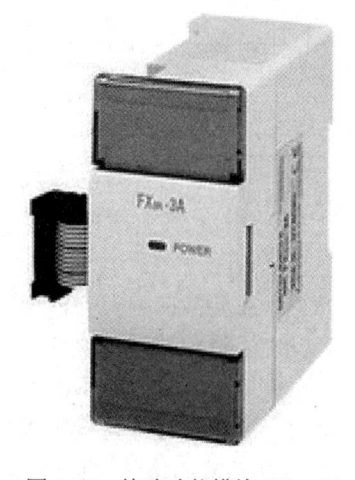

图 2-12 特殊功能模块 FX_{0N}-3A

（1）FX$_{0N}$-3A 输出的主要性能

FX$_{0N}$-3A 具有一路输出通道，用于进行 D/A 转换，分为电压输出和电流输出两个端子，主要性能见表 2-10。

表 2-10 FX$_{0N}$-3A 输出通道主要性能

	电 压 输 出	电 流 输 出
模拟输出范围	在出厂时，已为 DC 0～10V 输入选择了 0～250 输出。如果把 FX$_{0N}$-3A 用于电流输出或非 0～10V 的电压输出，则需要重新调整偏置和增益	
	DC 0～10V/0～5V，外部负载为 1k～1MΩ	4～20mA，外部负载：500Ω 或更小
数字分辨率	8 位	
最小输出信号分辨率	40mV：0～10V/0～250 依据输入特性而变	64μA：4～20mA/0～250 依据输入特性而变
总精度	±0.1V	±0.16 mA
处理时间	TO 指令处理时间×3	
输出特点	【出货时】10.2V / 0.040 / 0 1 250 数字值	5.1V / 0.020 / 0 1 250 数字值	20.32mA / 4.064 / 0 1 250 数字值

从输出特点可以看出，若选择 0～10V 输出电压，对应的输入为 0～250，输入、输出呈线性关系。

（2）接线

模拟输出的接线原理图如图 2-13 所示。接线时要注意，如果电压输出方面出现较大的电压波动或有过多的电噪声，要在图中相应的位置并联一个约 25V、0.1～0.47μF 的电容。

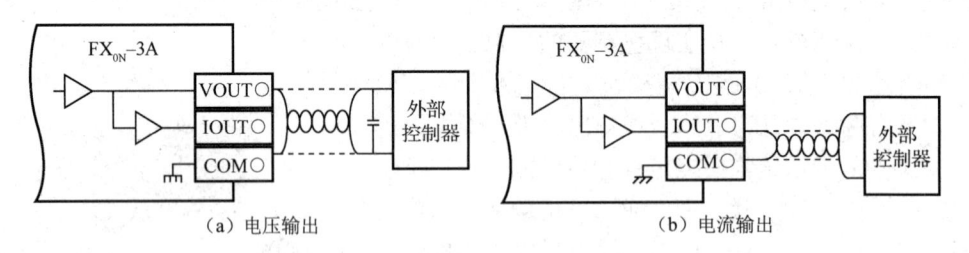

（a）电压输出　　　　　　　　（b）电流输出

图 2-13　模拟输出的接线原理图

（3）D/A 转换的编程与控制

可以使用特殊功能模块读指令 FROM（FNC 78）和写指令 TO（FNC 79）读写 FX$_{0N}$-3A 模块实现模拟量的输入和输出。

将数字量转变成模拟量写入特殊功能模块的缓冲存储器中需要用到 TO 指令，它用于从 PLC 向特殊功能模块缓冲存储器（BFM）中写数据，如图 2-14 所示。这条语句的作用是将 PLC 中从[S•]开始的 n 个数据，写到特殊功能模块 m1 中编号从 m2 开始的缓冲存储器中。

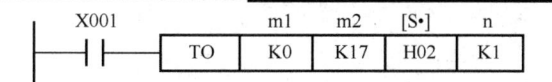

模块二 PLC与变频器的控制系统设计

```
    X001              m1   m2   [S•]   n
────┤├──────────[ TO   K0   K17  H02   K1 ]
```

图 2-14 特殊功能模块写指令

m1 为模块号,指从离 PLC 最近的模块开始,按 No.0→No.1→No.2…顺序连接,模块号用于指定哪个模块工作。

m2 为缓冲存储器的通道号,特殊功能模块是通过缓冲存储器与 PLC 交换信息的,FX_{0N}-3A 共有 32 通道的 16 位缓冲存储器,如表 2-11 所示。

表 2-11 FX_{0N}-3A 的缓冲存储器分配

通道号	b15～b8	b7	b6	b5	b4	b3	b2	b1	b0
#0	保留	当前输入通道的 A/D 转换值(以 8 位二进制数表示)							
#16	保留	当前 D/A 输出通道的设置值							
#17							D/A 转换启动	A/D 转换启动	A/D 通道选择
#1～#15 #18～#31	保留								

其中,#16 通道为当前 D/A 输出通道的设置值,可通过 TO 指定由 PLC 写入#16 通道中。#17 通道位 b2 含义:b2 从 1 到 0(即下降沿),D/A 转换启动。

图 2-14 中 TO 指令的含义:将 PLC 中 H02 这一个数据,写到模块号为 0 的 FX_{0N}-3A 模块的缓冲存储器#17 通道中去。

图 2-15 是实现 D/A 转换的例子:将 PLC 中数据寄存器 D0 的值写入模块号为 0 的 FX_{0N}-3A 模块中,并转换成模拟量。D0 是其 D/A 转换值。

其中,[S•]为写入的数据,可以用数据寄存器,也可以直接用十六进制数表示;n 指定写入的数据的个数。

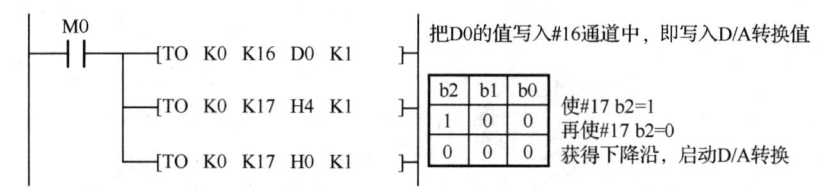

```
 M0
──┤├──┬──[ TO  K0  K16  D0  K1 ]    把D0的值写入#16通道中,即写入D/A转换值
      │                            ┌──┬──┬──┐
      ├──[ TO  K0  K17  H4  K1 ]   │b2│b1│b0│   使#17 b2=1
      │                            ├──┼──┼──┤
      └──[ TO  K0  K17  H0  K1 ]   │1 │0 │0 │   再使#17 b2=0
                                   ├──┼──┼──┤
                                   │0 │0 │0 │   获得下降沿,启动D/A转换
                                   └──┴──┴──┘
```

图 2-15 D/A 转换编程示例

3. 输入/输出分配表

根据控制任务,PLC 的输入信号为启动、停止按钮,输出信号控制变频器的外部端子,同时利用 FX_{0N}-3A 模块输出模拟电源控制变频器的频率,输入/输出分配表如表 2-12 所示。

表 2-12 输入/输出分配表

输入信号			输出信号		
设备名称	代号	输入地址编号	设备名称	代号	输出地址编号
启动按钮	SB1	X000	正转启动	STF	Y000
停止按钮	SB2	X001	电压输出	2	VOUT
			电压输出公共端	5	COM

61

4. 接线图

根据以上输入/输出分配，需要用到变频器、按钮、三相异步电动机等外部硬件，PLC 和变频器的外部接线示意图如图 2-16 所示。

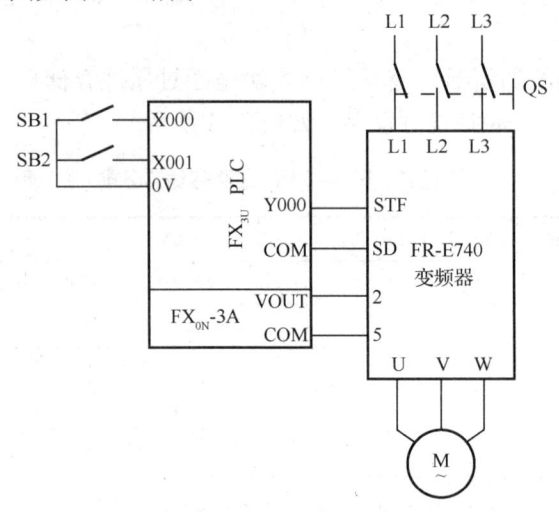

图 2-16 PLC 和变频器的外部接线示意图

四、项目实施

1. 参数设置

P73=0，选择 DC 0～10V 电压输入；
P79=2，选择外部运行模式，频率由端子 2 控制，启停由 STF 端子控制。

2. 程序设计

按下启动按钮，X000 常开触点闭合时，使 M10 和 Y000 同时得电并保持，变频器正转启动信号为 ON，在 M8012 脉冲的控制下，数据寄存器 D0 里面的值进行加 1 处理，通过第一条 TO 指令将 D0 的值写入模拟量模块缓冲存储器#16 通道中，再通过后两条 TO 指令启动 D/A 转换，转换成模拟电压输出，并接入变频器的外部端子 2，作为变频器外部频率控制信号输入。D0 数值不断增大，则频率不断增加。当 D0 数值为 250 时，对应为模拟信号的上限，即频率的上限。通过比较指令 CMP，控制目标操作数第二个点 M1 得电，则 M1 常闭触点断开，D0 数值不再增加，电动机以上限频率运行。按下停止按钮 X001，复位指令使 M10 和 Y000 同时断电，电动机停止转动，并且使 D0 清零。参考程序如图 2-17 所示。

3. 调试及运行

当按下 SB1 启动按钮时，观察电动机、变频器显示器及运行指示灯，判断电动机是否按照要求变速运行。按下 SB2 停止按钮，观察电动机是否停转、变频器显示器是否归零。若出现故障，应分别检查硬件电路接线、梯形图、变频器参数设置等是否有误，修改后，应重新调试，直至系统按要求正常工作。

```
      X000
      ──┤├──┬──────────────────────────────[SET    M10 ]
            │
            ├──────────────────────────────[SET    Y000]
      X001  │
      ──┤├──┼──────────────────────────────[RST    M10 ]
            │
            ├──────────────────────────────[RST    Y000]
            │
            └──────────────────────────────[RST    D0  ]
      M8012  M1   M10
      ──┤├──┤/├──┤├──────────────────────[INCP   D0  ]
      M10
      ──┤├──────────────────────[CMP   K250   D0    M0 ]
         ├──────────────────[TO    K0    K16    D0    K1]
         ├──────────────────[TO    K0    K17    H4    K1]
         └──────────────────[TO    K0    K17    H0    K1]
                                                  [END ]
```

图 2-17　参考程序

五、任务提升

利用 PLC、触摸屏及 FX_{0N}-3A 模块，控制电动机变速运行。要求频率由触摸屏上的输入框输入，利用 FX_{0N}-3A 模块转换成模拟电压，接入变频器频率设定外部端子，控制电动机变速运行。启停信号也由外部端子控制。

项目 2.4　三相交流电动机的七段速控制

一、项目任务

用 PLC、变频器、触摸屏设计一个电动机七段速运行的综合控制系统。其控制要求如下：

（1）按下启动按钮，电动机以 15Hz、20Hz、25Hz、30Hz、35Hz、40Hz、45Hz 的频率进行七段速运行，每隔 5s 变化一次，最后电动机以 45Hz 的频率稳定运行；按下停止按钮，电动机立即停止工作。加、减速时间均为 1s。

（2）触摸屏上有七段速的各盏指示灯，能够显示当前的频率值，并且有"启动按钮"和"停止按钮"可以对电动机进行操作。

二、项目准备

三菱 FR-E740 变频器、三相异步电动机、三菱 FX_{3U} 系列 PLC、三菱 PLC 模拟量输入/输出模块 FX_{0N}-3A、MCGS 触摸屏、计算机、通信线、接线工具。

三、项目分析

1. 七段速的实现

电动机的七段速控制可以通过外部端子 RH、RM、RL 与 SD 的通断来实现，其中前三段速度可由 PLC 控制 RH、RM、RL 端子直接实现，另外四段速度可通过两两组合来实现。

RH、RM、RL 三个端子的通断与参数设置之间的关系如表 2-13 所示。

表 2-13 RH、RM、RL 三个端子的通断与参数设置之间的关系

	P4	P5	P6	P24	P25	P26	P27
RH	ON	OFF	OFF	OFF	ON	ON	ON
RM	OFF	ON	OFF	ON	OFF	ON	ON
RL	OFF	OFF	ON	ON	ON	OFF	ON

表中，前三段速度由 P4、P5、P6 设定，后四段速度由 P24、P25、P26、P27 设定，后四段速度由 RH、RM、RL 组合控制。

2. 特殊功能模块 FX_{0N}-3A 的输入通道主要性能

本项目要用到 PLC、变频器及触摸屏进行综合控制，其中触摸屏上的实时频率显示为难点，需要用到模拟量输入模块，将变频器频率对应的模拟电压输出转换为数字量，即进行 A/D 转换，读入 PLC 中处理后在触摸屏上显示。变频器模拟电压输出为 AM 端子，输出信号为 DC 0～10V，端子说明见表 2-7，对应的公共端为 5。

FX_{0N}-3A 模拟量输入有两路通道可以进行 A/D 转换，每一路的方式都可以选择电压输入或电流输入，取决于用户接线方式。

FX_{0N}-3A 输入通道主要性能见表 2-14。

表 2-14 FX_{0N}-3A 输入通道主要性能

	电 压 输 入	电 流 输 入
模拟输入范围	在出厂时，已为 DC 0～10V 输入选择了 0～250。如果把 FX_{0N}-3A 用于电流输入或非 0～10V 的电压输入，则需要重新调整偏置和增益。模块不允许两个通道有不同的输入特性 DC 0～10V/0～5V，输入电阻 200kΩ。 注意：输入电压超过-0.5V、+15V 可能损坏模块	4～20mA，输入电阻 250Ω。 注意：输入电流超过-2 mA、+60 mA 可能损坏模块
数字分辨率	8 位	
最小输入信号分辨率	40mV; 0～10V/0～250 依据输入特性而变	64μA; 4～20mA/0～250 依据输入特性而变
总精度	±0.1V	±0.16 mA
处理时间	TO 指令处理时间×2 + FROM 指令处理时间	
输入特点	（出货时）图：数字值 255/250，模拟输入电压/V，0 0.040 ～ 10，10.2V；图：数字值 255/250，模拟输入电压/V，0 0.020 ～ 5，5.1V	图：数字值 255/250，模拟输入电流/mA，0 4 4.064 ～ 20，20.32mA

由上表可知，输入信号若为 DC 0～10V，对应的数字量为 0～250，且呈线性关系。

3. 特殊功能模块 FX$_{0N}$-3A 的输入接线

模拟输入的接线原理图如图 2-18 所示。接线时要注意，使用电流输入时，端子 VIN 与 IIN 应短接。如果电压输入方面出现较大的电压波动或有过多的电噪声，要在图中相应的位置并联一个约 25V、0.1～0.47μF 的电容。

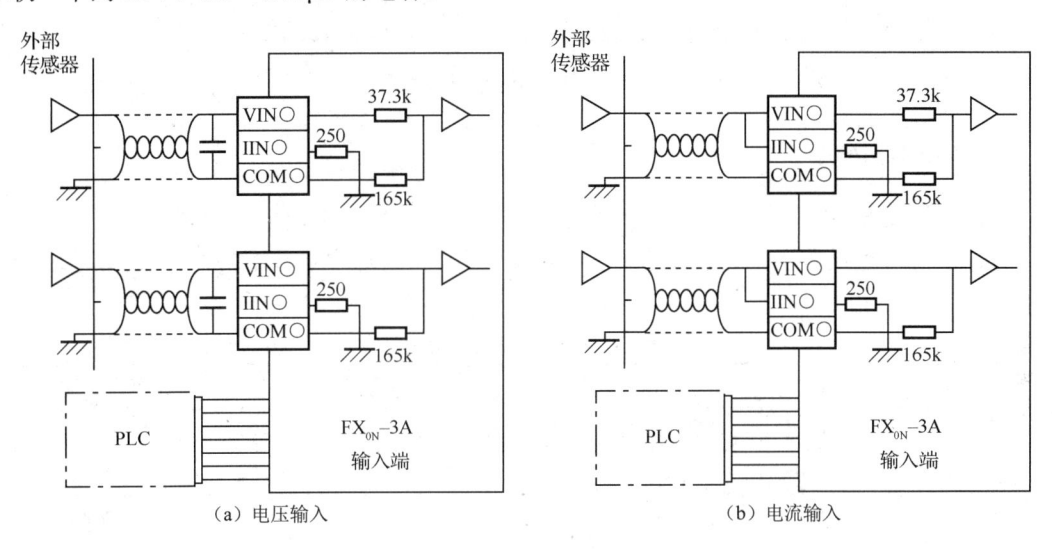

图 2-18 模拟输入的接线原理图

4. A/D 转换的编程与控制

将模拟量转换成数字量读入 PLC 中需要用到 FROM 指令，它用于从特殊功能模块缓冲存储器中读入数据，如图 2-19 所示。这条语句是将模块号为 m1 的特殊功能模块内，从缓冲存储器中编号从 m2 开始的 n 个数据读入 PLC，并存放在从[D·]开始的 n 个数据寄存器中。

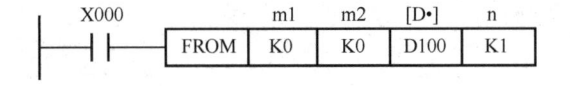

图 2-19 特殊功能模块读指令

其中，[D·]为读出的数据存放的地址，一般为 PLC 中的数据寄存器。

n 指定读出的数据的个数。

m1 为模块号，指从离 PLC 最近的模块开始，按 No.0→No.1→No.2…顺序连接，模块号用于指定哪个模块工作。

m2 为缓冲存储器的通道号，本指令同样要用到表 2-11 中的 FX$_{0N}$-3A 的 32 通道的 16 位缓冲存储器（BFM）。

其中，#0 通道为当前输入通道的 A/D 转换值。

#17 通道中 b0 和 b1 位的含义：b0=0，选择模拟输入通道 1；b0=1，选择模拟输入通道 2。b1 从 0 到 1（即上升沿），A/D 转换启动。

图 2-19 中 FROM 指令的含义：将模块号为 0 的 FX$_{0N}$-3A 模块中缓冲存储器#0 通道的一个 A/D 转换值读到 PLC 的数据寄存器 D100 中。

图 2-20 是实现 A/D 转换的例子：读取模块号为 0 的 FX_{0N}-3A 模块，将通道 1 的 A/D 转换值保存到 PLC 的 D0 中。

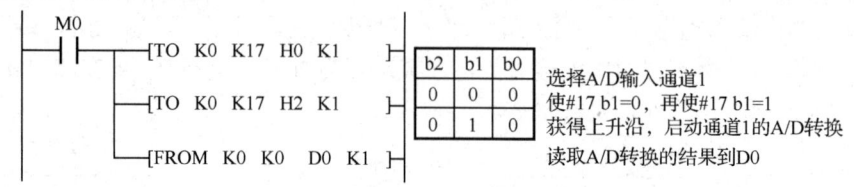

```
   M0
───┤├─────[TO  K0  K17  H0  K1]
      │
      ├────[TO  K0  K17  H2  K1]
      │
      └────[FROM K0  K0  D0  K1]
```

b2	b1	b0	
0	0	0	选择A/D输入通道1
0	1	0	使#17 b1=0，再使#17 b1=1 获得上升沿，启动通道1的A/D转换

读取A/D转换的结果到D0

图 2-20 A/D 转换编程示例

5. 输入/输出分配

根据控制任务，PLC 的输入信号为启动按钮、停止按钮，输出信号控制变频器的外部端子，同时触摸屏也设置了"启动按钮""停止按钮"，并具有频率显示功能，输入/输出分配表如表 2-15 所示。

表 2-15 输入/输出分配表

输入信号			输出信号		
设备名称	代号	输入地址编号	设备名称	代号	输出地址编号
启动按钮	SB1	X000	正转启动	STF	Y000
停止按钮	SB2	X001	一段速	RH	Y001
触摸屏"启动按钮"		M0	二段速	RM	Y002
触摸屏"停止按钮"		M1	三段速	RL	Y003
			复位	RES	Y004
			触摸屏频率显示		D100

6. 接线图

根据以上输入/输出分配，需要用到触摸屏、变频器、按钮等外部硬件，PLC 和变频器的外部接线示意图如图 2-21 所示。

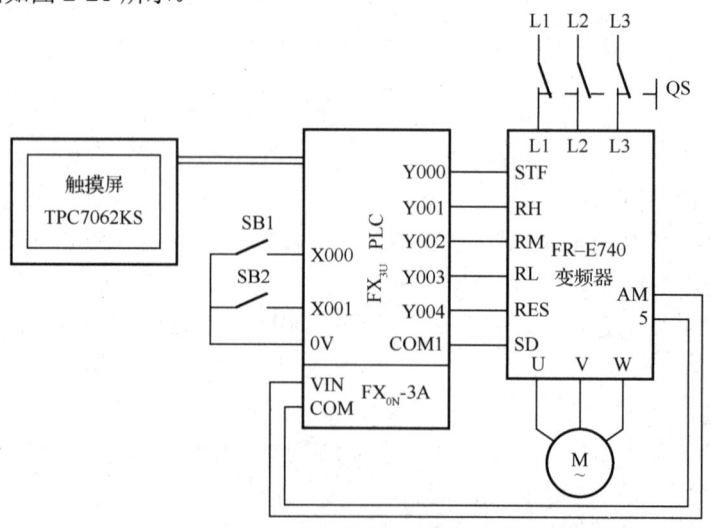

图 2-21 PLC 和变频器的外部接线示意图

四、项目实施

1. 触摸屏界面设计

在触摸屏上设有"启动按钮"和"停止按钮",与外部硬件的启动按钮和停止按钮作用相同。设有七段速的指示灯,运行到哪段速度时,对应的指示灯点亮(绿色),其他段的指示灯熄灭(红色)。可以通过 PLC 程序在每段速度运行时输出一个辅助继电器,利用辅助继电器驱动对应段速的指示灯点亮。

频率显示的过程:通过变频器 AM 端子输出 0~10V 模拟电压(对应 0~50Hz 频率),利用 FX_{0N}-3A 模块的输入通道进行 A/D 转换,并读出到 PLC 的 D100 中,再通过触摸屏设备窗口组态,利用通道处理中的多项式按照比例转换成 0~50Hz 的频率显示在画面中。触摸屏参考画面如图 2-22 所示。

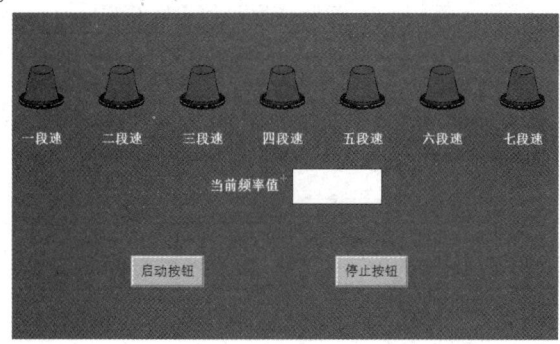

图 2-22 触摸屏参考画面

2. 变频器参数设定

(1)上限频率 P1=50Hz;
(2)下限频率 P2=0Hz;
(3)基准频率 P3=50Hz;
(4)加速时间 P7=1s;
(5)减速时间 P8=1s;
(6)电子过电流保护 P9=电动机的额定电流;
(7)运行模式选择(组合)P79=3;
(8)多段速设定(1速)P4=15Hz;
(9)多段速设定(2速)P5=20Hz;
(10)多段速设定(3速)P6=25Hz;
(11)多段速设定(4速)P24=30Hz;
(12)多段速设定(5速)P25=35Hz;
(13)多段速设定(6速)P26=40Hz;
(14)多段速设定(7速)P27=45Hz。

3. 七段速 PLC 程序设计

本项目程序采用状态转移图法设计。前三段速度分别由 RH、RM、RL 三个端子连接的

PLC 输出继电器控制，后四段速度由这三个端子两两组合实现，组合的方式见表 2-13。根据输入/输出分配得到的状态转移图如图 2-23 所示。

本参考程序中没有加入触摸屏的联合控制，请读者自行设计。

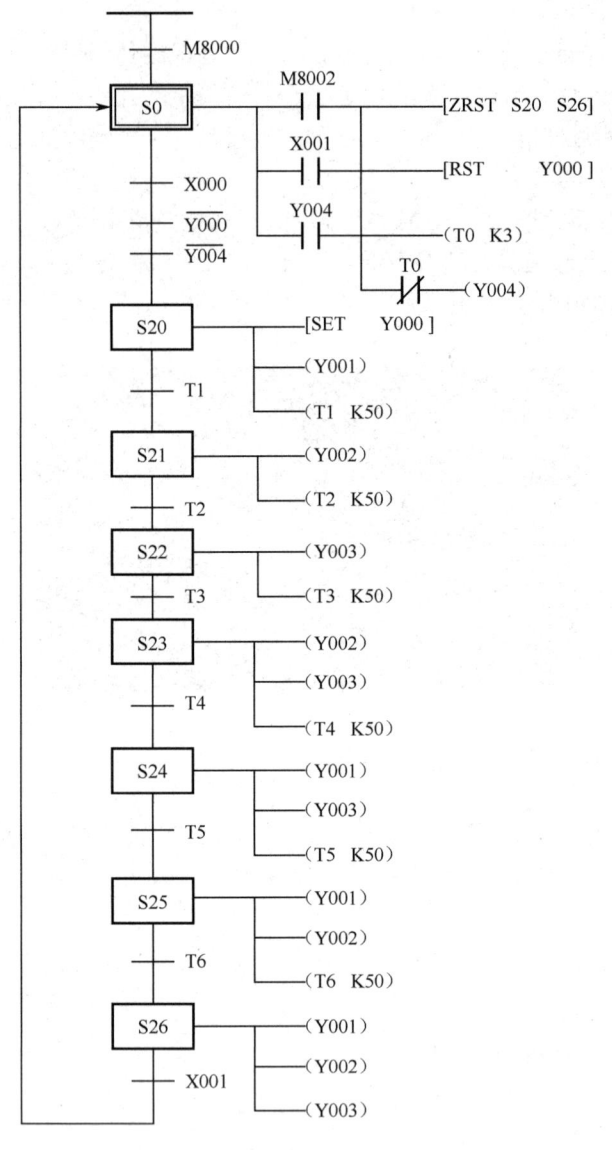

```
           │
          M8000
           │
    ┌──────S0──────┬──M8002──────[ZRST S20 S26]
    │             │
    │             ├──X001──────[RST  Y000]
    │       X000  │
    │       ─┤├─  ├──Y004──────(T0 K3)
    │       ─┤/├─ Y000
    │       ─┤/├─ │
    │       Y004  └──T0/├──────(Y004)
    │             │
    │            S20─────[SET  Y000]
    │             │       (Y001)
    │             │       (T1 K50)
    │            T1
    │             │
    │            S21─────(Y002)
    │             │       (T2 K50)
    │            T2
    │             │
    │            S22─────(Y003)
    │             │       (T3 K50)
    │            T3
    │             │
    │            S23─────(Y002)
    │             │       (Y003)
    │             │       (T4 K50)
    │            T4
    │             │
    │            S24─────(Y001)
    │             │       (Y003)
    │             │       (T5 K50)
    │            T5
    │             │
    │            S25─────(Y001)
    │             │       (Y002)
    │             │       (T6 K50)
    │            T6
    │             │
    │            S26─────(Y001)
    │             │       (Y002)
    └────────────X001     (Y003)
```

图 2-23 状态转移图

4．调试及运行

按下启动按钮 SB1 或触摸屏上的"启动按钮"，观察电动机是否能够按照七段速度每隔 5s 变化一次，最后在第七段速度稳定运行，并观察触摸屏上每段速度的指示灯显示、当前频率值显示是否正确；按下停止按钮 SB2 或触摸屏上的"停止按钮"，观察电动机是否停转，触摸屏上的指示灯和频率值显示是否正确。若出现故障，应分别检查硬件电路接线、梯形图、变频器参数设置、触摸屏组态设置等是否有误，修改后，应重新调试，直至系统按要求正常工作。

五、任务提升

用PLC、变频器、触摸屏设计一个电动机七段速运行的综合控制系统。其控制要求如下：

（1）按下启动按钮，电动机以10Hz、15Hz、20Hz、25Hz、30Hz、35Hz、40Hz的频率进行七段速运行，每隔6s变化一次，最后电动机以40Hz的频率稳定运行。按下停止按钮，电动机以35Hz、30Hz、25Hz、20Hz、15Hz、10Hz的频率逆序运行，间隔5s，最后停止。加、减速时间均为1s。

（2）触摸屏上有七段速的指示灯，能够显示当前的频率值，并且有"启动按钮"和"停止按钮"可以对电动机进行操作。

综合训练——分拣装置控制（FX$_{3U}$-3A-ADP应用）

一、项目任务

利用三菱FR-E740变频器、MCGS触摸屏和PLC设计一个分拣工件的控制系统，控制要求为：

（1）按下启动按钮，三相异步电动机拖动皮带前进将分拣工件往前传送，当检测出是金属工件时，电动机停转，1号推料杆将工件送往1号仓并计数；当检测出是非金属工件时，电动机停转，2号推料杆将工件送往2号仓并计数。皮带传送的速度在触摸屏上进行设置，并且在传送过程中可以随时调整。按下停止按钮，分拣完当前工件后停止。

（2）在MCGS触摸屏中演示分拣装置的整个动作过程，并设置相应的动作指示灯。在启动触摸屏画面时，要求弹出用户登录对话框，只有输入正确的用户名和密码时才能进入欢迎界面，单击欢迎界面中的"进入"按钮，进入运行主界面。触摸屏上能够显示皮带传送的频率值及分拣的金属工件个数和非金属工件个数。

注意：入料口工件的有无检测传感器、1号仓的金属检测传感器、2号仓的非金属检测传感器可以用外部按钮的动作来模拟。分拣装置触摸屏参考画面如图2-24所示。

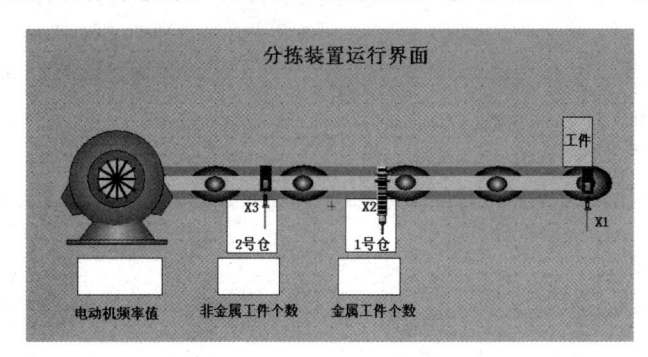

图2-24 分拣装置触摸屏参考画面

二、项目准备

三菱FR-E740变频器、三相异步电动机、三菱FX$_{3U}$系列PLC、三菱模块FX$_{3U}$-3A-ADP、通信模块FX$_{3U}$-485-BD板、MCGS触摸屏、计算机、通信线、接线工具。

三、项目分析

在 YL-158GA1 装置中,模拟量模块用 FX$_{3U}$-3A-ADP 代替了 FX$_{0N}$-3A,编程更加简单方便。FX$_{3U}$-3A-ADP 是获取 2 通道的电压/电流数据并输出 1 通道的电压/电流数据的模拟量特殊适配器,如图 2-25 所示。其连接方式如图 2-26 所示,在 PLC 的左侧,需要将功能扩展板安装到 PLC 上,如 FX$_{3U}$-485-BD 板。

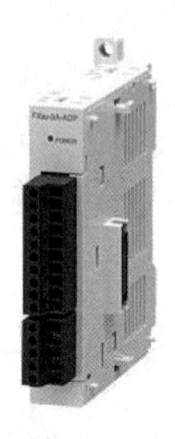

图 2-25 FX$_{3U}$-3A-ADP 模块 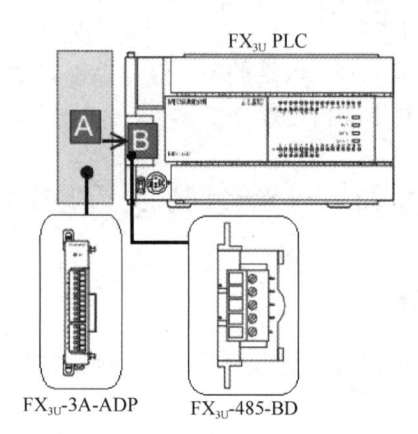   图 2-26 FX$_{3U}$-3A-ADP 连接方式

1. FX$_{3U}$-3A-ADP 模块性能规格

FX$_{3U}$-3A-ADP 能将 0~10V 电压输入或 4~20mA 电流输入转换成 0~4000 数字量输出,或者将 0~4000 数字量输入转换成 0~10V 电压输出或 4~20mA 电流输出。其性能规格见表 2-16。

表 2-16 FX$_{3U}$-3A-ADP 模块性能规格

规　格	电 压 输 入	电 流 输 入	电 压 输 出	电 流 输 出
输入/输出点数	2 通道		1 通道	
模拟量输入输出范围	DC 0~10V（输入电阻 198.7kΩ）	DC 4~20mA（输入电阻 250kΩ）	DC 0~10V（外部负载 5k~1MΩ）	DC 4~20mA（外部负载 500Ω 以下）
最大绝对输入	-0.5V、+15V	-2mA、+30mA	—	—
数字量输入/输出	12 位二进制			
分辨率	2.5mV（10V×1/4000）	5μA（16mA×1/3200）	2.5mV（10V×1/4000）	4μA（16mA×1/4000）
输入/输出特性	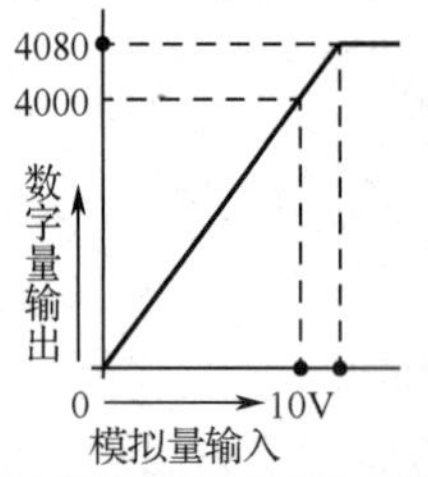 4080/4000；0→10V 模拟量输入，数字量输出	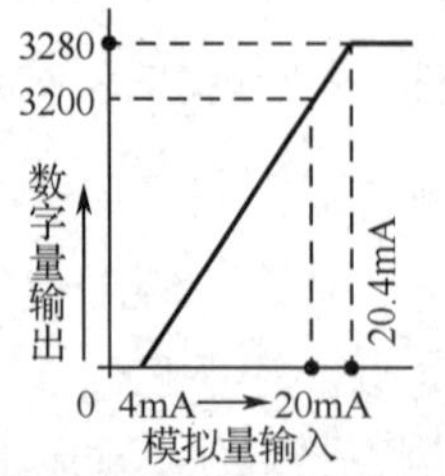 3280/3200；0 4mA→20mA 模拟量输入，数字量输出 20.4mA	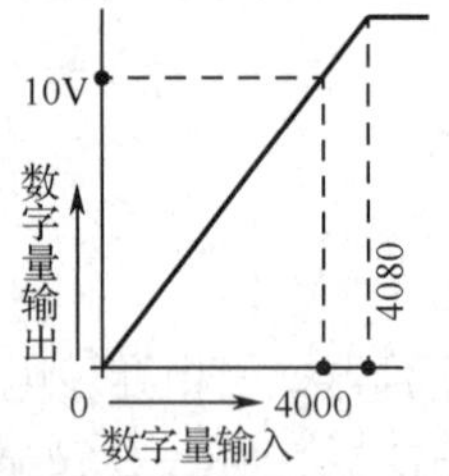 10V；0→4000 数字量输入，模拟量输出 4080	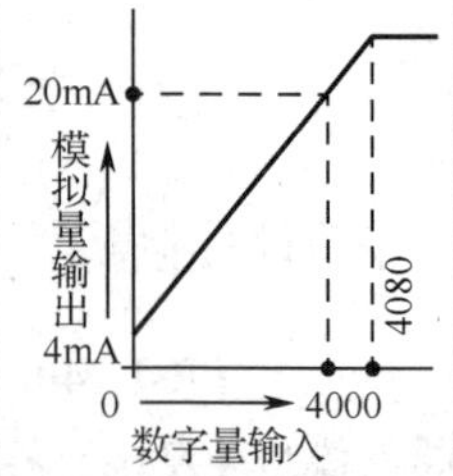 20mA；0→4000 数字量输入，模拟量输出 4mA 4080

2. FX$_{3U}$-3A-ADP 接线

（1）电源接线

FX$_{3U}$-3A-ADP 模块工作时需要提供 24V 直流电源，由端子排的「24+」、「24-」供给，可以利用外部电源供电，也可以利用 PLC 基本单元的 24V 电源供电，电源接线如图 2-27、图 2-28 所示。

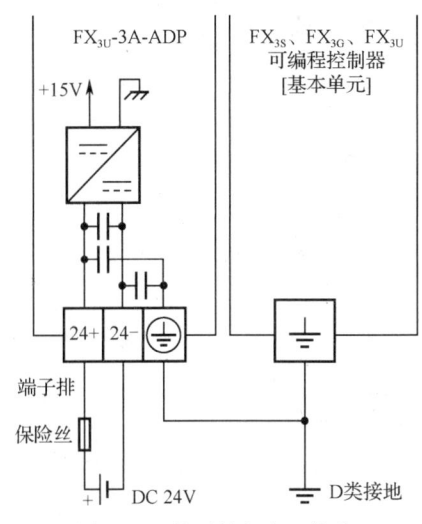

图 2-27 使用外部电源接线

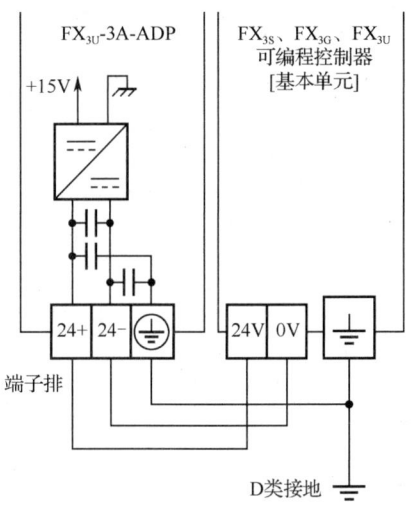

图 2-28 使用 PLC 电源接线

（2）模拟量输入接线

FX$_{3U}$-3A-ADP 模块有 2 个输入通道，每个通道都可以选择电压输入或者电流输入。其中，「V□+」为电压输入端子，「I□+」为电流输入端子，输入接线如图 2-29 所示。当选择电流输入时，务必将「V□+」端子和「I□+」端子（□：通道号）短接，否则会损坏模拟量模块。信号线应与其他动力线或者易于受感应的线分开布线。

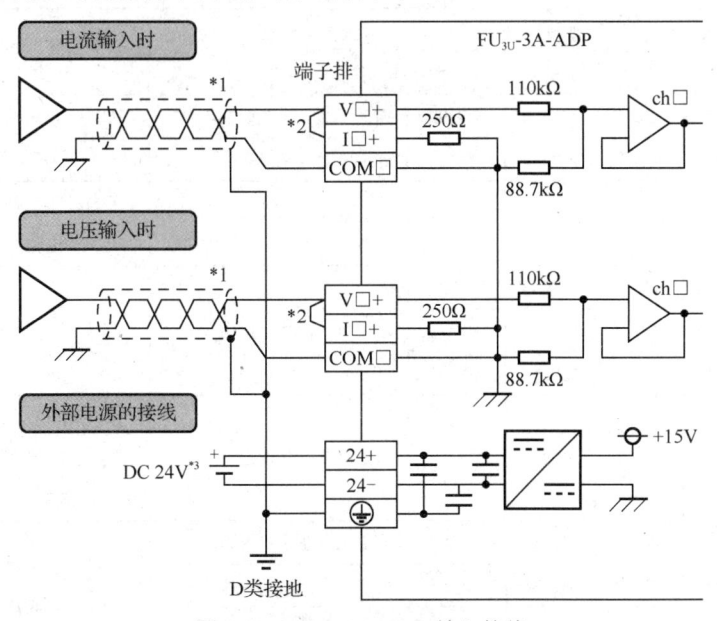

图 2-29 FX$_{3U}$-3A-ADP 输入接线

(3) 模拟量输出接线

FX$_{3U}$-3A-ADP 模块有 1 个输出通道，可以选择电压输出或者电流输出。其中，「V0」为电压输出端子，「I0」为电流输出端子，接线图如图 2-30 所示。信号线应与其他动力线或者易于受感应的线分开布线。

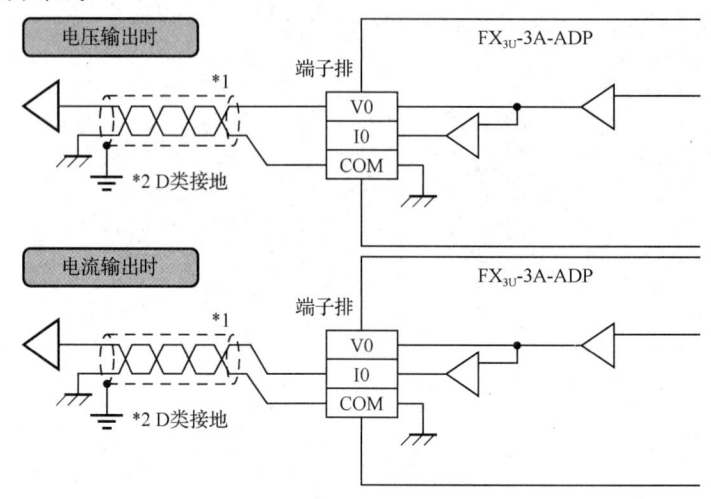

图 2-30 FX$_{3U}$-3A-ADP 输出接线

3. FX$_{3U}$-3A-ADP 程序编写

FX$_{3U}$-3A-ADP 模块能处理的模拟量信号是有限的，对于 FX$_{3U}$ 系列 PLC，支持多台特殊适配器的使用，最多可以挂接 4 台 FX$_{3U}$-3A-ADP 模块。编写程序时，FX$_{3U}$ 系列 PLC 分配给每台 FX$_{3U}$-3A-ADP 模块的每个通道的特殊辅助继电器和特殊数据寄存器都是固定的，如表 2-17 所示。

表 2-17 FX$_{3U}$ 系列 PLC 特殊软元件分配

特殊软元件	软元件编号				内容	说明
	第 1 台	第 2 台	第 3 台	第 4 台		
特殊辅助继电器	M8260	M8270	M8280	M8290	通道 1 输入模式切换	OFF：电压输入 ON：电流输入
	M8261	M8271	M8281	M8291	通道 2 输入模式切换	
	M8262	M8272	M8282	M8292	输出模式切换	OFF：电压输出 ON：电流输出
	M8263	M8273	M8283	M8293	未使用（请不要使用）	
	M8264	M8274	M8284	M8294		
	M8265	M8275	M8285	M8295		
	M8266	M8276	M8286	M8296	输出保持解除设定	OFF：PLC 从 RUN 到 STOP 时，保持之前的模拟量输出； ON：STOP 时，输出偏置值
	M8267	M8277	M8287	M8297	设定是否使用输入通道 1	OFF：使用通道 ON ：不使用通道
	M8268	M8278	M8288	M8298	设定是否使用输入通道 2	
	M8269	M8279	M8289	M8299	设定是否使用输出通道	

续表

特殊软元件	软元件编号				内容	说明
	第1台	第2台	第3台	第4台		
特殊数据寄存器	D8260	D8270	D8280	D8290	通道1输入数据	
	D8261	D8271	D8281	D8291	通道2输入数据	
	D8262	D8272	D8282	D8292	输出设定数据	
	D8263	D8273	D8283	D8293	未使用（请不要使用）	
	D8264	D8274	D8284	D8294	通道1平均次数（设定范围：1~4095）	
	D8265	D8275	D8285	D8295	通道2平均次数（设定范围：1~4095）	
	D8266	D8276	D8286	D8296	未使用（请不要使用）	
	D8267	D8277	D8287	D8297		
	D8268	D8278	D8288	D8298	错误状态	b0：检测出通道1上限量程溢出 b1：检测出通道2上限量程溢出 b2：输出数据设定值错误 b4：EEPROM错误 b5：平均次数的设定错误 b6：FX$_{3U}$-3A-ADP 硬件错误（含电源异常） b7：FX$_{3U}$-3A-ADP 通信数据错误 b8：检测出通道1下限量程溢出 b9：检测出通道2下限量程溢出
	D8269	D8279	D8289	D8299	机型代码=50	

模拟量输入/输出的基本程序如图2-31所示，设定第1台的输入通道1为电压输入，输入通道2为电流输入，并将它们的A/D转换值分别保存在D0、D1中。此外，设定输出通道为电压输出，并将要转换的数字值存放在D2中，经过D/A转换后输出。PLC运行时，程序中M8000保持常闭，M8001保持常开，M8002为初始化脉冲。

即使不在D0、D1中保存输入数据，也可以在定时器、计数器的设定值或者PID指令中直接使用D8260、D8261。用触摸屏或者顺控程序，向D2输入指定为模拟量输出的数字值。

4. 直流制动（P10~P12）

在分拣过程中，若工作任务要求减速时间不能太短，且需在工件高速移动情况下准确定位停车，以便定点把工件推出，常使用直流制动。直流制动是通过向电动机施加直流电压来使电动机轴不转动的。其参数包括：直流制动动作频率（P10）、直流制动动作时间（P11）、直流制动动作电压（转矩）（P12）。各参数的功能及设定范围如表2-18所示。

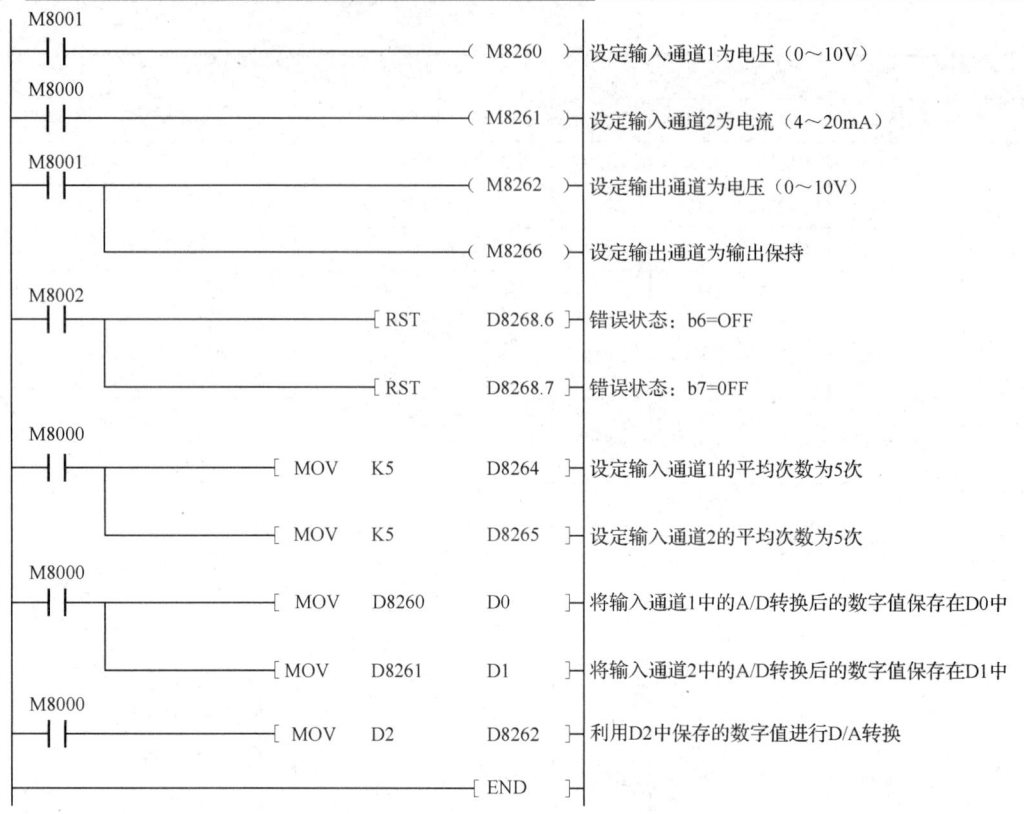

```
   M8001
────┤├──────────────────────────────( M8260 )─  设定输入通道1为电压（0～10V）
   M8000
────┤├──────────────────────────────( M8261 )─  设定输入通道2为电流（4～20mA）
   M8001
────┤├──┬───────────────────────────( M8262 )─  设定输出通道为电压（0～10V）
        │
        └───────────────────────────( M8266 )─  设定输出通道为输出保持
   M8002
────┤├──┬──────────────[ RST   D8268.6 ]─      错误状态：b6=OFF
        │
        └──────────────[ RST   D8268.7 ]─      错误状态：b7=0FF
   M8000
────┤├──┬──────────[ MOV   K5    D8264 ]─      设定输入通道1的平均次数为5次
        │
        └──────────[ MOV   K5    D8265 ]─      设定输入通道2的平均次数为5次
   M8000
────┤├──┬──────────[ MOV   D8260   D0 ]─       将输入通道1中的A/D转换后的数字值保存在D0中
        │
        └──────────[ MOV   D8261   D1 ]─       将输入通道2中的A/D转换后的数字值保存在D1中
   M8000
────┤├─────────────[ MOV   D2    D8262 ]─      利用D2中保存的数字值进行D/A转换
                                 [ END ]─
```

图 2-31 模拟量输入/输出的基本程序

表 2-18 直流制动参数的功能及设定范围

参数号	名 称	设 定 范 围	功 能 说 明	初 始 值	
P10	直流制动动作频率	0～120Hz	直流制动的动作频率	3Hz	
P11	直流制动动作时间	0	无直流制动	0.5s	
		0.1～10s	直流制动的动作时间		
P12	直流制动动作电压（转矩）	0～30%	直流制动电压（转矩）设定为"0"时，无直流制动	(0.4～7.5) kV	4%

本项目任务中，在检测到不同属性的工件时，需要控制电动机立即停止，使工件停在推料口。合理设置参数 P10～P12，可以利用直流制动功能达到电动机准确定位停车的目的。

5. 点动运行（P15、P16）

点动运行可以用于传动机械的位置调整和试运行等，通过 P15 和 P16 两个参数设置点动的频率和点动的加减速时间。各参数的功能及设定范围如表 2-19 所示。点动运行可以通过外部运行模式操作，也可以通过 PU 运行模式操作。

表 2-19 点动运行参数的功能及设定范围

参数号	名 称	设 定 范 围	功 能 说 明	初 始 值
P15	点动频率	0～400Hz	点动运行时的频率值	5Hz

续表

参数号	名称	设定范围	功能说明	初始值
P16	点动加减速时间	0～3600/360s（根据P21）	点动运行时的加减速时间。加减速时间是指加减速到加减速基准频率（P20）中设定频率的时间。加减速时间不能分别设置	0.5s

注：P15 的设定值需为 P13（启动频率）的设定值以上的值。

(1) 从外部进行点动运行

点动信号为 ON 时通过启动信号（STF、STR）启动、停止。点动运行所使用的端子，通过将 P178～P184（输入端子功能选择）设为 5 来分配选择，如图 2-32 所示，若将 P184 设为 5，则选择 RES 端子作为点动信号。

从外部点动运行的操作过程为：

① 将运行模式切换到外部运行模式（P79 设为 0 或 2），即 EXT 指示灯需点亮。

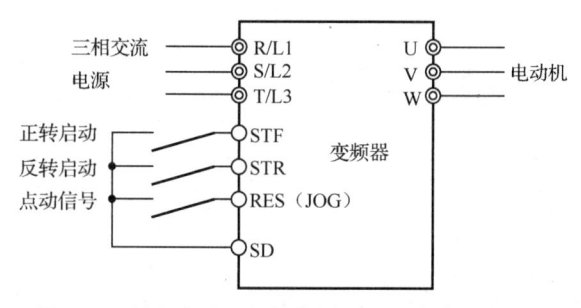

图 2-32 外部点动运行接线图（RES 为点动信号）

② 将点动开关设置为 ON，如果选择 RES 为点动信号端子，将其控制开关按下。

③ 将启动开关（STF 或 STR 的控制开关）设置为 ON 期间，电动机以 P16 设定的时间加速到以 P15 设定的频率值旋转；将启动开关（STF 或 STR 的控制开关）设置为 OFF 时，电动机以 P16 设定的时间减速停止。面板显示如图 2-33 所示。

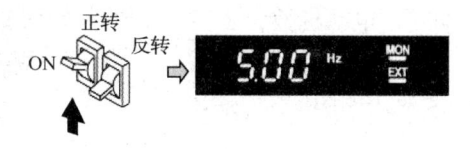

图 2-33 外部点动运行启动面板显示（P15 初始值为 5Hz）

外部点动运行时序图如图 2-34 所示。

(2) 从 PU 进行点动运行

通过操作面板设置为点动运行模式，仅在按下 RUN 键时运行，如图 2-35 所示。这种操作方式不需要接外部控制端子，在主电路接线完成后即可操作，较为简单。

从 PU 进行点动运行的操作过程为：

① 将 P79 设为 0，按操作面板上的 PU/EXT 键进入 PU 点动运行模式，如图 2-36 所示。

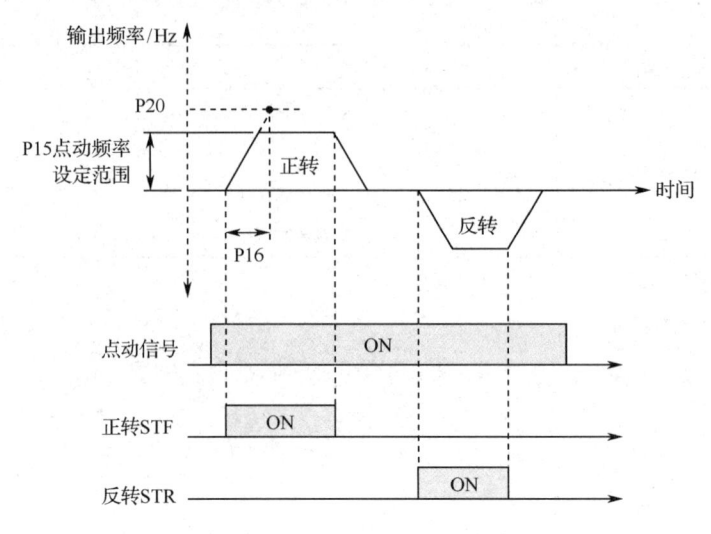

图 2-34 外部点动运行时序图

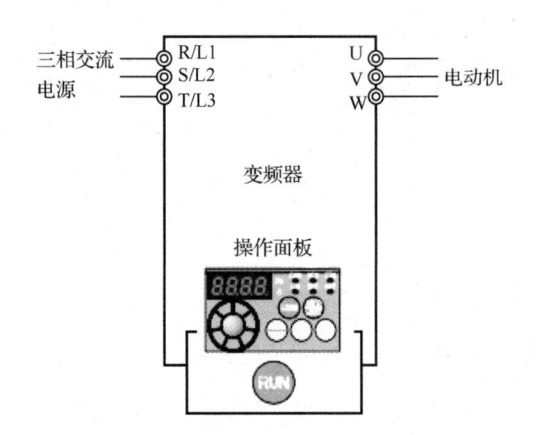

图 2-35 PU 点动运行接线图

图 2-36 PU 点动运行模式设定

② 按住 RUN 键，在此期间，电动机按照 P15 设定的频率值旋转。P15 的频率可通过按 MODE 键进入参数设定模式来改变，如图 2-37 所示。

图 2-37 PU 点动运行启动显示（P15 初始值为 5Hz）

③ 松开 RUN 键，电动机减速停止转动。

四、项目实施

1. 输入/输出分配

2. 画接线图并按图接线

3. 变频器参数设置

4. 触摸屏变量设计及组态过程

5. PLC 程序设计

6. 运行调试中的问题分析

模块三　基于 PLC 和触摸屏的步进电机控制设计

本模块主要介绍步进电动机（以下简称步进电机）的工作原理、步进驱动器的接线、细分设置、步进电机 PLC 控制指令、传感器的信号处理等。通过 PLC 编程及触摸屏组态，利用接近开关及编码器实现对步进电机的综合控制。

学习目标：
1. 了解步进电机的工作原理。
2. 掌握步进电机及步进驱动器的接线。
3. 掌握步进电机正反转控制方法。
4. 掌握步进电机的 PLC 控制程序编制。
5. 掌握传感器的安装及接线。
6. 掌握步进电机速度与位置的触摸屏动画显示。
7. 能够用触摸屏和 PLC 共同实现步进电机的控制。

项目 3.1　步进电机与步进驱动器认知

一、项目任务

按下启动按钮，控制步进电机按照 1000Hz 频率正转（从轴向看顺时针旋转为正），带动滑块往左移动；按下停止按钮，电机停转。滚珠丝杠螺母副传动装置如图 3-1 所示。步进细分为 1000 步/转。

图 3-1　滚珠丝杠螺母副传动装置

二、项目准备

Kinco 步进电机、Kinco 步进驱动器、三菱 FX$_{3U}$ 系列 PLC、滚珠丝杆螺母副传动装置、计算机、通信线、接线工具。

三、项目分析

1. 步进电机简介

步进电机是将电脉冲信号转变为角位移或线位移的开环控制元器件。在非超载的情况下，电机的转速、停止的位置只取决于脉冲信号的频率和脉冲数，而不受负载变化的影响，当步进驱动器接收到一个脉冲信号，它就驱动步进电机按设定的方向转动一个固定的角度，称为步距角，它的旋转是以固定的角度一步一步运行的。可以通过控制脉冲个数来控制角位移量，从而达到准确定位的目的；也可以通过控制脉冲频率来控制电机转动的速度和加速度，从而达到调速的目的。

步进电机不能直接接到工频交流或直流电源上工作，必须使用专用的步进电机驱动器，它由脉冲发生控制单元、功率驱动单元、保护单元等组成。驱动单元与步进电机直接耦合，也可理解成步进电机微机控制器的功率接口。

（1）步进电机的工作原理

下面以一台最简单的三相反应式步进电机为例，简单介绍步进电机的工作原理。

图 3-2 是一台三相反应式步进电机的原理图。定子铁芯为凸极式，共有三对（六个）磁极，每两个空间相对的磁极上绕有一相控制绕组。转子用软磁性材料制成，也是凸极结构，只有四个齿，齿宽等于定子的极宽。

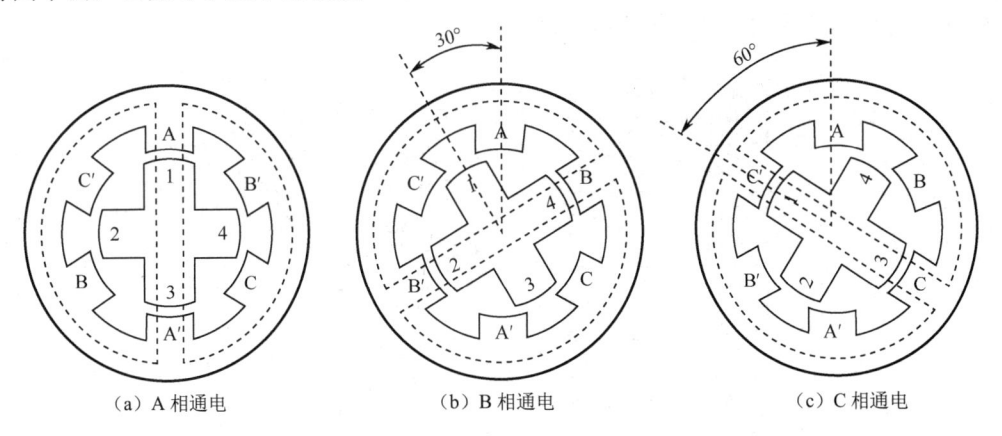

(a) A 相通电　　　(b) B 相通电　　　(c) C 相通电

图 3-2　三相反应式步进电机原理图

当 A 相控制绕组通电，其余两相均不通电，电机内建立以定子 A 相极为轴线的磁场。由于磁通具有力图走磁阻最小路径的特点，使转子齿 1、3 的轴线与定子 A 相极轴线对齐，如图 3-2（a）所示。若 A 相控制绕组断电，B 相控制绕组通电时，转子在反应转矩的作用下，逆时针转过 30°，使转子齿 2、4 的轴线与定子 B 相极轴线对齐，即转子走了一步，如图 3-2（b）所示。若断开 B 相，使 C 相控制绕组通电，转子沿逆时针方向又转过 30°，使转子齿 1、3 的轴线与定子 C 相极轴线对齐，如图 3-2（c）所示。如此按 A—B—C—A…的顺序轮流通电，转子就会一步一步地沿逆时针方向转动。其转速取决于各相控制绕组通电与断电的频率，旋转方向取决于控制绕组轮流通电的顺序。若按 A—C—B—A…的顺序通电，则电机沿顺时针方向转动。

上述通电方式称为三相单三拍。"三相"是指三相步进电机；"单三拍"是指每次只有一相控制绕组通电；控制绕组每改变一次通电状态称为一拍，"三拍"是指改变三次通电状态为一个循环。把每一拍转子转过的角度称为步距角。三相单三拍运行时，步距角为30°。显然，这个角度太大，不能用于实际情况。

如果把控制绕组的通电方式改为 A—AB—B—BC—C—CA—A…，即一相通电接着两相通电间隔地轮流进行，完成一个循环需要经过六次改变通电状态，称为三相单、双六拍通电方式。当 A、B 两相绕组同时通电时，转子齿的位置应同时考虑两对定子极的作用，只有 A 相极和 B 相极对转子齿所产生的磁拉力相平衡的中间位置，才是转子的平衡位置。这样，三相单、双六拍通电方式下转子平衡位置增加了一倍，步距角为15°。

从结构上减少步距角的措施是采用转子齿数很多、定子磁极带有小齿的机械结构，实验数据表明，这种结构的步进电机步距角可以做得很小。一般情况下，实际的步进电机产品都会采用这种方法实现步距角的细分。如 Kinco（步科）三相步进电机 3S57Q-04056，它的步距角在整步方式下为 1.8°，半步方式下为 0.9°。

（2）步进电机的使用

步进电机在使用过程中要注意两点：一是正确安装，二是正确接线。

① 安装步进电机，必须严格按照产品说明的要求进行。步进电机是一种精密装置，安装时注意不要敲打它的轴端，更不要拆卸电机。

② 不同的步进电机的接线有所不同，本项目采用的是 Kinco 的 3S57Q-04079 步进电机，其接线图如图 3-3 所示，三相绕组的六根引出线，必须按头尾相连的原则连接成三角形。改变绕组的通电顺序就能改变步进电机的转动方向。

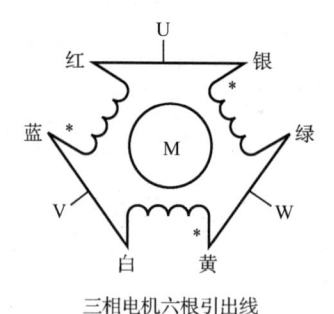

线色	电机信号
红色	U
银色	
蓝色	V
白色	
黄色	W
绿色	

三相电机六根引出线

图 3-3　Kinco 3S57Q-04079 步进电机的接线图

2. 步进电机的驱动装置

步进电机需要专门的驱动装置（驱动器）供电，驱动器和步进电机是一个有机整体，步进电机的运行性能是电机及其驱动器两者配合的综合反映。

步进电机驱动器包括脉冲分配器和脉冲放大器两部分，主要解决向步进电机的各相绕组分配输出脉冲和功率放大两个问题。

脉冲分配器是一个数字逻辑单元，它接收来自控制器的脉冲信号和转向信号，把脉冲信号按一定的逻辑关系分配到每相脉冲放大器上，使步进电机按选定的运行方式工作。由于步进电机各相绕组是按一定的通电顺序并不断循环来实现步进功能的，因此脉冲分配器也称为环形分配器。实现的方法有多种，例如，可以由双稳态触发器和门电路实现，也可由可编程逻辑器件实现。

脉冲放大器进行脉冲功率放大。因为脉冲分配器能够输出的电流很小（毫安级），而步进电机工作时需要的电流较大，因此需要进行功率放大。

一般来说，每台步进电机都有其对应的驱动器，例如，与 Kinco 三相步进电机 3S57Q-04079 配套的驱动器是 Kinco 3M458 三相步进电机驱动器，图 3-4、图 3-5 分别是它的外观及接线端子、典型接线图。

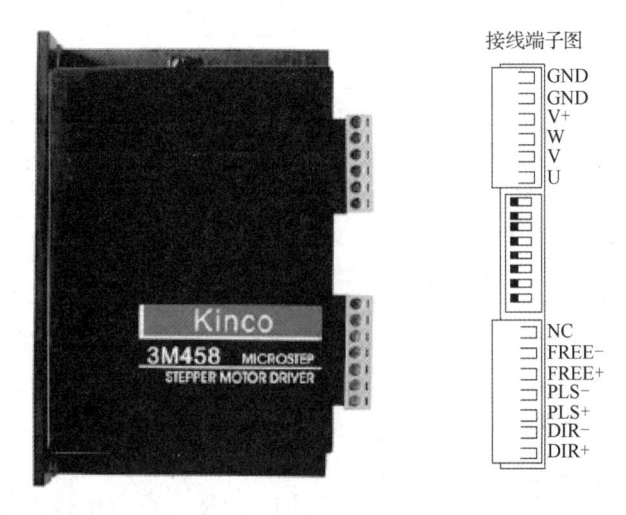

图 3-4　Kinco 3M458 的外观及接线端子图

驱动器可采用直流 24～40V 电源供电，该电源由专用的开关稳压电源（DC 24V 8A）供给。输出电流和输入信号规格为：

① 输出相电流为 3.0～5.8A，输出相电流通过拨动开关设定；驱动器采用自然风冷的冷却方式。

② 控制信号输入电流为 6～20mA，控制信号的输入电路采用光耦隔离。

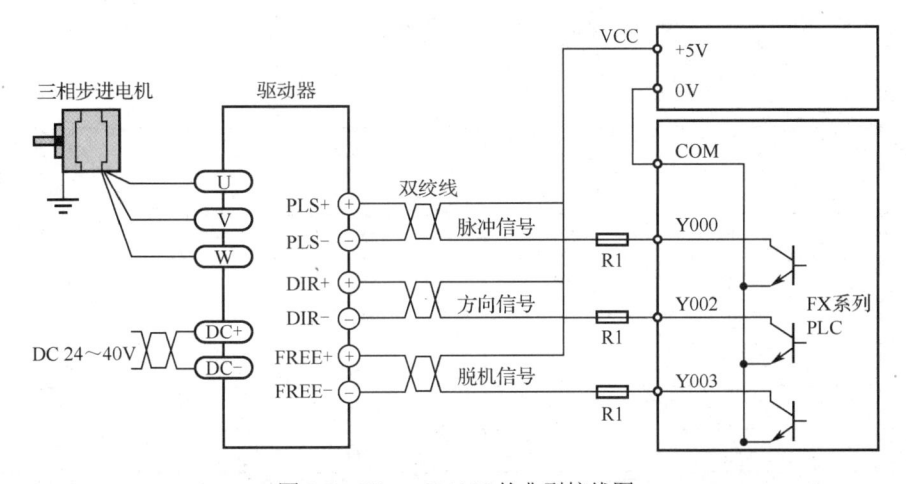

图 3-5　Kinco 3M458 的典型接线图

由图 3-5 可见,步进电机驱动器的功能是接收来自控制器(PLC)的一定数量和频率的脉冲信号,以及电机旋转方向的信号,为步进电机输出三相功率脉冲信号。各个接线端子功能说明如表 3-1 所示。

表 3-1 各个接线端子功能说明

端子名称	功能
GND	步进电机供电端子信号,接直流电源负极
V+	步进电机供电端子信号,接+24V 直流电源正极
U	输出 U、V、W 三相电脉冲,接步进电机三相线
V	
W	
NC	无作用
FREE-、FREE+	脱机信号,内部光耦导通时,驱动器将切断电机电流使电机轴处于可自由旋转状态。不需要此功能时,FREE 端可悬空
PLS-、PLS+	脉冲信号,内部光耦导通时触发,光耦电流为(10±20%)mA
DIR-、DIR+	方向信号,电平的高低变化控制电机运行方向

Kinco 3M458 驱动细分功能最高可达 10000 步/转,细分可以通过拨动开关设定。

细分驱动方式不仅可以减小步进电机的步距角,提高分辨率,而且可以减少或消除低频振动,使电机运行更加平稳均匀。

在 Kinco 3M458 驱动器的侧面连接端子中间有一个红色的 8 位 DIP 功能设定开关,可以用来设定驱动器的工作方式和工作参数,包括细分设置、静态电流设置和运行电流设置。图 3-6 是该 DIP 开关功能划分说明,表 3-2 是其细分设置表,表 3-3 是输出电流设置表。

开关序号	ON 功能	OFF 功能
DIP1~DIP3	细分设置	细分设置
DIP4	静态电流全流设置	静态电流半流设置
DIP5~DIP8	运行电流设置	运行电流设置

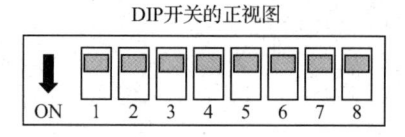

图 3-6 Kinco 3M458 DIP 开关功能划分说明

表 3-2 细分设置表

DIP1	DIP2	DIP3	细分	步距角
ON	ON	ON	400 步/转	0.9°
ON	ON	OFF	500 步/转	0.72°
ON	OFF	ON	600 步/转	0.6°
ON	OFF	OFF	1000 步/转	0.36°
OFF	ON	ON	2000 步/转	0.18°
OFF	ON	OFF	4000 步/转	0.09°
OFF	OFF	ON	5000 步/转	0.072°
OFF	OFF	OFF	10000 步/转	0.036°

表3-3 输出电流设置表

DIP5	DIP6	DIP7	DIP8	输出电流
OFF	OFF	OFF	OFF	3.0A
OFF	OFF	OFF	ON	4.0A
OFF	OFF	ON	ON	4.6A
OFF	ON	ON	ON	5.2A
ON	ON	ON	ON	5.8A

步进电机传动组件的基本技术数据如下：

Kinco 3S57Q-04079 步进电机步距角为 1.8°，即在无细分的条件下 200 个脉冲电机转一圈（通过驱动器设置细分精度，最高可以达到 10000 个脉冲电机转一圈）。静态锁定方式为静态半流。

3. 脉冲输出指令 PLSY（FNC 57）

PLC 脉冲输出指令 PLSY 可以用于步进电机、伺服电机的控制。

如图 3-7 所示，该指令是以指定脉冲频率产生定量脉冲的指令。其中[S1·]为指定脉冲频率，范围为 2~20kHz，决定了步进电机的转速。[S2·]指定产生的脉冲量：16 位指令时为 1~32767，32 位指令时为 1~2147483647。当该值为零时，即设为 K0，对产生的脉冲不做限制，相当于发出无限多的脉冲。如果用数据寄存器存放脉冲量，16 位指令时[S2·]为 D0，32 位指令时[S2·]为 D0 与 D1。[D·]指定脉冲输出的 Y 端口编号。对于 FX$_{3U}$ 系列 PLC，高速脉冲输出仅限于 Y000、Y001 有效（注意使用晶体管型输出方式）。

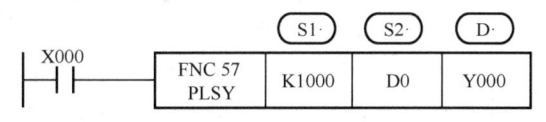

```
  X000                S1·    S2·    D·
───┤├──────┤ FNC 57  K1000   D0    Y000 ├
             PLSY
```

图 3-7 脉冲输出指令

当 X000=OFF 时，Y000=OFF。当 X000 设置为 ON 时，步进电机从初始状态开始动作。

（1）只有 Y000、Y001 才能作为高速脉冲输出口。从 Y000、Y001 输出的脉冲数将保存在以下的特殊数据寄存器中：

D8140（低位）D8141（高位）保存的是输出至 Y000 的脉冲总数；

D8142（低位）D8143（高位）保存的是输出至 Y001 的脉冲总数；

D8136（低位）D8137（高位）保存的是输出至 Y000 和 Y001 的脉冲总数。

上述寄存器均具有累加功能，因此在使用之前需要对寄存器清零，如 DMOV K0 D8140。

（2）设定脉冲个数运行完毕，结束标志 M8029 置位。

（3）PLSY 指令只限于在任何一个基本指令程序中编程一次。因此若重复使用该指令需要做一定的处理，如用步进顺控处理。当使用 PLSY 指令时，可以通过对前面触点的操作来控制，从而避免多次出现。

（4）多个指令下使用同一输出（Y000、Y001）的情况。

脉冲输出过程中监控的标志位为 ON（Y000：M8340，Y001：M8350）时，不能执行使用了相同输出的脉冲输出指令。因此，即使指令驱动触点为 OFF，只要是脉冲输出过程中监控的标志位为 ON，就不要执行指定了同一输出编号的脉冲输出指令。被驱动时，当脉冲输出监控的标志位为 OFF 后，经过一次运算周期以上后再执行该指令。

4. 输入/输出分配

根据控制任务，PLC 的输入信号为启动按钮、停止按钮，输出信号为步进驱动器的脉冲信号，输入/输出分配表如表 3-4 所示。

表 3-4 输入/输出分配表

输入信号			输出信号		
设备名称	代号	输入地址编号	设备名称	代号	输出地址编号
启动按钮	SB1	X000	脉冲信号	PLS-	Y001
停止按钮	SB2	X001			

5. 接线图

根据以上输入/输出分配，项目需要用到步进电机、步进驱动器、按钮等外部硬件，PLC 和三相步进电机的外部接线示意图如图 3-8 所示。其中，SQ1 和 SQ2 为左右极限位置保护开关，取其常闭触点串联，并接入步进电机 24V 直流电源中，当步进电机驱动滑块左右移动到极限位置时，将压下 SQ1 或者 SQ2，使得常闭触点断开，切断电源，起到极限位置保护作用。

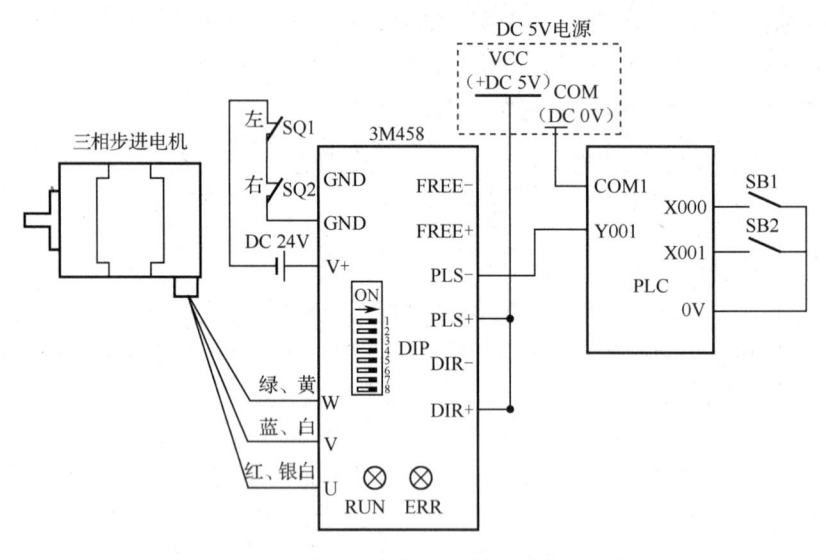

图 3-8 PLC 和三相步进电机的外部接线示意图

四、项目实施

1. 根据电路图连接线路

按图 3-8 连接线路。

2. 进行细分设置

DIP1	DIP2	DIP3	细分
ON	OFF	OFF	1000 步/转

3. 编写 PLC 程序

步进电机控制的参考程序如图 3-9 所示，由于启动按钮和停止按钮都为点动按钮，所以在程序中设置了辅助继电器 M0 用于自锁控制。当按下启动按钮时，X000 常开触点动作，使 M0 得电并自锁，PLSY 指令以 1000Hz 的频率从 Y001 端口发送无限个脉冲，控制步进电机正转，带动滑块往左移动。当按下停止按钮时，X001 常闭触点动作，使 M0 断电停止。

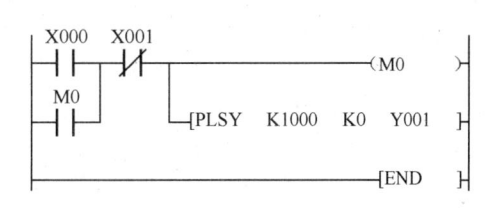

图 3-9 步进电机控制的参考程序

4. 下载并调试程序

按下启动按钮，观察步进电机是否按照要求驱动工作台前进；按下停止按钮，观察步进电机是否停止运行。若出现故障，应分别检查硬件电路接线、梯形图、细分设置等是否有误，修改后，应重新调试，直至系统按要求正常工作。

五、任务提升

利用 PLC 和触摸屏控制步进电机运行，控制要求为：按下触摸屏上的"启动按钮"，步进电机按照 1500Hz 的频率带动丝杠转动 6 圈后停止。运行期间，任何时间按下触摸屏上的"停止按钮"，电机立即停转。步进细分为 2000 步/转。触摸屏上能够显示电机的运行状态和运行频率。

项目 3.2　三相步进电机正反转行程控制

一、项目任务

利用 PLC 控制步进电机运行，控制要求为：按下正转启动按钮，步进电机按照 1500Hz 的频率正转（从轴向看顺时针旋转为正），驱动滑块运行 80mm 后停止；按下反转启动按钮，步进电机按照 1000Hz 的频率反转，驱动滑块运行 80mm 后停止；运行期间按下停止按钮可以立刻停转。步进细分为 1000 步/转。

二、项目准备

Kinco 步进电机、Kinco 步进驱动器、三菱 FX$_{3U}$ 系列 PLC、滚珠丝杆螺母副传动装置、计算机、通信线、接线工具。

三、项目分析

为了实现步进电机的正反转及位置控制，需要用到方向控制及定位控制。PLSY 指令未考虑旋转方向，必须另外指定方向输出。本项目使用相对位置控制指令 FNC 158（DRVI）实现，更方便，并且可用该指令对应的特殊寄存器（Y000：[D8341，D8340]，Y001：[D8351，D8350]，Y002：[D8361，D8360]）保存输出的脉冲总数，但该指令不能反映当前的位置信息。

1. 相对位置控制指令 FNC 158（DRVI）

进行定位控制时，目标位置的指定有两种方式。一种是指定当前位置到目标位置的位移量（以带符号的脉冲数表示），另一种是直接指定目标位置相对于原点的坐标值（以带符号的脉冲数表示）。前者为相对驱动方式，用相对位置控制指令 FNC 158（DRVI）实现；后者为绝对驱动方式，用绝对位置控制指令 FNC 159（DRVA）实现。本项目介绍相对位置控制指令，指令格式如图 3-10 所示。

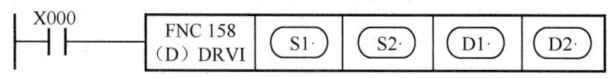

图 3-10　DRVI 的指令格式

相对位置控制指令需提供 2 个源操作数和 2 个目标操作数。

（1）源操作数[S1·]

[S1·]给出目标位置信息。对于相对位置控制指令，此操作数指定从当前位置到目标位置所需输出的脉冲数（带符号）。为正脉冲时往一个方向转动，为负脉冲时往另一个方向转动。对于 16 位指令，此操作数的范围为-32768~+32767；对于 32 位指令，此操作数的范围为 -999999~+999999。

（2）源操作数[S2·]

[S2·]指定输出脉冲频率，对于 16 位指令，操作数的范围为 10~32767（Hz）；对于 32 位指令，操作数的范围为 10~100（kHz）。

（3）目标操作数[D1·]

[D1·]指定脉冲输出地址，对于 FX$_{3U}$ 系列基本单元晶体管输出型 PLC，仅能用于 Y000、Y001、Y002。

（4）目标操作数[D2·]

[D2·]指定旋转方向信号输出地址。当输出的脉冲数为正时，此输出为 ON；而当输出的脉冲数为负时，此输出为 OFF。

DRVI 指令用法举例如图 3-11 所示。

图 3-11　DRVI 指令用法举例

该程序指定脉冲输出数为 10000，脉冲频率为 1500Hz，脉冲输出端口为 Y000，方向信号 Y003 为 ON 状态。

使用该指令编程时应注意：

① 在指令执行过程中，Y000 输出的当前值寄存器为 [D8341（高位），D8340（低位）]（32 位）；Y001 输出的当前值寄存器为[D8351（高位），D8350（低位）]（32 位）；Y002 输出的当前值寄存器为[D8361（高位），D8360（低位）]（32 位）。

对于相对位置控制，当前值寄存器存放增量方式的输出脉冲数。正转时，当前值寄存器的数值增加；反转时，当前值寄存器的数值减小。

② 在指令执行过程中，即使改变操作数的内容，也无法在当前运行中表现出来。只在下一次指令执行时才有效。

③ 若在指令执行过程中，指令驱动的接点变为 OFF，将减速停止，此时完成标志 M8029 不动作。在指令执行完后，完成标志 M8029 置位。

④ 指令驱动接点变为 OFF 后，在脉冲输出中标志（Y000：[M8340]，Y001：[M8350]，Y002:[M8360]）处于 ON 时，将不接受指令的再次驱动。

2. 滑块运行距离控制

步进电机的运转为旋转运动，而滑块的运转为直线运动，需要通过机械传动机构来转换，能够将旋转运动转换成直线运动的传动机构有滚珠丝杠螺母副、齿轮-齿条副等，但应设法消除传动过程中产生的间隙误差。本项目用到的机械传动机构为滚珠丝杠螺母副，滚珠丝杠螺母副具有传动效率高、定位精度高、传动可逆、同步性能好等优点，如图 3-12 所示。

丝杠可以通过联轴器由步进电机带动旋转，转变为螺母的直线移动，可以通过螺距 t（丝杠旋转一周 360°时，螺母移动的直线距离）来进行直线位移和角度的换算。

例：设丝杠螺距 t=6mm，步进电机带动丝杠旋转 6200°，求螺母的直线位移 x。

图 3-12　滚珠丝杠螺母副

解：螺母的直线位移为

$$x=(6/360°)×6200°≈103.3（mm）$$

将滑块安装在螺母上，即可获得滑块的直线位移。本项目中丝杠的螺距为 4mm，即丝杠旋转一周，螺母直线运动 4mm，则滑块移动 80mm，丝杠需要旋转 80/4=20（周）。步进细分设为 1000 步/转，即转一周需要发送 1000 个脉冲，于是所需脉冲数为 20×1000=20000。指令 DRVI 中的 [S1·] 即设定为所得的脉冲数 20000。

3. 输入/输出分配

根据控制任务，PLC 的输入信号为正、反转启动按钮和停止按钮，输出信号为步进驱动器的脉冲信号及方向信号，输入/输出分配表如表 3-5 所示。

表 3-5　输入/输出分配表

输入			输出		
设备名称	代号	输入地址编号	设备名称	代号	输出地址编号
正转启动按钮	SB1	X000	脉冲信号	PLS-	Y001
反转启动按钮	SB2	X001	方向信号	DIR-	Y003
停止按钮	SB3	X002			

4. 接线图

根据以上输入/输出分配，需要用到步进电机、步进驱动器、按钮等外部硬件，PLC 和三相步进电机外部接线示意图如图 3-13 所示。

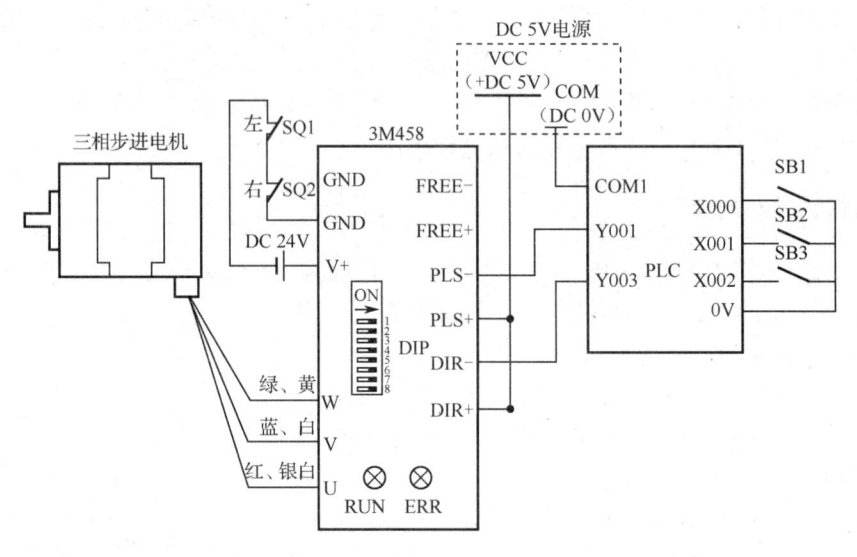

图 3-13　PLC 和三相步进电机外部接线示意图

四、项目实施

1. 根据电路图连接线路

按图 3-13 进行接线。

2. 进行细分设置

DIP1	DIP2	DIP3	细分
ON	OFF	OFF	1000 步/转

3. 编写 PLC 程序

本项目可以利用步进顺控指令进行设计。如图 3-14 所示，采用选择性分支流程的状态转移图。初始状态 S0 为基本参数设置，后面分 2 条选择性支路。当先按下正转启动按钮时，走第一条支路 S20，利用相对位置控制指令向步进电机发送 20000 个脉冲，即控制滑块向左移动 80mm，发送完后 M8029 置位，使流程跳回初始状态 S0；当先按下反转启动按钮时，走第二条支路 S21，利用相对位置控制指令向步进电机发送 -20000 个脉冲，即控制滑块向右移动 80mm，发送完后 M8029 置位，使流程跳回初始状态 S0。在运行过程中，若按下停止按钮 X002，初始状态 S0 的区间复位指令将使 S20 和 S21 立即复位，同时利用 PLS 指令输出一个 M0 脉冲驱动 M8359，Y1 口脉冲停止输出。

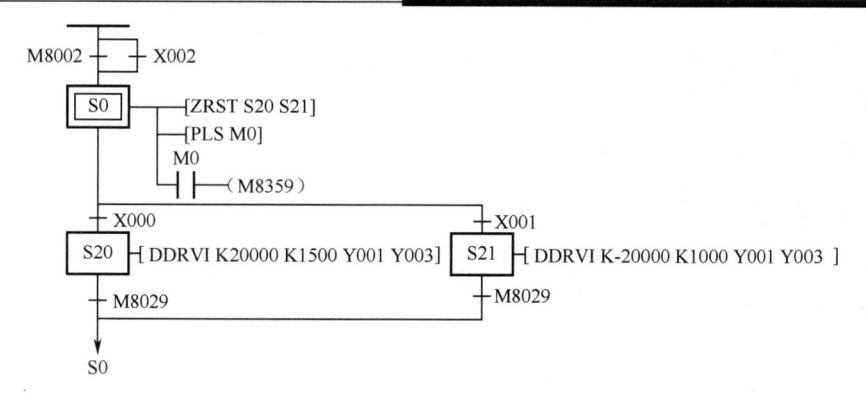

```
            M8002      X002
              ├─────────┤├─────
              │
             ┌──┐
             │S0│──[ZRST S20 S21]
             └──┘
                  ├─[PLS M0]
                  │  M0
                  ├──┤├──(M8359)
                  │
          ┌───X000─┴──────────────────┐───X001──────────────────────┐
          │  ┤├                       │    ┤├                        │
         ┌──┐                        ┌──┐
         │S20│─[DDRVI K20000 K1500 Y001 Y003]  │S21│─[DDRVI K-20000 K1000 Y001 Y003]
         └──┘                        └──┘
          ├──M8029                    ├──M8029
          │  ┤├                       │
          S0
```

图 3-14 PLC 参考状态转移图

4. 下载并调试程序

按下正转启动按钮，观察步进电机是否按照要求驱动滑块前进固定距离后停止；按下反转启动按钮，观察步进电机是否按照要求驱动滑块前进固定距离后停止。在运行中，按下停止按钮，观察步进电机是否能够立即停止运行。若出现故障，应分别检查硬件电路接线、梯形图、细分设置等是否有误，修改后，应重新调试，直至系统按要求正常工作。

五、任务提升

利用 PLC 和触摸屏控制步进电机运行，控制要求为：按下触摸屏上"启动按钮"，步进电机按照 1000Hz 的频率正转，驱动滑块运行 50mm 后暂停；5s 后，步进电机按照 1500Hz 的频率反转，驱动滑块运行 50mm 后停止；运行期间按下触摸屏上的"停止按钮"电机可以立刻停转。步进细分为 2000 步/转。触摸屏上能够显示电机的运行状态、运行频率，并且能够利用滑动输入器显示滑块的移动位移。

项目 3.3 基于传感器和触摸屏的步进电机控制

一、项目任务

利用 PLC 和触摸屏控制步进电机运行，控制要求为：步进细分为 1000 步/转，滑块原点位置为接近开关 1 处，如图 3-15 所示。按下启动按钮，步进电机以 1000Hz 的频率驱动滑块向左正向移动，当被接近开关 2 检测到后以 1500Hz 的频率继续正向移动；当被接近开关 3 检测到后以 1500Hz 的频率向右反向移动；当被接近开关 2 检测到后以 1000Hz 的频率继续反向移动；当被接近开关 1 检测到后停止运行。按下急停按钮，在任何状态下都能立即停止运行。

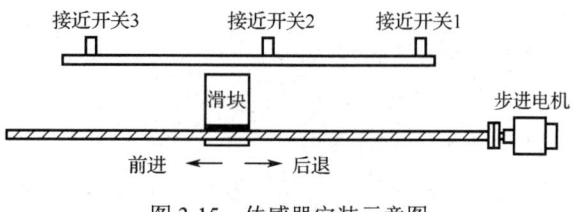

图 3-15 传感器安装示意图

在触摸屏上设计"启动按钮"和"急停按钮"，按下"启动按钮"，步进电机启动，执行完余下动作以后停止，按下"急停按钮"，不管电机处于什么位置都立即停止。触摸屏上能够显示电机运行的频率及运行方向。

二、项目准备

Kinco 步进电机、Kinco 步进驱动器、三菱 FX_{3U} 系列 PLC、接近开关、MCGS 触摸屏、滚珠丝杆螺母副传动装置、计算机、通信线、接线工具。

三、项目分析

1. 有关传感器（接近开关）

亚龙 YL-158GA1 中所使用的传感器都是接近传感器，它利用传感器对所接近的物体具有的敏感特性来识别物体，并输出相应开关信号，因此，接近传感器通常也称为接近开关。

接近传感器有多种检测方式，包括利用电磁感应引起的检测对象的金属体中产生的涡电流、捕捉检测体的接近引起的电气信号的容量变化、利用磁石和引导开关、利用光电效应和光电转换元器件进行检测等。亚龙 YL-158GA1 使用的是电感式接近开关。

电感式接近开关是利用电涡流效应制造的传感器。电涡流效应是指当金属物体处于一个交变的磁场中时，在金属内部会产生交变的电涡流，该涡流又会反作用于产生它的磁场。如果这个交变的磁场是由一个电感线圈产生的，则这个电感线圈中的电流就会发生变化，用于平衡涡流产生的磁场。

利用这一原理，以高频振荡器（LC 振荡器）中的电感线圈作为检测元件，当被测金属物体接近电感线圈时产生涡流效应，引起振荡器振幅或频率的变化，由传感器的信号调理电路（包括检波、放大、整形、输出等电路）将该变化转换成开关量输出，从而达到检测目的。电感式接近传感器工作原理如图 3-16 所示。常见的电感式传感器外形有圆柱形、螺纹形、长方形和 U 形等几种，本项目中，为了检测滑块的位置，在滑块上方安装了圆柱形电感式传感器。

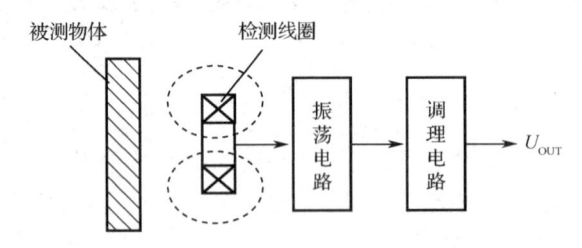

图 3-16 电感式接近传感器工作原理图

在接近开关的选用和安装中，必须认真考虑检测距离、设定距离，保证生产线上的传感器可靠动作。安装距离注意说明如图 3-17 所示。

本次所选用的电感式接近开关的型号为 LJ12A3-4-Z/BX，线圈直径为 9mm，探头螺纹直径为 12mm，额定动作距离为 4mm，最佳安装距离为 2mm，采用直流 24V 供电，为 NPN 型的传感器。

接近开关一般为三线制，在使用时，注意接线要求：NPN 型传感器，PLC 的 S-S 端接 24V。黑色线为信号线，接 PLC 的输入端。棕色线为电源线，接 24V 电源正极，蓝色线接电源负极，即 0V，接线图如图 3-18 所示。

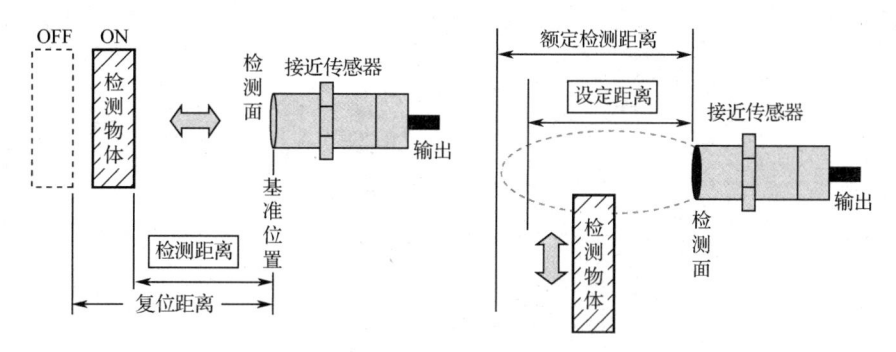

图 3-17　安装距离注意说明

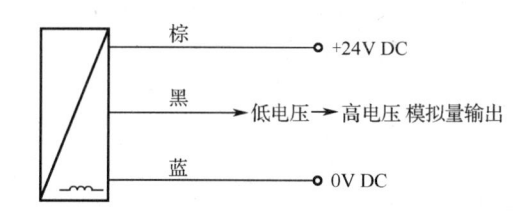

图 3-18　三线制接近开关接线图

2. 输入/输出分配

根据控制任务，PLC 的输入信号为启动按钮、急停按钮和传感器信号，输出信号为步进驱动器的脉冲信号及方向信号，同时触摸屏上也设置了软件控制按钮，输入/输出分配表如表 3-6 所示。

表 3-6　输入/输出分配表

输入信号			输出信号		
设备名称	代　号	输入地址编号	设备名称	代　号	输出地址编号
启动按钮	SB1	X000	脉冲信号	PLS-	Y001
急停按钮	SB2	X001	方向信号	DIR-	Y003
接近开关 1		X002			
接近开关 2		X003			
接近开关 3		X004			
触摸屏"启动按钮"		M0			
触摸屏"急停按钮"		M1			

3. 接线图

根据以上输入/输出分配，需要用到接近开关、触摸屏、步进电机、按钮等外部硬件，3 个接近开关可以直接用 PLC 输入侧的直流电源供电，即棕色线接 24V，蓝色线接 0V，也可以用外接 24V 直流电源供电，但外接电源的负极必须与 PLC 输入侧的 0V 相连。外部接线示意图如图 3-19 所示。

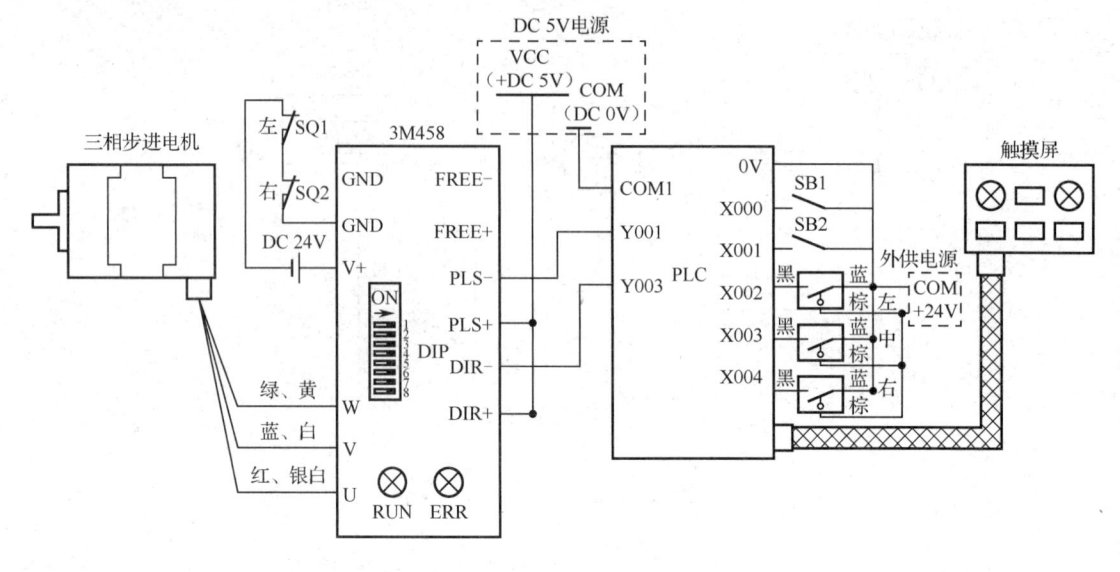

图 3-19 外部接线示意图

四、项目实施

1. 根据电路图连接线路

按图 3-19 连接线路。

2. 编写 PLC 程序

本项目采用状态转移图设计比较简单。利用脉冲输出指令 PLSY 控制步进电机按照要求的频率运行，由 3 个接近开关检测信号来进行自动切换，由 Y003 的状态控制步进电机的转向。当按下急停按钮时，在初始状态利用复位指令复位各个状态寄存器、Y001 和 Y003，来达到急停的目的。PLC 参考状态转移图如图 3-20 所示。

以上参考程序只能执行外部硬件按钮控制步进电机的运行，触摸屏的控制程序请自行设计。

3. 设计触摸屏界面

触摸屏上设计了"启动按钮"和"急停按钮"，并设有正向移动和反向移动的指示灯，能够显示步进电机的移动方向，此外还设有输出显示框，能够显示当前运行的频率值。触摸屏参考画面如图 3-21 所示。

4. 下载并调试程序

按下触摸屏上的"启动按钮"，观察步进电机是否按照要求驱动滑块前进；并观察在接近开关处是否按要求变速运行。在运行中，按下"急停按钮"，观察步进电机是否能够立即停止运行。若出现故障，应分别检查硬件电路接线、梯形图、触摸屏设置等是否有误，修改后，应重新调试，直至系统按要求正常工作。

图 3-20 PLC 参考状态转移图

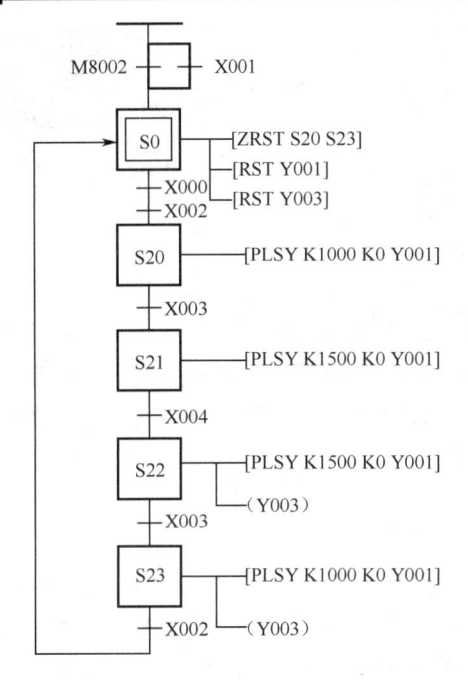

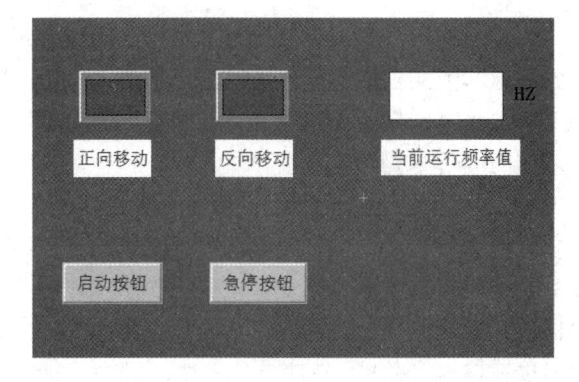

图 3-21 触摸屏参考画面

五、任务提升

利用 PLC 和触摸屏控制步进电机运行，控制要求为：如图 3-15 所示，滑块原点位置为接近开关 2 处，步进细分为 2000 步/转。按下启动按钮，步进电机以 1000Hz 的频率驱动滑块向右移动，当被接近开关 3 检测到信号后暂停 5s，之后切换为反向移动，步进电机以 2000Hz 的频率向左移动，当被接近开关 1 检测到信号后停止运行。

在触摸屏上设计"启动按钮"和"急停按钮"，按下"启动按钮"步进电机启动，执行完余下动作以后停止，按下"急停按钮"，不管电机处于什么位置都立即停止运行。触摸屏上能够显示电机运行的状态、运行频率，并且能够利用滑动输入器显示滑块的移动位移。

项目 3.4 基于 PLC、编码器和触摸屏的步进电机控制

一、项目任务

利用亚龙 YL-158GA1 装置上的 PLC、编码器和触摸屏控制步进电机运行，步进细分为 1000 步/转，控制要求为：

（1）滑块初始位置在右侧原点接近开关处。

（2）按下触摸屏上的"启动按钮"，步进电机正向运行，驱动滑块向左移动，运行频率通过触摸屏上的输入框设置。在触摸屏上设置向左移动的指示灯来显示向左移动的状态。

（3）按下触摸屏上的"停止按钮"，步进电机停转，滑块立即停止移动，触摸屏上的运行指示灯熄灭。

（4）按下触摸屏上的"回原点按钮"，步进电机以 1000Hz 的频率反向运行，驱动滑块向右移动回到起始点后停止，在触摸屏上设置向右移动的指示灯来显示向右移动的状态。

（5）触摸屏上能够实时显示滑块移动的相对距离。

二、项目准备

Kinco 步进电机、Kinco 步进驱动器、三菱 FX_{3U} 系列 PLC、接近开关、MCGS 触摸屏、旋转编码器、滚珠丝杆螺母副传动装置、计算机、通信线、接线工具。

三、项目分析

本项目需要在触摸屏上显示滑块相对运行的距离，可以通过获取脉冲数及传动机构计算得到。脉冲数的获取有两种方式：一种是通过运用 PLSY 指令时存储 Y000 口输出脉冲数的 D8140、D8141 或存储 Y001 口输出脉冲数的 D8142、D8143 来获取，另一种是通过安装在丝杠末端的旋转编码器来获取。

1. 角编码器概述

角编码器又称码盘，是一种旋转式位置传感器，它的转轴通常与被测轴连接转动。角编码器通常采用光电转换原理，它能将被测轴的角位移转换成一串脉冲或二进制编码，主要用于速度或位置（角度）的检测。一般来说，根据旋转编码器产生脉冲方式的不同，可以分为增量式、绝对式及复合式三大类。

增量式角编码器在自动线上应用十分广泛，增量式角编码器输出"电脉冲"表征了位置和角度信息。其结构示意图如图 3-22 所示，码盘与转轴连在一起。码盘可以用玻璃材料制成，表面镀不透光金属铬，然后在其边缘制成向心透光狭缝，透光狭缝在圆周上等分，有几百条到几千条——码盘圆周等分成 n 个透光的槽。码盘也可以用不锈钢制成，然后在圆周边缘切割出均分的透光槽，其余部分不透光。码盘与转轴一起转动时，在光源（LED）照射下，透过码盘和光栏板狭缝形成忽明忽暗的光信号，经光敏元件转换成电脉冲信号，通过信号处理电路整形、放大、细分、辨向后向控制系统输出脉冲信号或直接数显。其转换原理示意图如图 3-23 所示，通过计算旋转编码器每秒输出脉冲的个数就能反映当前电机的角位移和转速。

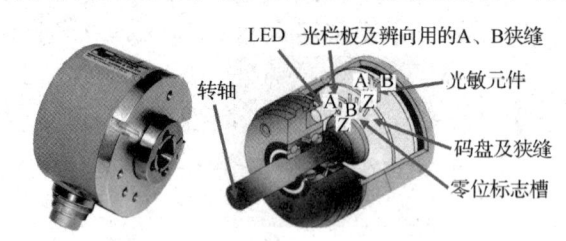

图 3-22 增量式角编码器结构示意图

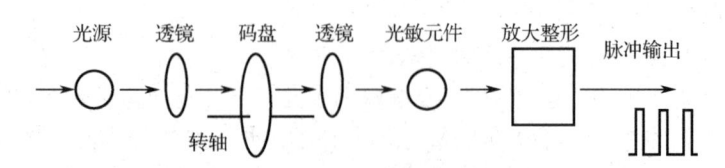

图 3-23 旋转编码器转换原理示意图

增量式角编码器的测量精度取决于它所能分辨的最小角度，而这与码盘圆周上的狭缝条纹数有关，若设狭缝条数为 n，则一圈能输出 n 个脉冲，能分辨的最小角度 α 及分辨率为：

$$\alpha = \frac{360°}{n}$$

$$分辨率 = \frac{1}{n}$$

位置则是依靠累加相对某一参考位置的输出脉冲数得到的。当初始上电时，需要找一个相对零位来确定绝对位置信息。

为了判断码盘旋转的方向，在图 3-22 所示的光栅板上有 A、B 两组狭缝，彼此错开 1/4 节距，两组狭缝相对应的 A、B 两个光敏元件（也称 cos、sin 元件）所产生的信号 A、B 彼此相差 90°相位，用于辨向。当码盘正转时，A 信号超前 B 信号 90°；当码盘反转时，B 信号超前 A 信号 90°。此外在图 3-22 所示的码盘里圈，还有一条狭缝 Z，每转能产生一个脉冲，该脉冲信号又称"一转信号"或零标志脉冲，作为测量的起始基准。

增量式角编码器利用光电转换原理输出三组方波脉冲 A、B 和 Z 相，如图 3-24 所示。

本项目使用这种具有 A、B 两相 90°相位差的通用型旋转编码器，计算滑块在传送带上的位置。编码器直接连接到丝杠轴上。该旋转编码器的三相脉冲采用 NPN 型集电极开路输出，分辨率为 1000 线，即一圈能够输出 1000 个脉冲，工作电源为 DC 0～24V。本项目没有使用 Z 相脉冲，A、B 两相输出端直接连接到 PLC 的高速计数器输入端。其接线示意图如图 3-25 所示。

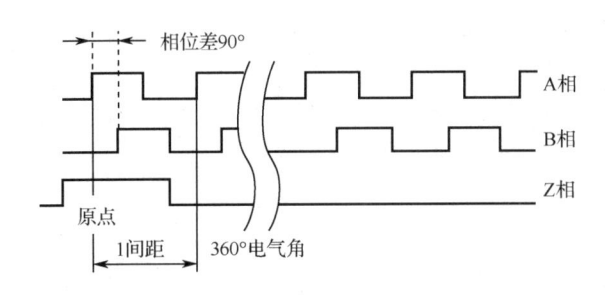

图 3-24 增量式角编码器输出的三组方波脉冲

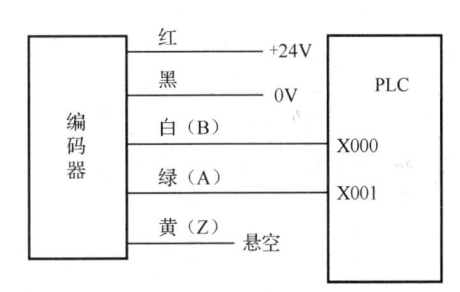

图 3-25 增量式编码器接线示意图

在对编码器的 A、B 相输出脉冲进行计数时，必须使用 PLC 中的高速计数器。FX_{3U} 系列的 PLC 含有 21 点高速计数器 C235～C255，均为 32 位加/减双向计数器，用于外部输入端 X000～X007。其中，用于鉴相式双向（A—B 相型）输入的是 C251～C255，共 5 个点，如表 3-7 所示。根据接线及高速计数器的输入点分配情况，可以选择 C251 进行脉冲计数。

表 3-7 高速计数器占用的输入点

	X000	X001	X002	X003	X004	X005	X006	X007
C251	A	B						
C252	A	B	R					
C253				A	B	R		
C254	A	B	R				S	
C255				A	B	R		S

注：A—A 相输入；B—B 相输入；R—复位输入；S—启动输入。

计算滑块在丝杠上的位置时，需确定两个脉冲之间的距离，即脉冲当量。本项目中丝杠的螺距为 4mm，角编码器分辨率为 1000 线，故脉冲当量 $\mu=4/1000=0.004$（mm）。应该指出的是，上述脉冲当量的计算只是理论上的。实际上各种误差因素不可避免，例如传动误差等，都将影响理论计算值，因此理论计算值只能作为估算值。脉冲当量的误差所引起的累积误差会随着滑块在丝杠上运动距离的增大而迅速增加，甚至达到不可容忍的地步。因而在安装调试时，除了要仔细调整尽量减少安装偏差，尚需现场测试脉冲当量。

现场测试脉冲当量的方法：对输入到 PLC 中的脉冲进行高速计数，以计算滑块在丝杠上的位置。计算公式：脉冲当量=移动距离/脉冲数。

为减小测量误差，可多测试几次取平均值。如表 3-8 所示，设定三个移动距离，测三次，取其平均值即为现场的脉冲当量实际值。

表 3-8 脉冲当量计算表

内容序号	移动距离	脉冲数	脉冲当量	平均值
第一次				
第二次				
第三次				

测试脉冲当量的参考程序如图 3-26 所示，X005 为启动按钮，X006 为清零按钮。按下启动按钮 X005，一方面 PLSY 指令以 1000Hz 的频率从 Y000 端口向步进电机发送无限个脉冲，控制丝杠驱动滑块移动；另一方面角编码器码盘随丝杠转动，通过高速计数器 C251 输出脉冲的个数。松开启动按钮 X005，步进电机立即停转，同时滑块停止移动，且高速计数器 C251 的脉冲数保持，从而可以读取脉冲数，移动的距离可以通过滑块前面的直尺读取。当按下清零按钮 X006，高速计数器 C251 的脉冲数清零，则可以进行第二次测试。

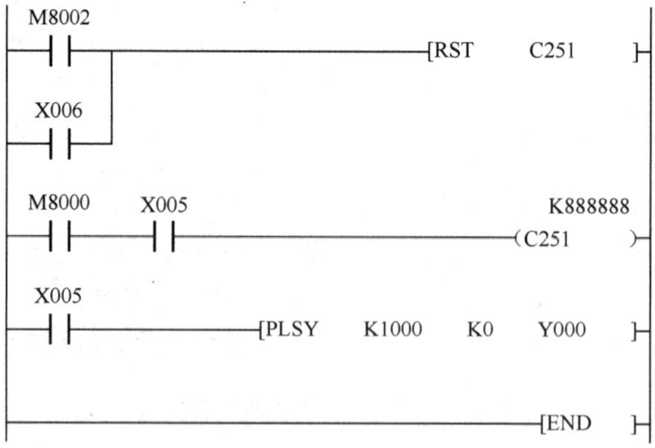

图 3-26 测试脉冲当量的参考程序

2. 输入/输出分配

根据控制任务，PLC 的输入信号为编码器信号及原点接近开关，输出信号为步进驱动器的脉冲信号及方向信号，同时在触摸屏上设置步进电机的软件控制按钮，并能够设定电机频率及显示运行距离，输入/输出分配表如表 3-9 所示。

表 3-9　输入/输出分配表

输入信号			输出信号		
设备名称	代号	输入地址编号	设备名称	代号	输出地址编号
启动按钮		M0	脉冲信号	PLS-	Y001
停止按钮		M1	方向信号	DIR-	Y003
回原点按钮		M2			
编码器输出	A相	X000			
编码器输出	B相	X001			
原点接近开关		X002			
频率设定		D0	运行距离显示		D10

3. 接线图

根据以上输入/输出分配，需要用到触摸屏、步进电机、按钮、编码器等外部硬件，PLC、步进电机、编码器等的外部接线示意图如图 3-27 所示。

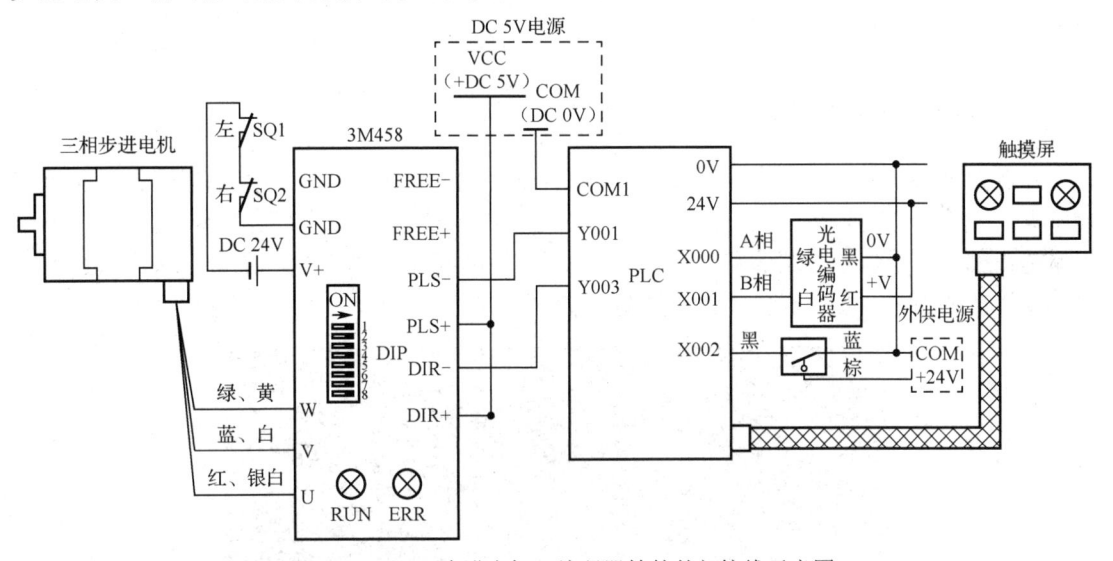

图 3-27　PLC、步进电机、编码器等的外部接线示意图

四、项目实施

1. 根据电路图连接线路

按图 3-27 连接线路。

2. 编写 PLC 程序

程序中，M10 和 M11 是用于启动后和回原点时的自锁控制的辅助继电器。当滑块位于右侧原点接近开关处时，X002 常开触点动作，按下启动按钮，高速脉冲指令 PLSY 以 D0 设置的频率值从 Y001 端口发送脉冲控制步进电机转动，带动滑块移动，脉冲数通过数据传送指令从 C251 传送给 D10，再通过触摸屏软件处理成移动距离显示在画面中。当按下停止按钮时，

M10 复位停止，同时 C251 清零。按下回原点按钮，脉冲输出指令 PLSY 以 1000Hz 的频率驱动步进电机反向运行，带动滑块反向移动，以同样的方式处理移动距离。当在原点接近开关处检测到滑块时，X002 常闭触点断开，切断 M11，停止运行。PLC 参考程序如图 3-28 所示。

图 3-28　PLC 参考程序

3. 设计触摸屏界面

在触摸屏中，设计了三个信号按钮："启动按钮""停止按钮""回原点按钮"；一个运行指示灯，用于步进电机运行的指示；一个输入框，用于设置步进电机正向移动的频率；一个显示输出框，用于显示滑块的移动距离，可以通过设备窗口组态中的通道处理来完成脉冲数到移动距离的换算。触摸屏参考画面如图 3-29 所示。

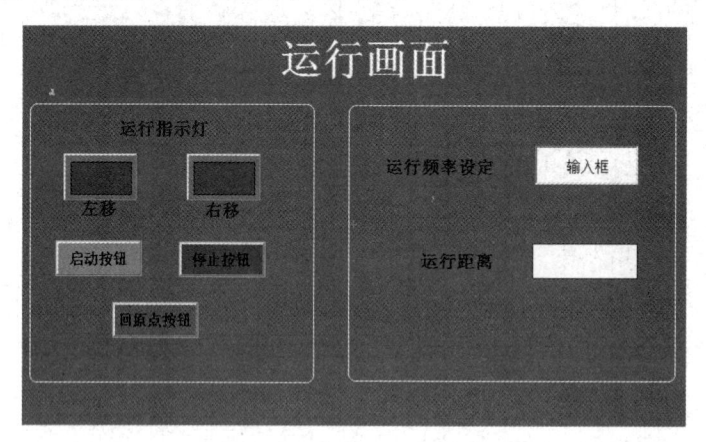

图 3-29　触摸屏参考画面

4. 下载并调试程序

按下触摸屏上的"启动按钮"，观察步进电机是否按照要求驱动滑块前进，并观察触摸屏上的移动距离是否按照要求变化。按下触摸屏上的"回原点按钮"，观察步进电机是否按照要求驱动滑块后退并在回到原点后停止。若出现故障，应分别检查硬件电路接线、梯形图、触摸屏设置等是否有误，修改后，应重新调试，直至系统按要求正常工作。

五、任务提升

利用 PLC、触摸屏和编码器控制步进电机运行，控制要求为：如图 3-15 所示，滑块初始位置位于接近开关 1 处，步进细分为 1000 步/转。按下触摸屏上的"启动按钮"，步进电机以触摸屏上设置的频率向右运行。通过编码器，能够在触摸屏上显示丝杠转的圈数和滑块移动的距离。当被接近开关 2 检测到后，暂停 3s，同时触摸屏上的圈数和距离清零，之后继续按照设定的频率向右运行，触摸屏上继续显示丝杠转的圈数和滑块移动的距离。当被接近开关 3 检测到后，运行结束，同时触摸屏上的所有数据清零。在运行期间，按下触摸屏上的"急停按钮"，电机停止运行；松开"急停按钮"，电机断点继续运行。

综合训练——机械手坐标位置控制

一、项目任务

利用 PLC、MCGS 触摸屏控制机械手按 X、Y 轴坐标移动，X 和 Y 轴各由一台步进电机驱动，通过滚珠丝杆螺母副传动，丝杆螺距为 4mm，控制要求如下：

（1）按下"回原点按钮"，机械手能够回归原点（左上角），由原点位置传感器检测。

（2）在触摸屏上输入 X 和 Y 轴的坐标值，按下"启动按钮"，两台步进电机按照设定的频率运行到指定位置后停止，步进电机频率也可通过触摸屏设置。

（3）在运行过程中按下"急停按钮"，两台步进电机立即停止驱动，松开"急停按钮"后机械手自动回归原点。

（4）外部硬件和触摸屏都能够对机械手进行控制操作，在触摸屏上能够显示机械手当前的位置坐标，精确到小数点后 2 位。

二、项目准备

Kinco 步进电机、Kinco 步进驱动器、三菱 FX_{3U} 系列 PLC、位置传感器、MCGS 触摸屏、计算机、滚珠丝杆螺母副传动装置、通信线、接线工具。

三、项目分析

1. 步进电机运行性能提升

步进电机驱动器输出的脉冲波形、幅度、波形前沿陡度等因素对步进电机运行性能有重要的影响。Kinco 3M458 三相步进驱动器采取了一些措施，大大改善了步进电机运行性能。

（1）内部驱动直流电压达 40V，能提供更好的高速性能。

（2）具有电机静态锁紧状态下的自动半流功能，可大大减少电机的发热。而为调试方便，驱动器还有一对脱机信号输入线 FREE+ 和 FREE-（见图 3-5），当这一信号为 ON 时，驱动器将断开输入到步进电机的电源回路，步进电机在上电后，步进驱动器将切断电机电流使电机轴处于可自由旋转状态，便于调整步进电机的初始位置。

（3）采用交流伺服驱动原理，把直流电压通过脉宽调制技术变为三相阶梯式正弦波形电流，如图 3-30 所示。

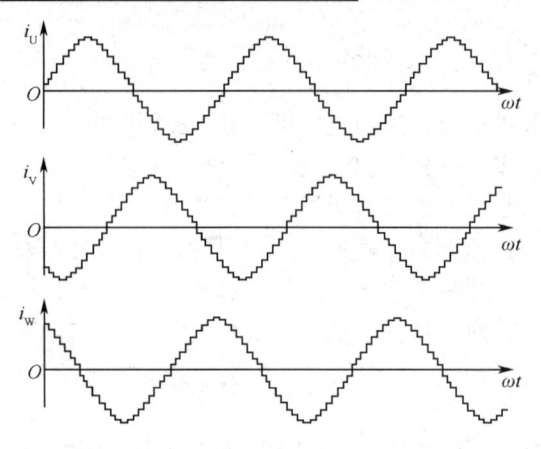

图 3-30　相位差 120°的三相阶梯式正弦波形电流

阶梯式正弦波形电流按固定时序分别流过三相绕组，每个阶梯对应电机转动一步。通过改变驱动器输出正弦电流的频率来改变电机转速，而输出的阶梯数决定了每步转过的角度，角度越小，其阶梯数就越多，细分就越大，理论上说此角度可以设得足够小，细分数可以很大。

2. 使用步进电机时应注意的问题

驱动步进电机运行时，应注意失步问题，其会影响步进电机的控制精度。步进电机失步包括丢步和越步两种。

步进电机丢步是指转子前进的步数少于脉冲数，丢步严重时，将使转子停留在一个位置或围绕一个位置振动；步进电机越步是指转子前进的步数多于脉冲数，越步严重时，设备将出现过冲现象。

由于电机绕组本身是感性负载，输入频率越高，励磁电流就越小。频率变高，磁通量变化加剧，涡流损失加大。因此，输入频率增高，将使输出力矩降低。最高工作频率的输出力矩只能达到低频转矩的 40%～50%。进行高速定位控制时，如果指定频率过高，就会出现丢步现象。此外，如果机械部件调整不当，会使机械负载增大。步进电机不能过载运行，哪怕是瞬间过载，都会造成失步，严重时停转或原地不规则反复振动。

使机械手返回原点的操作，可能出现越步。当机械手装置回到原点时，位置传感器检测到信号，使脉冲控制指令 OFF。但如果到达原点前速度过高，惯性转矩将大于步进电机的保持转矩而使步进电机越步。因此回原点的操作应确保足够低速，当步进电机驱动机械手装置高速运行时要紧急停止，出现越步就不可避免，因此急停复位后应采取先低速返回原点重新校准，再恢复原有操作的方法。

3. PLC 浮点数运算

本项目在显示机械手的坐标位置时需要保留小数位，可以用到数据处理指令 FLT 及浮点数运算指令 EADD、ESUB、DEMUL、DEDIV 等。

（1）数据处理指令 FLT（FNC 49）

该指令用于将 BIN 整数值转换成二进制浮点数（实数），指令格式如图 3-31 所示，有 2 个操作数。

```
─┤ ├───[ (D) FLT (P)    S·      D· ]
```

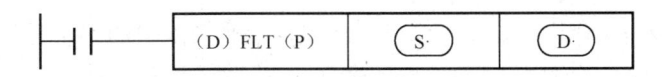

图 3-31 FLT 指令格式

[S·]为源操作数,用于保存 BIN 整数值的数据寄存器。[D·]为目标操作数,用于保存二进制浮点数(实数)的数据寄存器。该指令的功能是将[S·]中的 BIN 整数值转换成二进制浮点数(实数)后,保存在([D·]+1,[D·])中。例如:16 位指令运算中,将数据寄存器 D0 中的整数值转换成二进制浮点数(实数)后保存在 D20 和 D21 组成的 32 位数据寄存器中,如图 3-32 所示。

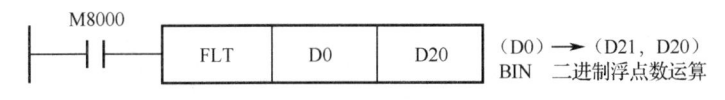

```
 M8000
──┤ ├───[ FLT    D0    D20 ]   (D0) → (D21, D20)
                                BIN   二进制浮点数运算
```

图 3-32 FLT 指令举例

使用 FLT 指令的注意事项:
① 由于在各二进制浮点数运算指令中,指定的 K、H 值会自动转换成二进制浮点数,所以不需要使用 FLT 指令进行转换。
② FLT 指令的逆转换指令为 INT 指令(FNC 129),即将二进制浮点数转换为 BIN 整数值。

(2)二进制浮点数乘法指令 DEMUL(FNC 122)

该指令为进行两个二进制浮点数乘法运算的指令,指令格式如图 3-33 所示,有 3 个操作数。

```
─┤ ├───[ DEMUL (P)    S1·    S2·    D· ]
```

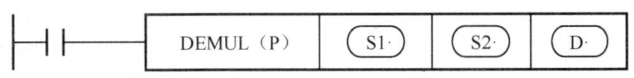

图 3-33 DEMUL 指令格式

源操作数[S1·]为保存执行乘法运算的二进制浮点数乘数的字软元件,源操作数[S2·]为保存执行乘法运算的二进制浮点数被乘数的字软元件,乘法运算的积保存在目标操作数[D·]中。当指定了常数(K、H)时,会自动将数值从 BIN 整数值转换为二进制浮点数(实数),再执行指令。例如:16 位指令运算中,将 D0 中的二进制浮点数和 D2 中二进制浮点数相乘,并将乘积以二进制浮点数形式放入 D4 和 D5 组成的 32 位数据寄存器中,如图 3-34 所示。

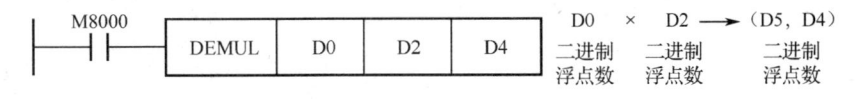

```
 M8000
──┤ ├───[ DEMUL   D0    D2    D4 ]   D0  ×  D2 → (D5, D4)
                                     二进制  二进制  二进制
                                     浮点数  浮点数  浮点数
```

图 3-34 DEMUL 指令举例

(3)二进制浮点数除法指令 DEDIV(FNC 123)

该指令为进行两个二进制浮点数除法运算的指令,指令格式如图 3-35 所示,有 3 个操作数。

```
─┤ ├───[ DEDIV (P)    S1·    S2·    D· ]
```

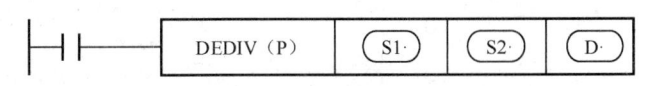

图 3-35 DEDIV 指令格式

源操作数[S1•]为保存执行除法运算的二进制浮点数被除数的字软元件，源操作数[S2•]为保存执行除法运算的二进制浮点数除数的字软元件，除法运算的结果保存在目标操作数[D•]中。当指定了常数（K、H）时，会自动将数值从BIN整数值转换为二进制浮点数（实数），再执行指令。例如：32位指令运算中，将（D11，D10）中的二进制浮点数和（D13，D12）中二进制浮点数相除，并将结果以二进制浮点数形式放入（D15，D14）中，如图3-36所示。

```
   M8000
───┤├────┤ DEDIV │ D10 │ D12 │ D14 ├
```

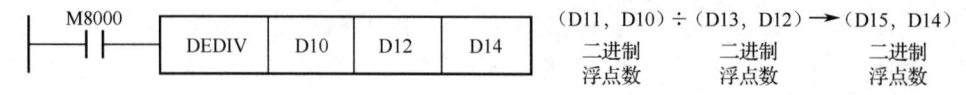

(D11, D10) ÷ (D13, D12) → (D15, D14)
　二进制　　　二进制　　　二进制
　浮点数　　　浮点数　　　浮点数

图 3-36　DEDIV 指令举例

四、项目实施

1. 输入/输出分配

2. 画接线图并按图接线

3. 步进电机细分设置

4. 触摸屏设计及组态过程

5. PLC 程序设计

6. 运行调试过程中的问题分析

模块四　基于 PLC 和触摸屏的伺服电机控制设计

本模块主要介绍伺服电机及伺服驱动器的工作原理、结构、接线，伺服驱动器的面板操作和参数设置。通过 PLC 程序设计，掌握伺服电机的实际运行过程，能够利用 PLC 和触摸屏对伺服电机进行综合控制。

学习目标：
1. 了解伺服电机与步进电机的区别。
2. 掌握伺服电机和伺服驱动器的结构。
3. 掌握伺服电机的面板操作和参数设置。
4. 掌握伺服电机及伺服驱动器的接线。
5. 掌握 PLC 对伺服电机的控制指令。
6. 能够利用 PLC、触摸屏对伺服电机进行综合控制。

项目 4.1　伺服电机及伺服驱动器认知

一、项目任务

掌握伺服电机及伺服驱动器的型号、含义，将伺服电机正确安装在滚珠丝杠螺母副的模块上，按照位置控制模式正确连接伺服驱动器和 PLC。

二、项目准备

台达伺服电机、台达伺服驱动器、三菱 FX_{3U} 系列 PLC、计算机、滚珠丝杆螺母副传动装置、通信线、接线工具。

三、项目分析

1. 伺服驱动与步进驱动的比较

目前国内的运动控制系统大多采用步进电机或交流伺服电机作为执行电机，虽然两者在控制方式上相似（通过脉冲串和方向信号控制），但在使用性能和应用场合上存在着一定的差异。现就两者的使用性能做一些比较。

（1）控制精度不同

两相混合式步进电机步距角一般为3.6°、1.8°，五相混合式步进电机步距角一般为0.72°、0.36°。

交流伺服电机的控制精度由电机轴后端的旋转编码器保证。以松下全数字式交流伺服电机为例，对于带标准2500线编码器的电机而言，由于驱动器内部采用了四倍频技术，其脉冲当量为360°/10000=0.036°。

（2）低频特性不同

步进电机在低速时易出现低频振动现象，振动频率与负载情况和驱动器性能有关。

交流伺服电机运转非常平稳，即使在低速时也不会出现振动现象。交流伺服系统具有共振抑制功能，可涵盖机械的刚性不足，并且系统内部具有频率解析机能（FFT），可检测出机械的共振点，便于系统调整。

（3）矩频特性不同

步进电机的输出力矩随转速升高而下降，且在转速较高时会急剧下降，所以其最高工作转速一般为300～600rpm。交流伺服电机为恒力矩输出，即在其额定转速（一般为2000rpm或3000rpm）以内，都能输出额定转矩，在额定转速以上为恒功率输出。

（4）过载能力不同

步进电机一般不具有过载能力，交流伺服电机具有较强的过载能力。以松下交流伺服系统为例，它具有速度过载和转矩过载能力，其最大转矩为额定转矩的3倍，可用于克服惯性负载在启动瞬间的惯性力矩。

（5）速度响应性能不同

步进电机从静止加速到工作转速（一般为每分钟几百转）需要200～400ms。交流伺服系统的加速性能较好，以松下MSMA400W交流伺服电机为例，从静止加速到其额定转速3000rpm仅需几毫秒，可用于要求快速启停的控制场合。

综上所述，交流伺服系统在许多性能方面都优于步进电机，但在一些要求不高的场合也经常用步进电机来做执行电机。所以，在控制系统的设计过程中要综合考虑控制要求、成本等多方面的因素，选用适当的控制电机。

2. YL-158GA1装置选用的伺服电机和伺服驱动器

YL-158GA1装置选用的伺服电机为台达的ECMA系列伺服电机，型号为台达ECMA-C30604PS永磁同步交流伺服电机，型号说明见图4-1。ECMA-C30604PS的含义：ECM表示电机类型为电子换相式；C表示额定电压及转速，规格为220V/3000rpm；3表示编码器为增量式编码器，分辨率为2500ppr，输出信号线数为5；04表示电机的额定输出功率为400W。

伺服电机的外观及结构如图4-2所示。

本项目所选用的台达伺服驱动器型号为ASD-B20421，是一款高性能经济型的伺服，具有高分辨率，解析编码器可达160000ppr。其型号含义：ASD-B2表示台达B2系列驱动器，04表示额定输出功率为400W，21表示电源电压规格及相数为单相220V。台达伺服驱动器型号说明如图4-3所示。

ASD-B2系列伺服驱动器的外观和面板如图4-4所示。

该伺服驱动器的端子说明如表4-1所示。

```
ECMA-C30604PS
```
         标准轴径规格:S
         特殊轴径规格:
         1=11mm,9=19mm,8=28mm
         7=14mm,2=22mm,5=35mm
         6=16mm,4=24mm,3=42mm

轴径形式和油封	无刹车无油封	有刹车无油封	无刹车有油封	有刹车有油封
圆轴	A	B	C	D
键槽	E	F	G	H
键槽（带螺丝孔位）	P	Q	R	S

额定输出功率
01:100W 05:500W 10:1kW
02:200W 06:600W 15:1.5kW
03:300W 07:750W 20:2kW
04:400W 09:900W 30:3kW

电机框架尺寸
04:40mm 06:60mm 08:80mm
10:100mm 13:130mm 18:180mm

系列名称
 额定电压及转速
  C:220V/3000rpm
  E:220V/2000rpm
  G:220V/1000rpm

感测形式
 3:2500ppr

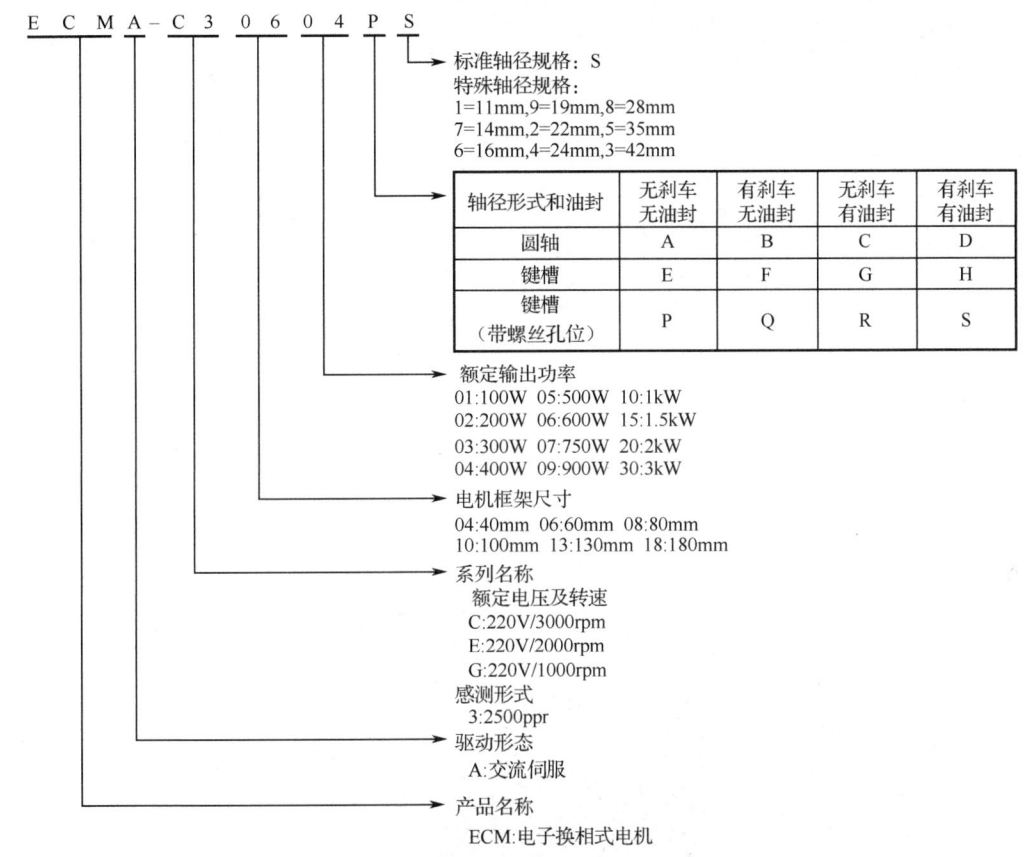

驱动形态
 A:交流伺服

产品名称
 ECM:电子换相式电机

图 4-1 ECMA 系列伺服电机型号说明

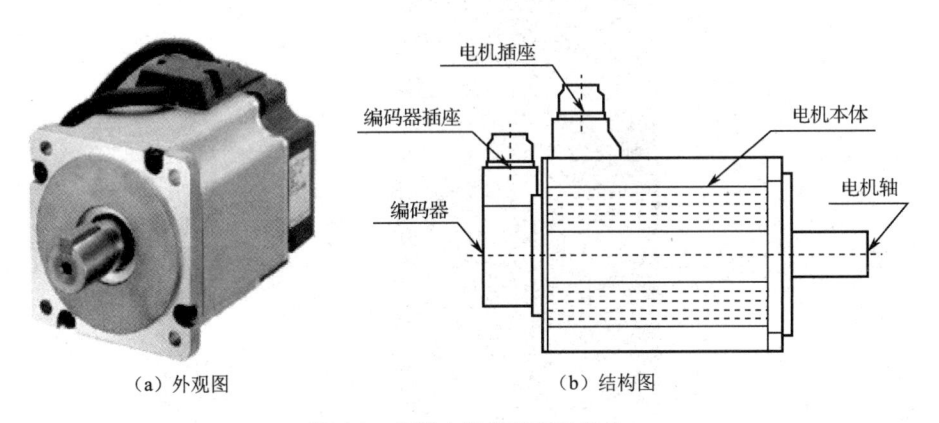

(a) 外观图   (b) 结构图

图 4-2 伺服电机的外观及结构

本伺服驱动器有位置、速度、扭矩三种基本操作模式，可以使用单一模式，即固定在一种模式进行控制，也可以用混合模式来进行控制。表 4-2 中列出了所有的操作模式，通过改变参数 P1-01 的设定值来选择不同的模式，P1-01 为控制模式选择参数，是伺服驱动最重要的参数。

改变操作模式的步骤如下：
① 将驱动器切换到 SERVO OFF 状态，可由 DI 的 SON 信号 OFF 来实现。
② 将表 4-2 中的模式码填入参数 P1-01 中，选择模式类型。

③ 新模式设定完成后，将驱动器断电再重新送电，新模式即可生效。

在本项目中选择位置模式。位置模式能够应用于需精密定位的场合，如产业机械设备的定位控制。台达伺服驱动器的位置模式有两种命令输入模式：端子输入（Pt），寄存器输入（Pr）。

```
ASD-B2-0421-□
```

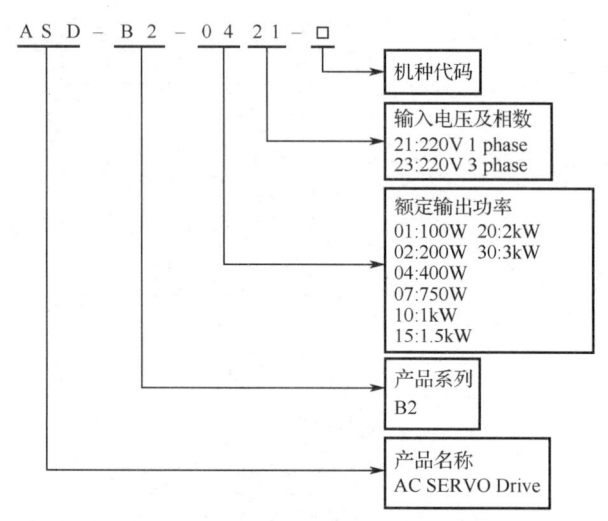

- 机种代码
- 输入电压及相数
  - 21:220V 1 phase
  - 23:220V 3 phase
- 额定输出功率
  - 01:100W 20:2kW
  - 02:200W 30:3kW
  - 04:400W
  - 07:750W
  - 10:1kW
  - 15:1.5kW
- 产品系列 B2
- 产品名称 AC SERVO Drive

图 4-3 台达伺服驱动器型号说明

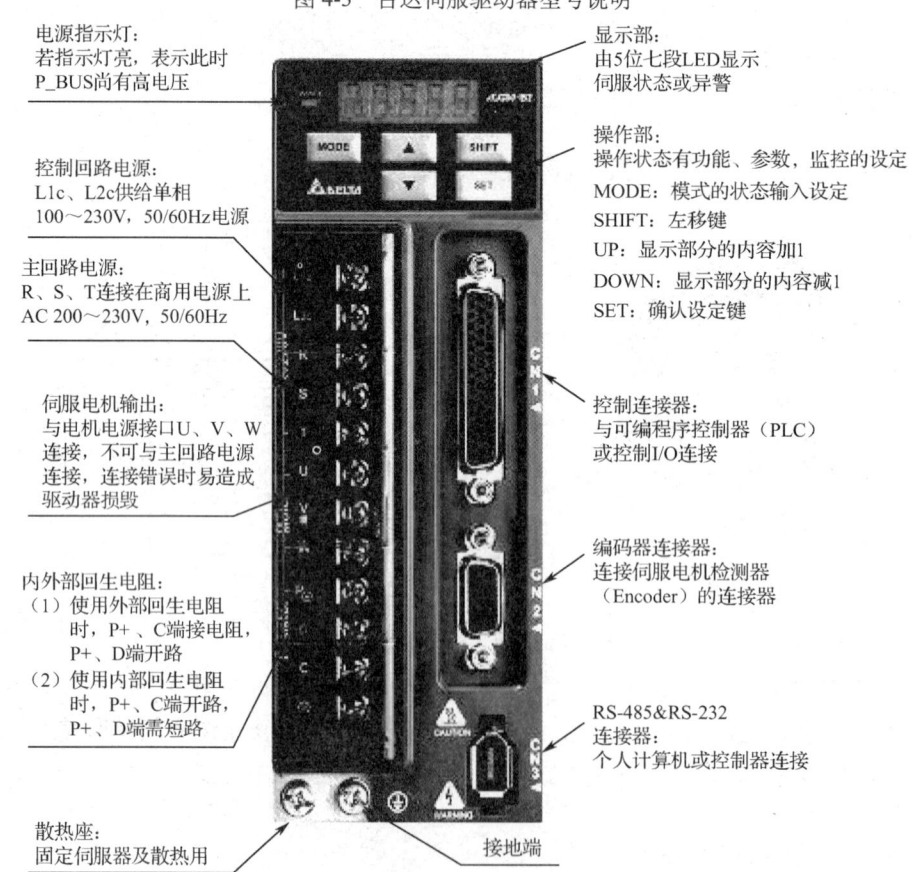

电源指示灯： 若指示灯亮，表示此时 P_BUS 尚有高电压

控制回路电源： L1c、L2c 供给单相 100～230V, 50/60Hz 电源

主回路电源： R、S、T 连接在商用电源上 AC 200～230V, 50/60Hz

伺服电机输出： 与电机电源接口 U、V、W 连接，不可与主回路电源连接，连接错误时易造成驱动器损毁

内外部回生电阻：
(1) 使用外部回生电阻时，P+、C 端接电阻，P+、D 端开路
(2) 使用内部回生电阻时，P+、C 端开路，P+、D 端需短路

散热座： 固定伺服器及散热用

显示部： 由5位七段LED显示伺服状态或异警

操作部： 操作状态有功能、参数，监控的设定
- MODE：模式的状态输入设定
- SHIFT：左移键
- UP：显示部分的内容加1
- DOWN：显示部分的内容减1
- SET：确认设定键

控制连接器： 与可编程序控制器（PLC）或控制I/O连接

编码器连接器： 连接伺服电机检测器（Encoder）的连接器

RS-485&RS-232 连接器： 个人计算机或控制器连接

接地端

图 4-4 ASD-B2 系列伺服驱动器的外观和面板

表 4-1 ASD-B2 系列伺服驱动器端子说明

端子记号	名　称	说　明			
L1c、L2c	控制回路电源输入端	连接单相交流电源（根据产品型号，选择适当的电压规格）			
R、S、T	主回路电源输入端	连接三相交流电源（根据产品型号，选择适当的电压规格）			
U、V、W、FG	电机连接线	连接至电机			
		端子记号	线色	说明	
		U	红	电机三相主电源电力线	
		V	白		
		W	黑		
		FG	绿	连接至驱动器的接地处 ⏚	
P+、D、C、-	回生电阻端子或刹车单元或 P+、-接点	使用内部回生电阻	P+、D 端短路，P+、C 端开路		
		使用外部回生电阻	电阻接于 P+、C 两端，且 P+、D 端开路		
⏚ 两处	接地端	连接至电源地线及电机的地线			
CN1	I/O 连接器	连接上位控制器			
CN2	编码器连接器	连接电机的编码器			
		端子记号	线色	PIN No.	功能
		T+	蓝	4	串行通信信号输入/输出（+）
		T-	蓝黑	5	串行通信信号输入/输出（-）
		—	—	3	保留
		—	—	2	保留
		—	—	1	保留
		—	—	9	保留
		+5V	红及红/白	8	电源+5V
		GND	黑及黑/白	6、7	电源地线
CN3	通信端口连接器	连接 RS-485 或 RS-232			

表 4-2 ASDA-B2 系列伺服驱动器操作模式说明

模式名称		模式代号	模式码	说　明
单一模式	位置模式（端子输入）	Pt	00	驱动器接受位置命令，控制电机至目标位置。位置命令由端子输入，信号形态为脉冲
	位置模式（内部寄存器输入）	Pr	01	驱动器接受位置命令，控制电机至目标位置。位置命令可由内部寄存器提供（共八组寄存器），可利用 DI 信号选择寄存器编号
	速度模式	S	02	驱动器接受速度命令，控制电机至目标转速。速度命令可由内部寄存器提供（共三组寄存器），或由外部端子输入模拟电压(-10V～+10V)。命令是根据 DI 信号来选择的

续表

模式名称		模式代号	模式码	说　　明
单一模式	速度模式（无模拟输入）	Sz	04	驱动器接受速度命令，控制电机至目标转速。速度命令仅可由内部寄存器提供（共三组寄存器），无法由外部端子提供。命令是根据 DI 信号来选择的
	扭矩模式	T	03	驱动器接受扭矩命令，控制电机至目标扭矩。扭矩命令可由内部寄存器提供（共三组寄存器），或由外部端子输入模拟电压(-10V～+10V)。命令是根据 DI 信号来选择的
	扭矩模式（无模拟输入）	Tz	05	驱动器接受扭矩命令，控制电机至目标扭矩。扭矩命令仅可由内部寄存器提供（共三组寄存器），无法由外部端子提供。命令是根据 DI 信号来选择的
混合模式		Pt-S	06	Pt 与 S 可通过 DI 信号切换
		Pt-T	07	Pt 与 T 可通过 DI 信号切换
		Pr-S	08	Pr 与 S 可通过 DI 信号切换
		Pr-T	09	Pr 与 T 可通过 DI 信号切换
		S-T	10	S 与 T 可通过 DI 信号切换

CN1 是连接 PLC 的关键端口，为了更有弹性地与上位控制器互相沟通，台达伺服驱动器提供可任意规划的 6 组输出及 9 组输入。控制器提供的 9 个输入设定与 6 个输出分别对应参数 P2-10～P2-17、P2-36 与参数 P2-18～P2-22、P2-37。除此之外，还提供差动输出的编码器 A+、A−、B+、B−、Z+、Z−信号，以及模拟转矩命令输入和模拟速度/位置命令输入及脉冲位置命令输入。CN1 连接器结构如图 4-5 所示，其背面接线端子分布如图 4-6 所示。

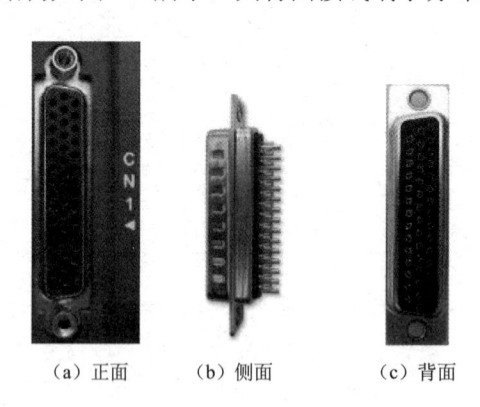

(a) 正面　　(b) 侧面　　(c) 背面

图 4-5　CN1 连接器结构

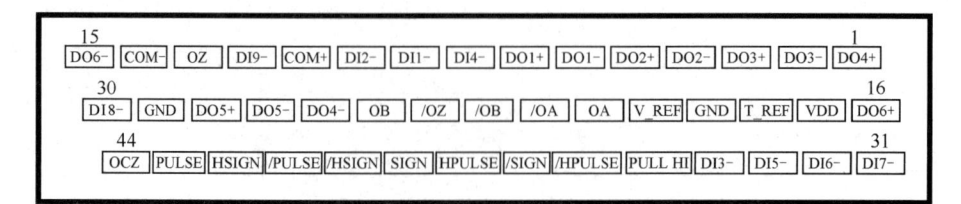

15														1
DO6−	COM−	OZ	DI9−	COM+	DI2−	DI1−	DI4−	DO1+	DO1−	DO2+	DO2−	DO3+	DO3−	DO4+
30														16
DI8−	GND	DO5+	DO5−	DO4−	OB	/OZ	/OB	/OA	OA	V_REF	GND	T_REF	VDD	DO6+
44													31	
OCZ	PULSE	HSIGN	/PULSE	/HSIGN	SIGN	HPULSE	/SIGN	/HPULSE	PULL HI	DI3−	DI5−	DI6−	DI7−	

图 4-6　CN1 连接器（公）背面接线端子分布

CN1 连接器各引脚说明如表 4-3 所示。

表 4-3 CN1 连接器端子说明

1	DO4+	数字输出	16	DO6+	数字输出	31	DI7-	数字输入
2	DO3-	数字输出	17	VDD	+24V 电源输出	32	DI6-	数字输入
3	DO3+	数字输出	18	T_REF	模拟命令输入转矩	33	DI5-	数字输入
4	DO2-	数字输出	19	GND	模拟输入信号的地	34	DI3-	数字输入
5	DO2+	数字输出	20	V_REF	模拟命令输入速度（+）	35	PULL HI	指令脉冲的外加电源
6	DO1-	数字输出	21	OA	编码器 A 脉冲输出	36	/HPULSE	高速位置指令脉冲（-）
7	DO1+	数字输出	22	/OA	编码器/A 脉冲输出	37	/SIGN	位置指令符号（-）
8	DI4-	数字输入	23	/OB	编码器/B 脉冲输出	38	HPULSE	高速位置指令脉冲（+）
9	DI1-	数字输入	24	/OZ	编码器/Z 脉冲输出	39	SIGN	位置指令符号（+）
10	DI2-	数字输入	25	OB	编码器 B 脉冲输出	40	/HSIGN	高速位置指令符号（-）
11	COM+	电源输入端（12～24V）	26	DO4-	数字输出	41	/PULSE	位置指令脉冲（-）
12	DI9-	数字输入	27	DO5-	数字输出	42	HSIGN	高速位置指令符号（+）
13	OZ	编码器 Z 脉冲	28	DO5+	数字输出	43	PULSE	位置指令脉冲（+）
14	COM-	电源地 VDD（24V）	29	GND	模拟输入信号的地	44	OCZ	编码器 Z 脉冲开集极输出
15	DO6-	数字输出	30	DI8-	数字输入			

由于本驱动器的操作模式繁多，而各种操作模式需用到的 I/O 信号不尽相同，为了更有效地利用端子，I/O 信号的选择必须采用可规划的方式，即使用者可自由选择 DI/DO 的信号功能，以符合自己的需求。表 4-4 中为默认的 DI/DO 信号，根据选用的操作模式，已选择了适当的信号功能，可以符合一般应用的需求。

表 4-4 CN1 连接器一般端子用途说明

信 号 名 称		PIN No.	功 能
模拟命令（输入）	V_REF	20	（1）电机的速度命令为-10～+10V，代表-3000～+3000r/min 的转速命令（预设），可通过参数改变对应的范围。 （2）电机的位置命令为-10～+10V，代表-3 圈～+3 圈的位置命令（默认）
	T_REF	18	电机的扭矩命令为-10～+10V，代表-100%～+100%额定扭矩命令
位置脉冲命令（输入）	PULSE	43	位置脉冲可以用差动（Line Driver，单相最高脉冲频率 500kHz）或集极开路（单相最高脉冲频率 200kHz）方式输入，命令的形式也可分成三种（正逆转脉冲、脉冲+方向、AB 相脉冲），可由参数 P1-00 来选择。 当位置脉冲使用集极开路方式输入时，必须将本端子连接至一外加电源，作为提升准位用
	/PULSE	41	
	SIGN	39	
	/SIGN	37	
	PULL HI	35	
高速位置脉冲命令（输入）	HPULSE	38	高速位置脉冲，只接受差动(+5V)方式输入，单相最高脉冲频率 4MHz，命令的形式分成三种：AB 相、CW+CCW 与脉冲+方向，请参考参数 P1-00
	/HPULSE	36	
	HSIGN	42	
	/HSIGN	40	

续表

信号名称		PIN No.	功 能
位置脉冲命令（输出）	OA	21	将编码器的 A、B、Z 信号以差动方式输出
	/OA	22	
	OB	25	
	/OB	23	
	OZ	13	
	/OZ	24	
	OCZ	44	编码器 Z 相，开集极输出
电源	VDD	17	VDD 是驱动器所提供的+24V 电源，用来供 DI 与 DO 信号使用，可承受 500mA 电流
	COM+	11	COM+是 DI 与 DO 的电压输入共同端，当电压使用 VDD 时，必须将 VDD 连接至 COM+。
	COM-	14	若不使用 VDD，必须由使用者提供外加电源（+12～+24V），此外加电源的正端必须连接至 COM+，而负端连接至 COM-
	GND	19	VDD 电压的基准是 GND
默认 DI 信号	SON	9	为 ON 时，伺服环启动，电机线圈励磁
	EMGS	30	为必接点，必须时常导通（ON），否则驱动器显示异警（ALRM）
	PL（CCWL）	31	正向运转禁止极限，为必接点，必须时常导通（ON），否则驱动器显示异警（ALRM）
	NL（CWL）	32	逆向运转禁止极限，为必接点，必须时常导通（ON），否则驱动器显示异警（ALRM）

本项目选用 Pt 模式，具有方向性的命令脉冲输入可根据外界来的脉冲操纵电机的转动角度，可接受高达 500kpps 的脉冲输入，相当于 3000rpm 的转速。若用 PLC 的 Y000 控制脉冲信号，Y003 控制方向信号，则 CN1 的部分接线如图 4-7 所示。

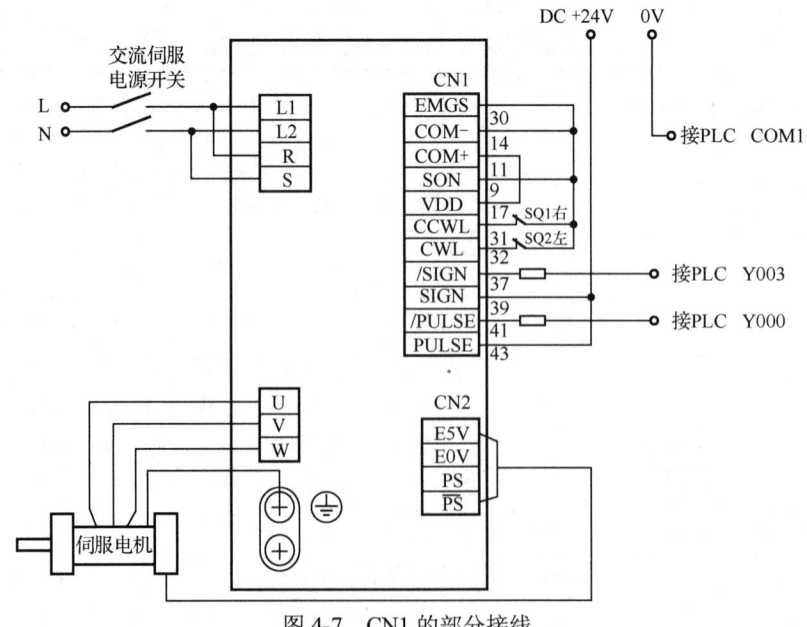

图 4-7　CN1 的部分接线

四、项目实施

（1）利用工具将伺服电机正确连接到丝杠上。

（2）根据电路图正确连接线路。

（3）接完线后通电，观察伺服驱动器显示器是否正常显示（正常显示 0）。

伺服驱动器显示器上电后如果出现 ALE11 代码，为位置编码器异常（断线或接线异常使得驱动器与编码器无法通信），可能为编码器接线错误、松脱、接触不良或损坏，可以通过检查编码器接线来排除；如果出现 ALE14/ALE15 代码，为逆/正向极限异常，可能为逆/正向极限开关被按下、接线错误或者伺服系统稳定度不够，需要开启逆/正向极限开关或重新修正参数或重新评估电机容量。因为出厂值的数字输入（DI6～DI8）为逆向运转禁止极限（NL）、正向运转禁止极限（PL）与紧急停止（EMGS）信号，若不使用出厂值的数字输入（DI6～DI8），需调整数字输入（DI）的参数 P2-15～P2-17 的设定，可将这三个参数设定为 0（取消此 DI 的功能）或修改成其他功能定义。报警代码见表 4-5，具体排除方法可参看台达伺服手册。

表 4-5 报警代码

报警代码	报警名称	报警动作内容
ALE01	过电流	主环电流值超越电机瞬间最大电流值 1.5 倍时动作
ALE02	过电压	主环电压值高于规格电压值时动作
ALE03	低电压	主环电压值低于规格电压值时动作
ALE04	电机匹配异常	驱动器所对应的电机不对
ALE05	回生异常	回生错误时动作
ALE06	过负载	电机及驱动器过负载时动作
ALE07	过速度	电机控制速度超过正常速度过多时动作
ALE08	异常脉冲控制命令	脉冲命令的输入频率超过硬件接口允许值时动作
ALE09	位置控制误差过大	位置控制误差量大于设定允许值时动作
ALE11	位置编码器异常	编码器产生脉冲信号异常时动作
ALE12	校正异常	执行电气校正时校正值超越允许值时动作
ALE13	紧急停止	紧急按钮被按下时动作
ALE14	逆向极限异常	逆向极限开关被按下时动作
ALE15	正向极限异常	正向极限开关被按下时动作
ALE16	IGBT 温度异常	IGBT 温度过高时动作
ALE17	存储器异常	内存（EEPROM）存取异常时动作
ALE18	检出器输出异常	检出器输出高于额定输出频率
ALE19	串行通信异常	RS-232/485 通信异常时动作
ALE20	串行通信超时	RS-232/485 通信超时时动作
ALE22	主回路电压缺相	主回路电源缺相仅单相输入
ALE23	预先过负载警告	电机及驱动器根据参数 P1-56 过负载输出准位设定的百分比，预先产生过负载警告

五、任务提升

掌握伺服驱动器 CN1 连接器各端子的含义，熟悉伺服电机的各种控制模式，能够根据控制要求选用 CN1 连接器的端子，按照控制模式正确连接伺服驱动器各端子和 PLC，能够根据报警代码排除各类故障。

项目 4.2　伺服系统的参数设置及简单控制

一、项目任务

YL-158GA1 装置包括伺服控制单元及滑块往返运动机械机构。控制要求：按下回原点按钮，伺服电机逆向旋转，带动滑块向右后退，滑块进行回原点运动，原点在接近开关 1 处，如图 4-8 所示。回归的频率为 2000Hz，爬行的频率为 1000Hz。回原点后，按下启动按钮，伺服电机正向旋转，驱动滑块以 1500Hz 的频率前进 60mm 后停止。从程序中能够读取从原点到停止位置的脉冲数，要求指令脉冲为 1000ppr。

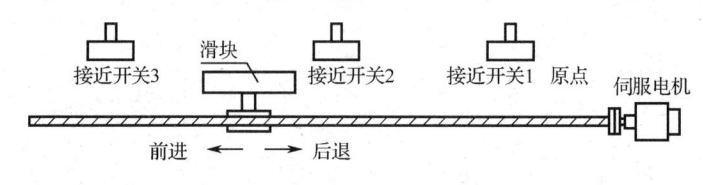

图 4-8　伺服电机及执行机构安装结构图

二、项目准备

台达伺服电机、台达伺服驱动器、三菱 FX_{3U} 系列 PLC、计算机、滚珠丝杆螺母副传动装置、通信线、接线工具。

三、项目分析

1. 伺服驱动器的参数设置与调整

（1）面板各部分名称及功能
伺服驱动器面板如图 4-9 所示。

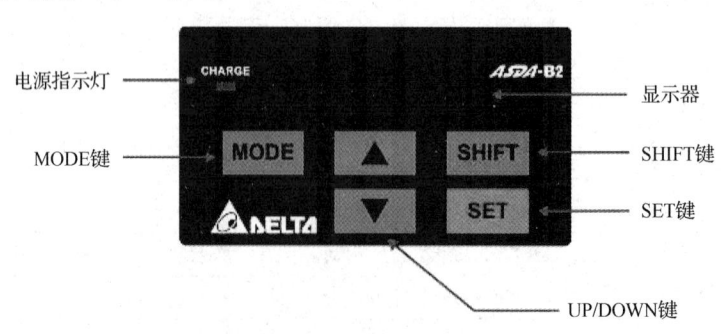

图 4-9　伺服驱动器面板

伺服驱动器面板各键功能如表 4-6 所示。

模块四 基于 PLC 和触摸屏的伺服电机控制设计

表 4-6 伺服驱动器面板各键功能

名　　称	功　　能
显示器	5 组七段显示器用于显示监控码、参数码及设定值
电源指示灯	主电源回路电容量的充电显示
MODE 键	进入参数模式或者脱离参数模式及设定模式
SHIFT 键	参数模式下可改变群组码。设定模式下闪烁字符左移可用于修正较高的设定字符值
UP 键	变更监控码、参数码或设定值
DOWN 键	变更监控码、参数码或设定值
SET 键	显示及储存设定值

（2）面板操作

ASD-B2 伺服驱动器的参数共有 187 个，分别为 P0-××，P1-××，P2-××，P3-××，P4-××，可以在驱动器的面板上进行设置。面板操作说明如下：

驱动器电源接通时，显示器会先持续显示监控码约 1s，然后进入监控模式。

在监控模式下若按下 UP 或 DOWN 键可切换监控参数，此时监控码会持续显示约 1s。

在监控模式下若按下 MODE 键可进入参数模式，按下 SHIFT 键可切换群组码，按下 UP/DOWN 键可变更后两个字符参数码。

在参数模式下按下 SET 键，系统立即进入设定模式。显示器同时会显示此参数对应的设定值。此时可利用 UP/DOWN 键修改参数值或按下 MODE 键脱离设定模式并回到参数模式。

在设定模式下可按下 SHIFT 键使闪烁字符左移，再利用 UP/DOWN 键快速修正较高的设定值。

设定值修正完毕后按下 SET 键，即可进行参数储存或执行命令。

完成参数设定后显示器会显示结束代码「-END-」，并自动回复到监控模式。伺服驱动器参数设定流程如图 4-10 所示。

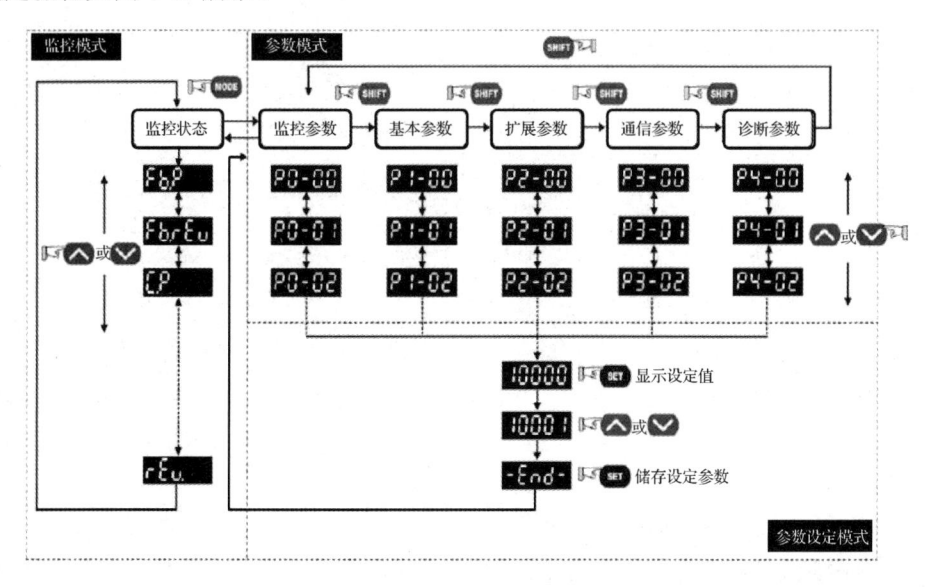

图 4-10 伺服驱动器参数设定流程

（3）寸动模式操作

进入参数模式 P4-05 后，可依下列设定方式进行寸动模式操作。伺服寸动模式设置流程如图 4-11 所示。

① 按下 SET 键，显示寸动速度值，初值为 20r/min。

② 按下 UP 或 DOWN 键，修正希望的寸动速度值，本例中调整为 100r/min。

③ 按下 SET 键，显示 JOG 并进入寸动模式。

④ 进入寸动模式后按下 UP 或 DOWN 键，使伺服电机正向旋转或逆向旋转，放开按键则伺服电机立即停止运转。寸动操作必须在 SERVO ON 时才有效。

（4）部分参数说明

在 YL-158GA1 实训设备上，伺服驱动装置工作于位置模式，FX_{3U}-32MT 的 Y000 输出脉冲作为伺服驱动器的位置指令，脉冲的数量决定了伺服电机的角位移，脉冲的频率决定了伺服电机的旋转速度。FX_{3U}-32MT 的 Y003 输出信号作为伺服驱动器的方向指令。对于位置控制要求较为简单的，伺服驱动器可采用自动增益调整模式。根据上述要求，常用伺服驱动器参数设置如表 4-7 所示。

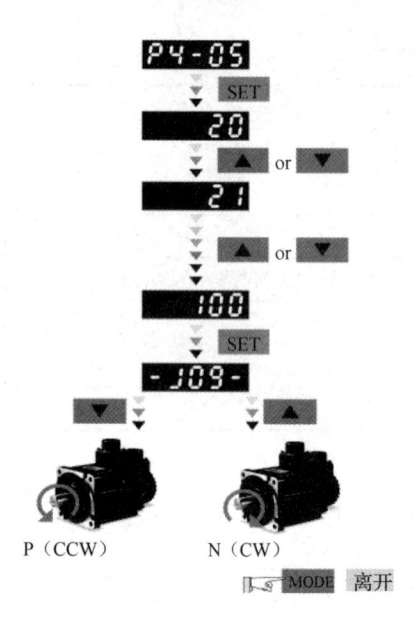

图 4-11 伺服寸动模式设置流程

表 4-7 常用伺服驱动器参数设置

序号	参数编号	参数名称	出厂设置	功能和含义
1	P0-02	LED 初始状态	00	显示电机反馈脉冲数
2	P1-00	外部脉冲列指令输入形式设置	2	2：脉冲列+符号
3	P1-01	控制模式及控制命令输入源设置	00	位置模式（相关代码 Pt）
4	P1-44	电子齿轮比分子（N）	1	指令脉冲输入比值设定：$f_2 = f_1 \times \dfrac{N}{M}$ 指令脉冲输入比值范围：1/50<N/M<25600
5	P1-45	电子齿轮比分母（M）	1	
6	P2-08	特殊参数写入	0	重置参数、开启强制 DO 模式等

① 驱动器状态显示 P0-02。

显示方式设置，设置范围为 0～18，初始设置为 00 时显示电机反馈脉冲数（电子齿轮比之后），设置为 6 时显示脉冲命令输入频率（kpps），设置为 7 时显示电机转速（r/min）。其他设置见伺服手册。

② 外部脉冲列指令输入形式设定 P1-00。

外部脉冲列指令输入形式设置，脉冲有三种形式可以选择：0 为 AB 相脉冲列；1 为正转脉冲列及逆转脉冲列；2 为脉冲列+符号。每种形式也有正/负逻辑之分。P1-00 初始值为 2，即选择脉冲列+符号。

③ 控制模式及控制命令输入源设置 P1-01。

设置范围为 00～110，控制模式设定见表 4-2。初始设置为 00，为位置模式。

④ 电子齿轮比 P1-44、P1-45。

电子齿轮比决定了 PLC 发多少个脉冲使电机转一圈。P1-44 为电子齿轮比的分子（N），设置范围为 1～（$2^{26}-1$），初始值为 1（pulse）。P1-45 为电子齿轮比的分母（M），设置范围为 1～（$2^{31}-1$），初始值为 1（pulse）。指令脉冲输入比值范围：1/50<N/M<25600。指令脉冲输入比值范围的计算公式如下：

$$指令脉冲输入\ f_1 \rightarrow \boxed{\frac{N}{M}} \xrightarrow{位置指令\ f_2} \quad f_2 = f_1 \times \frac{N}{M}$$

P1-44 在 Pt 模式下，在 SERVO ON 时可以变更设定值。P1-45 在 Pt 模式下，在 SERVO ON 时不可变更设定值。

⑤ 特殊参数写入 P2-08。

写入不同的参数，可以实现不同的功能，如表 4-8 所示，设置范围为 0～65535，初始值为 0。设置为 10 时能够重置参数，即可将参数都恢复为出厂设置，便于调试。重置后需重新上电。

表 4-8　P2-08 参数设置

参 数 码	功　　能
10	重置参数
20	P4-10 可写入
22	P4-11～P4-19 可写入
406	开启强制 DO 模式
400	在开启强制 DO 模式下，可立即切换回正常 DO 模式

（5）位置控制模式下电子齿轮的概念

等效的单闭环位置控制系统方框图如图 4-12 所示。

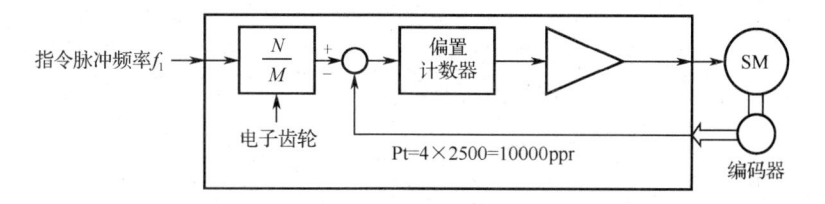

图 4-12　等效的单闭环位置控制系统方框图

指令脉冲信号和电机编码器反馈脉冲信号进入驱动器后，均通过电子齿轮变换才进行偏差计算。电子齿轮实际是一个分/倍频器，合理搭配它们的分/倍频值，可以灵活地设置指令脉冲的行程。

例如，电机编码器反馈脉冲为 2500ppr。默认情况下，驱动器反馈脉冲电子齿轮分/倍频值为 4。如果希望指令脉冲为 400ppr，就应把指令脉冲电子齿轮的分/倍频值设置为 100/4，即 400×100/4=10000，从而实现 PLC 每输出 400 个脉冲，伺服电机旋转一周。

2. 原点回归指令 ZRN（FNC 156）

原点回归指令主要用于上电和初始运行时，搜索和记录原点位置信息。

该指令要求提供一个近原点的信号，原点回归动作需从近点信号的前端开始，以指定的原点回归速度移动；当近点信号由 OFF 变为 ON 时，减速至爬行速度；最后，当近点信号由 ON 变为 OFF 时，在停止脉冲输出的同时，使当前值寄存器（Y000：[D8341，D8340]，Y001：[D8351，D8350]，Y002：[D8361，D8360]）清零。ZRN 指令动作过程示意图如图 4-13 所示。

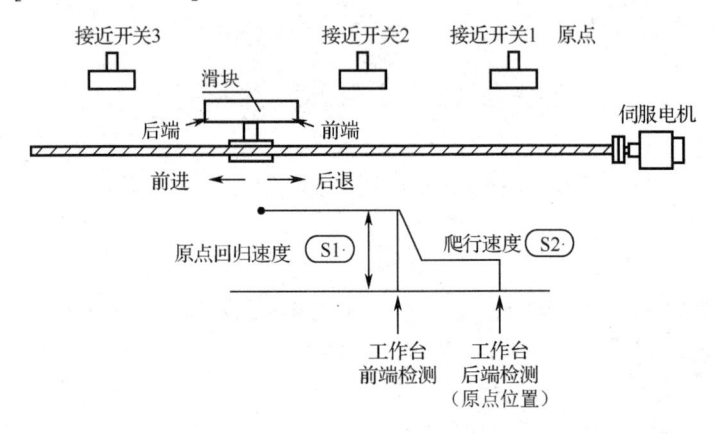

图 4-13 ZRN 指令动作过程示意图

由此可见，原点回归指令要求提供 3 个源操作数和 1 个目标操作数，源操作数为：①[S1·] 为原点回归速度；②[S2·] 为爬行速度；③[S3·] 指定近点信号输入。目标操作数 [D·] 为指定脉冲输出的 Y 编号（FX_{3U} 系列基本单元晶体管输出型 PLC 仅限于 Y000、Y001、Y002）。原点回归指令格式如图 4-14 所示。

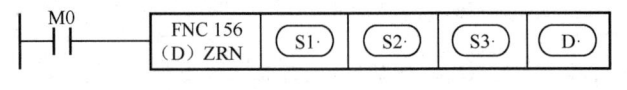

图 4-14 原点回归指令格式

原点回归指令应用举例如图 4-15 所示。

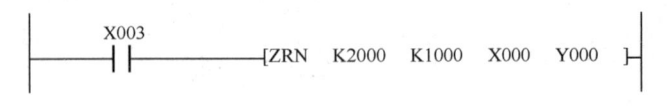

图 4-15 原点回归指令应用举例

图 4-15 中语句指定了原点回归速度的频率为 2000Hz，爬行速度的频率为 1000Hz，近点信号为 X000，脉冲输出端口为 Y000。

3. 输入/输出分配

根据本项目的控制要求，PLC 输入信号为回原点按钮、启动按钮、原点接近开关，输出信号为脉冲信号、方向信号。输入/输出分配表如表 4-9 所示。

表 4-9 输入/输出分配表

输入信号			输出信号		
设备名称	代号	输入地址编号	设备名称	代号	输出地址编号
原点接近开关		X000	脉冲信号	PULSE-	Y000
回原点按钮	SB1	X001	方向信号	SIGN-	Y003
启动按钮	SB2	X002			

4. 接线图

根据输入/输出分配，伺服及 PLC 接线图如图 4-16 所示。

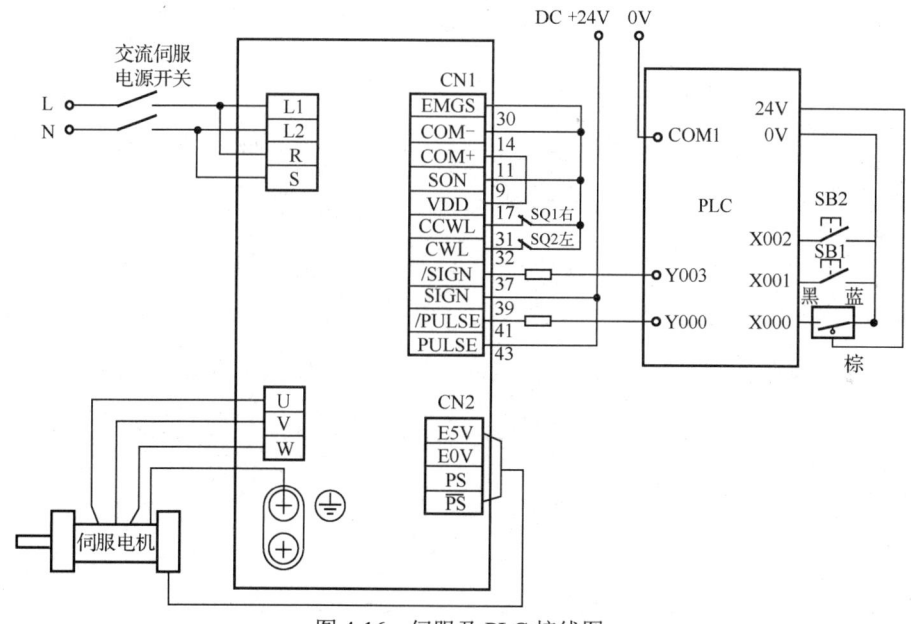

图 4-16 伺服及 PLC 接线图

四、项目实施

1. 根据要求设置伺服参数

本项目在位置模式下主要参数设置如表 4-10 所示。

表 4-10 位置模式下主要参数设置

参数符号	设 置 值	说 明
P1-00	2	脉冲列+符号
P1-01	00	位置模式
P1-44	10	电子齿轮比分子
P1-45	1	电子齿轮比分母
P0-02	6	显示脉冲命令输入频率

注：根据电子齿轮的设置值，PLC 输出 1000 个脉冲控制伺服电机转一周。

2. 根据控制要求编写 PLC 程序

伺服电机控制参考程序如图 4-17 所示。PLC 上电后进入初始状态 S0。按下回原点按钮 SB1，X001 动作，进入 S20 状态，进行回原点操作。回原点指令执行完后 M8029 动作。当按下启动按钮 SB2，X002 动作，进入 S21 状态，相对位置控制指令驱动伺服电机按照 1500Hz 频率发送 15000 个脉冲，同时 D8340 和 D8341 特殊数据寄存器存储从 Y000 端口发出的脉冲数，并传送给 D0 和 D1，当指令执行完后 M8029 动作，回到初始状态 S0，为下一次的操作做准备。

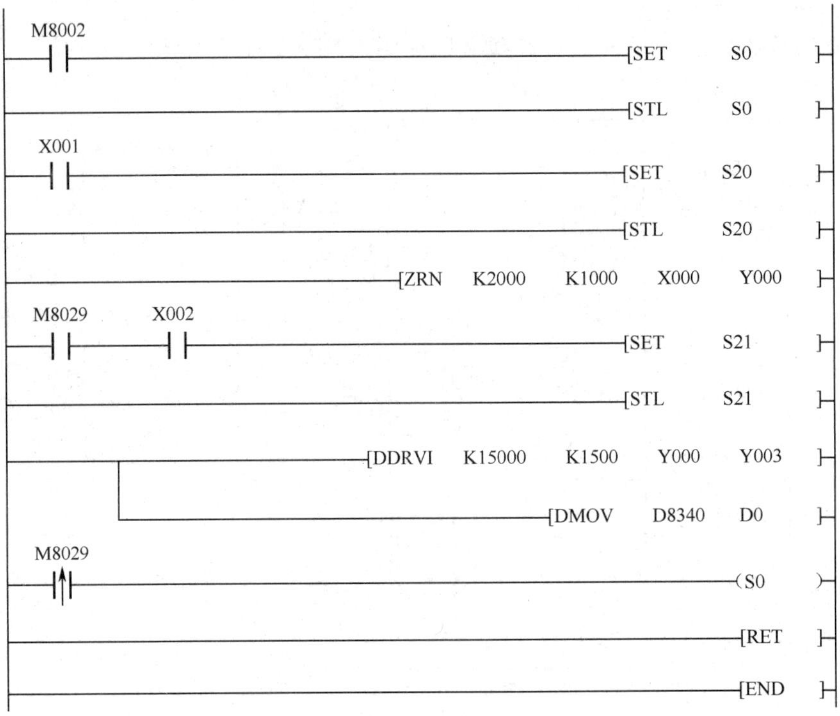

```
M8002
──┤├────────────────────────────[SET   S0 ]
                                [STL   S0 ]
X001
──┤├────────────────────────────[SET   S20]
                                [STL   S20]
                 [ZRN   K2000   K1000   X000   Y000]
M8029  X002
──┤├────┤├──────────────────────[SET   S21]
                                [STL   S21]
           [DDRVI   K15000   K1500   Y000   Y003]
           [DMOV    D8340    D0]
M8029
──┤↑├───────────────────────────( S0 )
                                [RET]
                                [END]
```

图 4-17 伺服电机控制参考程序

3. 下载并调试程序

按下回原点按钮，观察伺服电机是否按照要求回归原点。按下启动按钮，观察伺服电机是否按照要求驱动滑块运行。若出现故障，应分别检查硬件电路接线、梯形图等是否有误，修改后，应重新调试，直至系统按要求正常工作。

五、任务提升

根据参数设定流程，合理设置伺服驱动器参数，将指令脉冲设为 1000ppr。滑块原点位于接近开关 1 处（原点在右侧）。按下触摸屏上的"启动按钮"，伺服电机以 1000Hz 的频率带动滑块向左移动，当被接近开关 2 检测到后，以 1500Hz 的频率继续运行。当被接近开关 3 检测到后向右回归原位，回归的频率为 1500Hz，爬行的频率为 1000Hz。触摸屏上能够显示伺服电机的运行频率。

项目4.3 伺服电机定位及速度控制

一、项目任务

将指令脉冲设为2000ppr。滑块原点位于接近开关1处（原点在右侧），如图4-8所示。利用YL-158GA1装置的伺服控制单元及滑块往返运动机械机构实现下列控制：

（1）滑块通过复位按钮可进行向右回原点运动。

（2）按下启动按钮，伺服电机按照第一段速度正向转动，驱动滑块向左移动30mm，之后变速至第二段速度运行，驱动滑块再向左移动50mm，之后暂停5s，然后按照返回速度反向转动，驱动滑块向右回至起始原点后继续进行下一个循环。

（3）按下停止按钮，伺服电机运行完当前周期后停止。

（4）在伺服电机运行状态下按下急停按钮，伺服电机能够立即停止运行。松开急停按钮后，在停下的位置继续运行。

（5）启动按钮、停止按钮、急停按钮、复位按钮都通过柜门实体按钮与触摸屏按钮实现两地控制。

（6）伺服电机第一段速度、第二段速度和返回速度都可通过触摸屏设定。滑块运行距离可在触摸屏上显示。

（7）触摸屏开机后，弹出登录画面，输入登录密码方可进入（此处各组别人员姓名用工位号，密码均为123），否则弹出登录错误画面。

二、项目准备

台达伺服电机、台达伺服驱动器、三菱FX_{3U}系列PLC、MCGS触摸屏、计算机、滚珠丝杆螺母副传动装置、通信线、接线工具。

三、项目分析

1. 三菱FX系列PLC的定位控制指令及程序流程指令

1) 绝对位置控制指令FNC 159 (DRVA)

前面介绍了脉冲输出指令PLSY和相对位置控制指令DRVI，都不能反映当前的位置信息，因此它们并不具备真正的定位控制功能。绝对位置控制指令FNC 159（DRVA），可以指定目标位置，直接指定目标位置相对于原点的坐标值（以带符号的脉冲数表示），为绝对驱动方式。绝对位置控制指令的指令格式如图4-18所示。

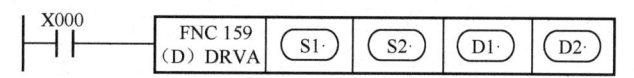

图4-18 绝对位置控制指令的指令格式

绝对位置控制指令中，源操作数[S1·]指定目标位置相对于原点坐标的脉冲数（带符号），执行指令时，输出的脉冲数是输出目标设定值与当前值之差。

[S2·]、[D1·]、[D2·]三个操作数的含义，与相对位置控制指令DRVI中操作数的含义

是一样的，在此不再赘述。

对于 16 位指令，此操作数的范围为-32768～+32767；对于 32 位指令，此操作数范围为-999999～+999999。

绝对位置控制指令的用法举例如图 4-19 所示。

```
    X000
────┤ ├────[DDRVA  K15000  K1000  Y000  Y003 ]────
```

图 4-19 DRVA 指令用法举例

该程序指定目标位置相对于原点位置的输出脉冲数为 15000，若起点不在原点，比如在原点和目标位置的中间，则实际发出的脉冲数是目标位置与当前位置之差（伺服电机会自行计算）。脉冲频率为 1000Hz，脉冲输出端口为 Y000，方向信号 Y003 为 ON 状态。

使用该指令编程时注意：

（1）指令执行过程中，Y000 输出的当前值寄存器为 [D8341（高位），D8340（低位）]（32 位）；Y001 输出的当前值寄存器为[D8351（高位），D8350（低位）]（32 位）；Y002 输出的当前值寄存器为[D8361（高位），D8360（低位）]（32 位）。

对于绝对位置控制，当前值寄存器存放的是当前绝对位置。正转时，当前值寄存器的数值增大；反转时，当前值寄存器的数值减小。

（2）在指令执行过程中，即使改变操作数的内容，也无法在当前运行中表现出来，只在下一次指令执行时才有效。

（3）若在指令执行过程中，指令驱动的接点变为 OFF，将减速停止。此时完成标志 M8029 不动作。在指令执行完后，完成标志 M8029 置位。

（4）指令驱动接点变为 OFF 后，在以下特殊辅助继电器处于 ON 时，将不接受指令的再次驱动。

Y000 脉冲输出中监控（BUSY/READY）：M8340

Y001 脉冲输出中监控（BUSY/READY）：M8350

Y002 脉冲输出中监控（BUSY/READY）：M8360

（5）在以下特殊辅助继电器为 ON 时，该指令将停止输出脉冲。

Y000 脉冲输出停止：M8349

Y001 脉冲输出停止：M8359

Y002 脉冲输出停止：M8369

2）程序流程指令

程序流程指令提供了程序的条件执行方法及优先处理等功能，这些指令主要与顺控程序的控制流程相关，功能号为 FNC00～FNC09。本项目中需要做复位处理、急停处理等，都可以利用程序流程指令 CJ（条件跳转）或 CALL（子程序调用）来实现。

（1）条件跳转指令 CJ（FNC 00）。

条件跳转指令 CJ 用于跳过顺控程序中的某一部分，使 CJ 指令中从开始到指针（Pn）为止的顺控程序不执行。该指令还可以用于缩短循环时间（运算周期）和执行使用双线圈的程序等。当指令输入为 ON 时，执行指定指针（Pn）的程序。条件跳转指令举例如图 4-20 所示。

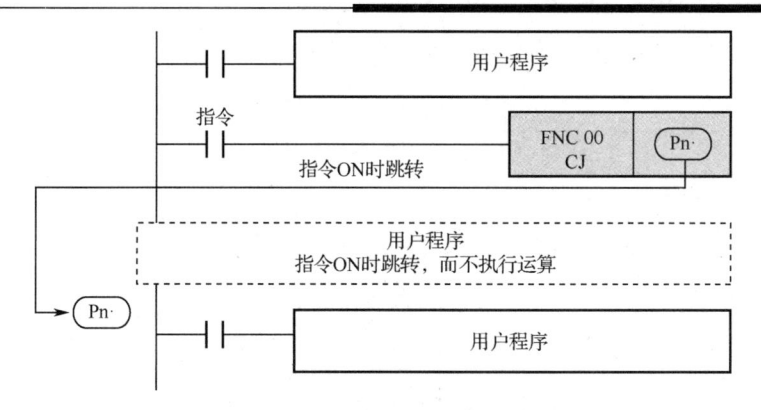

图 4-20 条件跳转指令举例

注意：
① 可以在比条件跳转指令步号小的位置编写指针，即可以从后往前跳转，如图 4-21 所示。
② 可以从多个条件跳转指令向 1 个指针跳转。

如图 4-22 所示，X020 为 ON 时，从此处向指针 P9 跳转。X020 为 OFF、X021 为 ON 时，从 X021 的 CJ 指令向指针 P9 跳转。

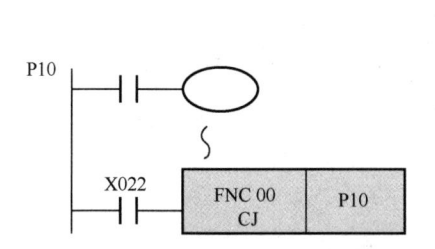

图 4-21 CJ 指令从后往前跳转

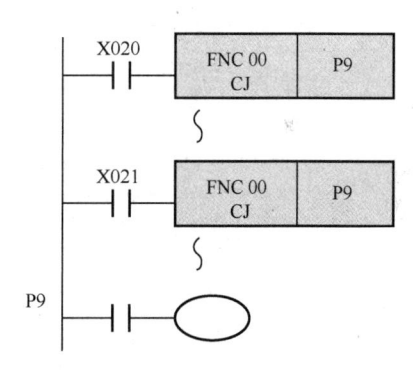

图 4-22 从多个 CJ 指令向 1 个指针跳转

③ 向子程序的指针跳转。
CALL 指令使用的指针和 CJ 指令使用的指针不能共用，如图 4-23 所示，CALL 指令和 CJ 指令共用同一个指针 P15 的情况是错误的。

（2）子程序调用指令 CALL（FNC 01）。
子程序调用是在顺控程序中对共同处理的程序进行调用的指令。此外，编写子程序时，还需要使用 FEND（FNC 06）指令和 SRET（FNC 02）指令。

当指令输入为 ON 时，执行 CALL 指令，向指针 Pn 的步跳转，接着执行指针 Pn 的子程序。执行 SRET 后，返回到 CALL 指令的下一步。在主程序的最后用 FEND 指令编程。CALL 指令用的指针（Pn），在 FEND 指令后编程，如图 4-24 所示。

子程序调用指令举例如图 4-25 所示，当 X000 触点闭合时，向指针 P0 处跳转，执行 P0 处的子程序后，返回原来的步后继续往下运行。

指针（Pn）编号的重复使用问题：CALL 指令中，操作数（Pn）的编号重复也无妨。但是，请勿与 CALL 指令以外的指令（CJ 指令）中使用指针（Pn）的编号重复，如图 4-26 所示，CALL 指令调用 CJ 指令的指针是错误的。

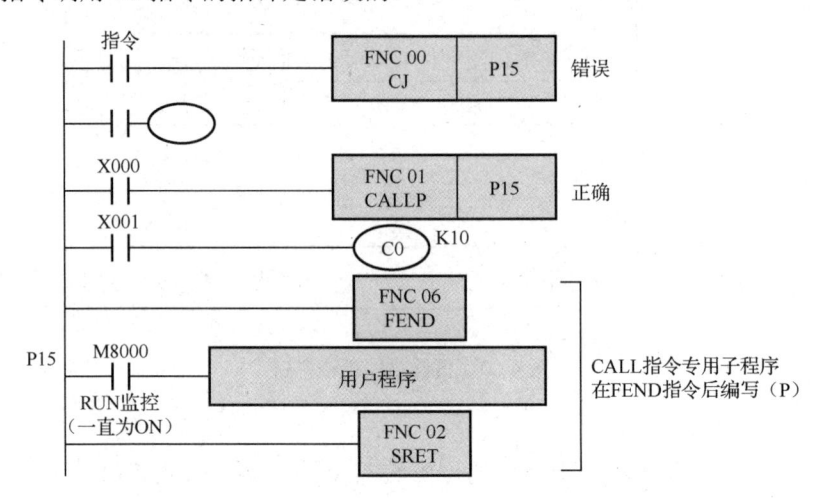

图 4-23 CALL 指令和 CJ 指令共用同一个指针（错误）

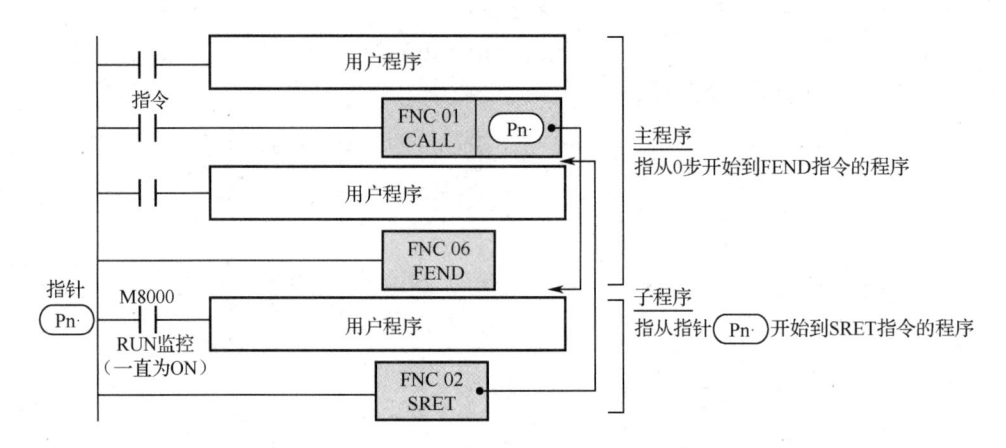

图 4-24 子程序调用指令 CALL 用法

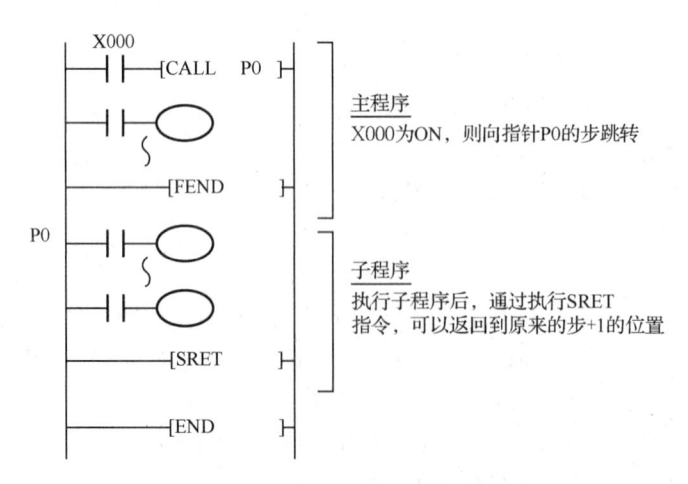

图 4-25 子程序调用指令举例

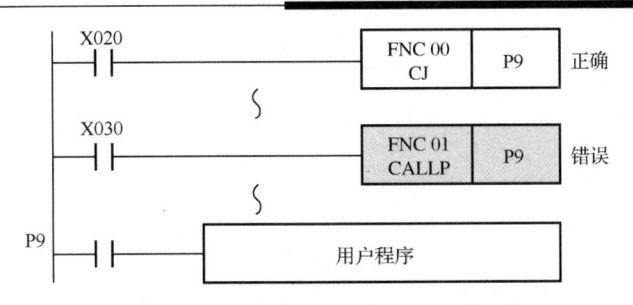

```
    X020
─────┤├─────────────────────┤ FNC 00  │ P9 │   正确
                            │  CJ     │    │
              ⌇
    X030
─────┤├─────────────────────┤ FNC 01  │ P9 │   错误
                            │  CALLP  │    │
              ⌇
    P9
─────┤├─────────────────────┤    用户程序      │
```

图 4-26 子程序调用指令标记重复

2. 距离的控制

本项目同样涉及滑块的移动距离计算，根据要求将指令脉冲设为 2000ppr，可通过电子齿轮的分子、分母进行设置，即将 P1-44 和 P1-45 分别设置为 10 和 2，则根据计算公式：

$$f_1 \times P1\text{-}44/P1\text{-}45 = f_1 \times 10/2 = 10000，则 f_1 = 2000\text{ppr}$$

即 PLC 发送 2000 个脉冲，控制伺服电机转一圈。滚珠丝杆螺母副中，丝杆的螺距是 4mm，即电机转一圈螺母直线移动 4mm，根据控制要求滑块移动 30mm，则 PLC 发送的脉冲数为：

$$30/4 \times 2000 = 15000$$

对于伺服电机第一次移动的距离，由于起点是原点，不管是相对位置控制指令还是绝对位置控制指令，第一个操作数都可以设定为 15000。

若滑块再移动 50mm，则 PLC 需要再发送的脉冲数为：

$$50/4 \times 2000 = 25000$$

若用相对位置控制指令，设定的第一个操作数为 25000 即可；若用绝对位置控制指令，设定的第一个操作数为 15000+25000=40000，即第二次移动后的位置坐标为 30+50=80mm。

3. 输入/输出分配

根据控制要求，PLC 输入信号为控制按钮及原点接近开关，输出信号为伺服驱动器的脉冲信号和方向信号，同时触摸屏上也设置了伺服电机的软件控制按钮，并能设定电机速度及显示移动距离，输入/输出分配表如表 4-11 所示。

表 4-11 输入/输出分配表

输入信号			输出信号		
设备名称	代号	输入地址编号	设备名称	代号	输出地址编号
原点接近开关		X000	脉冲信号	PULSE-	Y000
启动按钮	SB1	X003/M0	方向信号	SIGN-	Y003
停止按钮	SB2	X004/M1			
急停按钮	SB3	X005/M2			
复位按钮	SB4	X006/M3			
第一段速		D0	移动距离		D10
第二段速		D2			
返回速度		D4			

4. 接线图

根据以上输入/输出分配，需要用到伺服驱动器、按钮、接近开关等外部硬件，PLC 外部接线示意图如图 4-27 所示。

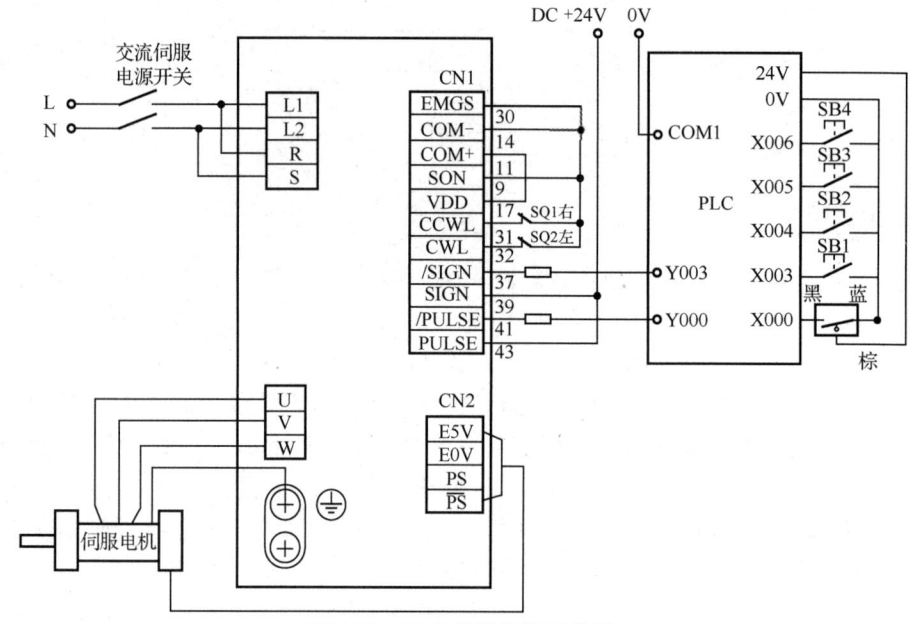

图 4-27 PLC 外部接线示意图

四、项目实施

1. 根据接线图连接线路

按图 4-27 连接线路。

2. 根据要求设置伺服参数

本项目在位置模式下主要伺服参数设置如表 4-12 所示。

表 4-12 主要伺服参数设置

参 数 符 号	设 置 值	说　明
P1-00	2	脉冲列+符号
P1-01	00	位置模式
P1-44	10	电子齿轮比分子
P1-45	2	电子齿轮比分母
P0-02	7	显示电机转速

注意：根据电子齿轮的设置值，PLC 输出 2000 个脉冲控制伺服电机转一圈。

3. 触摸屏参考画面

触摸屏的"用户登录"中的用户名和密码通过权限管理设置。用户登录画面如图 4-28 所示。

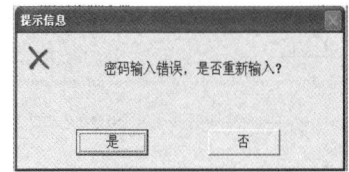

图 4-28　用户登录画面

自行设计欢迎画面和主画面。进入主画面后，能够完成相应的控制功能。参考运行画面如图 4-29 所示。

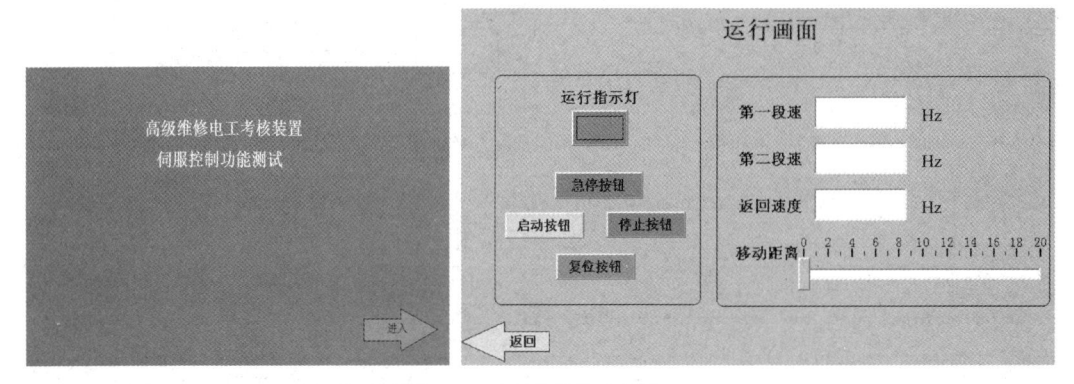

图 4-29　运行画面（参考）

4. 根据控制要求设计 PLC 程序

本项目程序实现的功能主要有：初始状态后的复位回零处理、自动运行处理、急停处理。当系统进入运行状态后，先进行复位回零处理，按下复位按钮 X006 后，通过条件跳转指令（CJ 指令）跳向 P0 进行回归原点处理（ZRN 指令）。回归原点后，CJ 指令的控制触点 M10 断开，结束复位回零处理，并由 M11 触发进入自动运行程序的初始状态 S0。按下启动按钮 X003，自动运行程序按照控制要求运行。按下停止按钮 X004，通过 M12 输出停止信号，在没有按下停止按钮 X004 的情况下，自动运行程序不断往 S20 循环转移；在按下停止按钮 X004 的情况下，自动运行程序运行完本周期往 S0 转移后停止。在伺服电机运行的情况下，按下急停按钮 X005，位置控制指令断电停止，进行急停处理。当松开急停按钮 X005 后，可以继续往下运行。主程序框架和自动运行程序如图 4-30 和图 4-31 所示。复位回零处理及急停处理的功能也可通过子程序调用指令（CALL 指令）实现，请读者根据 CALL 指令的用法自行设计。

以上程序中没有加入触摸屏的控制及显示，触摸屏和 PLC 的组态控制程序请读者自行设计完善。

5. 下载并调试程序

按下复位按钮，观察伺服电机是否按照要求回归原点；按下启动按钮，观察伺服电机是否按照要求驱动滑块运行；按下停止按钮或急停按钮，观察伺服电机是否按照要求停止。若出现故障，应分别检查硬件电路接线、梯形图、触摸屏设置等是否有误，修改后，应重新调试，直至系统按要求正常工作。

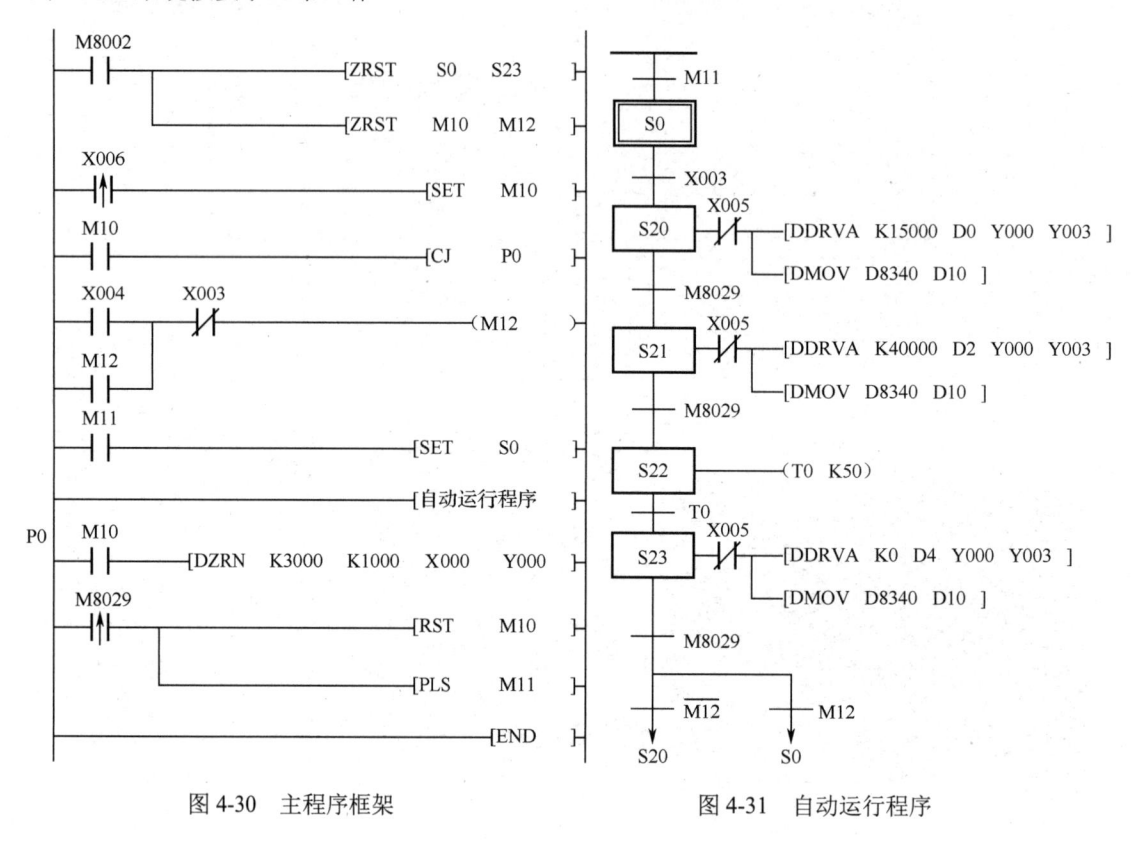

图 4-30 主程序框架

图 4-31 自动运行程序

五、任务提升

将指令脉冲设为 10000ppr。利用 YL-158GA1 装置的伺服控制单元及滑块往返运动机械机构实现下列控制：

（1）滑块通过复位按钮可进行回原点运动（原点在左侧）。

（2）按下启动按钮滑块立即向右运动（运行指示灯亮），在运行至行程（可设定）一半时可变速至另一速度运行。

（3）当滑块运行至设定距离时，等待 2s 按返回速度回到起始点。返回后等待 2s 进行下一循环。

（4）当按下停止按钮，滑块做完当前动作，回到起始点停止（运行指示灯灭）。

（5）当按下急停按钮或到达极限限位，滑块立即停止。

（6）启动按钮、停止按钮、急停按钮、复位按钮都通过柜门实体按钮与触摸屏按钮实现两地控制。

（7）伺服速度、距离可在触摸屏上设置，并可显示当前运行频率。

（8）触摸屏开机后，跳出登录画面，输入登录密码方可进入（此处各组别人员姓名用工位号，密码均为 123），否则跳出登录错误画面。

触摸屏参考运行画面如图 4-32 所示。

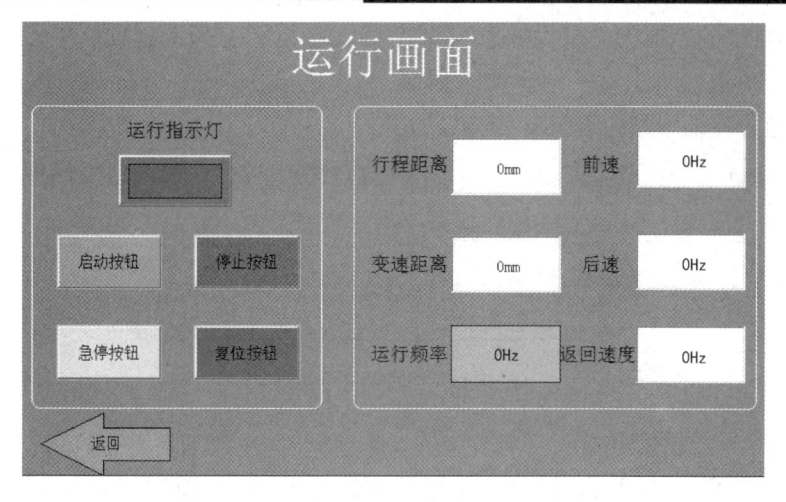

图 4-32　触摸屏参考运行画面

综合训练——伺服电机运动控制

一、项目任务

利用三菱系列 PLC、MCGS 触摸屏和伺服电机对滚珠丝杆螺母副传动装置上的滑块进行综合控制，如图 4-33 所示。丝杆螺距为 4mm，伺服电机的指令脉冲为 1000ppr，控制要求如下：

（1）系统一上电，滑块能够自动进行回原点操作（利用 ZRN 指令）。回归原点后，自动前进 50mm 后停止，作为新的位置起点，即坐标原点。

（2）按下启动按钮，伺服电机带动滑块前进，运行频率实时可调。当被接近开关 2 检测到信号后，暂停 5s 后以 2000Hz 频率后退，回到坐标原点停止。

（3）当伺服电机越程，即碰触到正、反转极限开关时，立即停止，并显示报警信号。断电后回到量程范围内伺服电机能够正常工作。

（4）触摸屏上能够显示伺服电机正、反转的状态，能够设置伺服电机前进的运行频率，能够实时显示滑块相对于原点的距离。

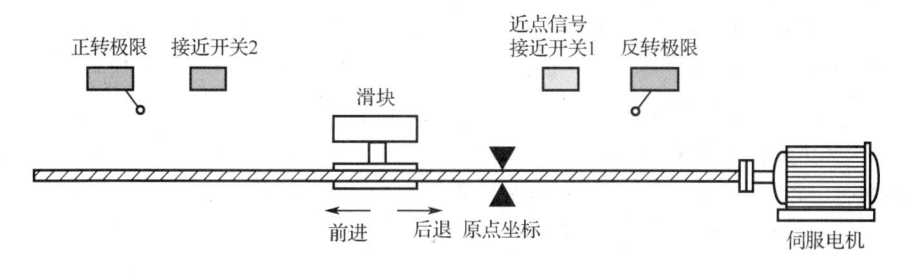

图 4-33　伺服电机运动控制机构

二、项目准备

台达伺服电机、台达伺服驱动器、三菱 FX_{3U} 系列 PLC、MCGS 触摸屏、计算机、滚珠丝杆螺母副传动装置、通信线、接线工具。

三、项目分析

1. 可变速脉冲输出指令 PLSV（FNC 157）

PLSV 指令是用于输出带旋转方向的可变速脉冲的指令。执行这一指令，即使在脉冲输出状态中，仍然能够自由改变输出脉冲频率。PLSV 指令格式如图 4-34 所示。

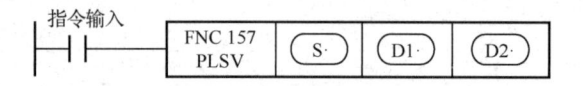

图 4-34 PLSV 指令格式

源操作数[S·]指定输出脉冲频率，对于 16 位指令，操作数范围为-32768～-1,+1～32767（Hz）；对于 32 位指令，操作数范围为-200000～-1,+1～200000（Hz）。[S·]可以是数据寄存器、计数器、定时器等字元件，也可以是指定的 K、H 常数。

目标操作数[D1·]指定输出脉冲地址，对于 FX_{3U} 系列基本单元晶体管输出型 PLC，可以是 Y000、Y001、Y002。

目标操作数[D2·]指定旋转方向信号的输出地址，当[S·]为正值时输出为 ON。

PLSV 指令应用举例如图 4-35 所示，从 Y000 端口输出脉冲，频率值由 D10 指定，方向信号为 Y004。

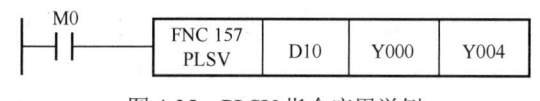

图 4-35 PLSV 指令应用举例

使用 PLSV 指令编程时需注意：

① 在启动/停止时不执行加减速，若有必要进行缓冲开始/停止，可利用 FNC 67（RAMP）等指令改变输出脉冲频率。

② 在指令执行过程中，指令驱动接点变为 OFF 时，将减速停止。此时完成标志 M8029 不动作。在指令执行完后，完成标志 M8029 置位。

③ 加减速动作功能：当 M8338 为 ON 后，[S·]发生变化时，根据[D1·]对应的加速时间、减速时间的设定，会加速或减速到[S·]。

④ 在指令执行过程中，Y000 输出的当前值寄存器为[D8341（高位），D8340（低位）]（32 位）；Y001 输出的当前值寄存器为[D8351（高位），D8350（低位）]（32 位）；Y002 输出的当前值寄存器为[D8361（高位），D8360（低位）]（32 位）。

⑤ 指令驱动接点变为 OFF 后，在脉冲输出标志（Y000：[M8340]，Y001：[M8350]，Y002：[M8360]）处于 ON 时，将不接受指令的再次驱动。

上述寄存器均具有累加功能，因此在使用之前需要对寄存器进行清零，如 DMOV K0 D83××。

2. 位置环增益调整

在设定位置控制单元前，因为位置环的内环包含速度环，如图 4-36 所示，用户必须先将速度控制单元以手动（参数 P2-32）操作方式将速度控制单元设定完成，再设定位置控制增益

KPP（参数 P2-00）、位置前馈增益 PFG（参数 P2-02），或者使用自动模式来自动设定速度及位置控制单元的增益。

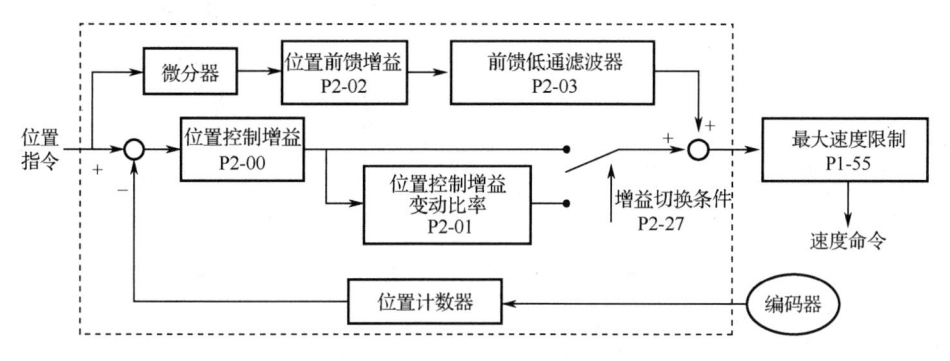

图 4-36 位置控制单元

相关参数主要有 P2-00、P2-02 和 P2-32，如表 4-13 所示。

表 4-13 位置环增益调整参数

序号	参数		出厂设置	功能和含义
	参数编号	参数名称		
1	P2-00	位置控制增益 KPP	35	增大位置控制增益值时，可提升位置应答性及缩小位置控制误差量。但若设定太大易产生振动及噪声
2	P2-02	位置前馈增益 PFG	50	位置控制命令平滑变动时，增大增益值可改善位置跟随误差量。若位置控制命令不平滑变动，降低增益值可减少机构的运转振动现象
3	P2-32	增益调整方式	0	0：手动模式 1：自动模式（持续调整） 2：半自动模式（非持续调整）

① KPP 位置控制增益 P2-00。

在 Pt 模式下，增大位置控制增益值时，可提升位置应答性及缩小位置控制误差量，提高位置环响应带宽。但若设定太大易产生振动及噪声。P2-00 设置范围为 0~2047，单位为 rad/s，初始值为 35rad/s。KPP 对实际位置曲线的影响如图 4-37 所示。

② PFG 位置前馈增益 P2-02。

在 Pt 模式下，位置控制命令平滑变动时，增大增益值可改善位置跟随误差量，降低相位落后误差，如图 4-38 所示。若位置控制命令不平滑变动，降低增益值可减少机构的运转振动现象。P2-02 设置范围为 0~100%，初始值为 50%。

位置环带宽不可超过速度环带宽，建议 $f_p \leq f_v/4$，f_v：速度环的响应带宽（Hz），f_p：位置环的响应带宽（Hz），KPP=$2\times\pi\times f_p$。例如：希望位置环带宽为 20Hz，则比例增益 KPP=$2\times\pi\times20\approx125$。

增大 KPP 时，位置环带宽提高而导致相位边界变小，此时电机转子会来回转动振荡，KPP 必须要调小，直到电机转子不再振荡。当外部扭矩介入时，过低的 KPP 将无法满足合理的位置追踪误差要求，此时 P2-02 即可有效降低位置动态追踪误差。

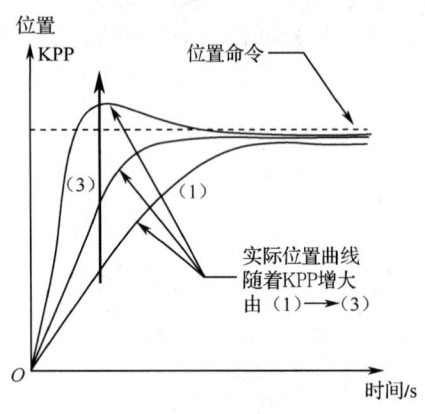

图 4-37　KPP 对实际位置曲线的影响 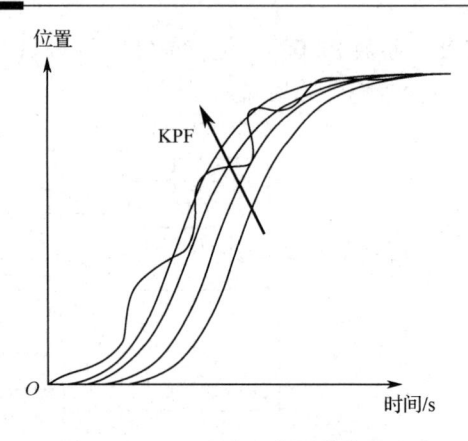　　　　　　图 4-38　PFG 对实际位置曲线的影响

③ 增益调整方式 P2-32。

当 P2-32 设定为 0，即手动模式时，所有控制增益相关参数 P2-00、P2-02 等可由使用者自行设定。由自动或半自动模式切换到手动模式时，会自动更新相关的增益参数。

四、项目实施

1. 输入/输出分配

2. 画接线图并按图接线

3. 伺服电机参数设置

4. 触摸屏设计及组态过程

5. PLC 程序设计

6. 运行调试过程中的问题分析

模块五　电气控制系统通信处理

本模块主要介绍电气控制系统的通信处理，包括 PLC 与 PLC 之间的 N:N 组网通信、基于 FX_{3U}-485-BD 通信板的 PLC 与触摸屏之间的通信处理，以及三菱 Q 系列 PLC 与 FX 系列 PLC 之间的 CC-Link 组网通信。通过分析几台 PLC 之间、PLC 与触摸屏之间的组网通信典型案例，掌握 FX_{3U}-485-BD 通信板的接线与调试、PLC 参数设置、缓冲存储器的用法、PLC 数据交换程序编制等知识点，实现各个设备之间的组网通信。

学习目标：

1. 掌握 FX_{3U} 系列 PLC 的 N:N 通信协议，能进行 N:N 通信网络的安装、编程与调试，能排除一般的网络故障。
2. 能用 FX_{3U}-485-BD 通信板实现 PLC 与触摸屏之间的通信，能进行参数设置，并能排除一般的网络故障。
3. 掌握三菱 Q 系列 PLC 与 FX 系列 PLC 的 CC-Link 通信方式，能够排除一般的网络故障。
4. 掌握 FX_{3U}-485-BD 通信板的接线与调试，熟悉 QJ61BT11 和 FX_{2N}-32CCL 模块的接线和设置。
5. 能根据工作任务书的要求进行人机界面设置、PLC 参数设置、网络组建及各站控制程序设计。

项目 5.1　三菱 FX_{3U} 系列 PLC N:N 通信

一、项目任务

利用一台 FX_{3U}-32MT 系列 PLC、两台 FX_{3U}-32MR 系列 PLC 和三块 FX_{3U}-485-BD 通信板实现三台 PLC 之间的 N:N 通信，控制要求为：

（1）三台 PLC 之间用 FX_{3U}-485-BD 通信板连接，以 FX_{3U}-32MT 作为主站，站号为 0，两台 FX_{3U}-32MR 作为从站，站号分别为 1、2。

（2）按下 0 号站按钮 SB1，则 1 号站的一盏灯点亮；按下 0 号站按钮 SB2，则 2 号站的一盏灯点亮。

（3）1 号站的 D10 和 2 号站的 D20 的值等于 100 时，对应 0 号站的两盏灯点亮。

（4）从 1 号站读取 2 号站的 D250 的值，保存到 1 号站的 D220 中。

（5）1 号站的 D13 和 2 号站的 D23 相加，和保存到主站的 D3 中。

二、项目准备

FX_{3U}-32MT PLC 一台、FX_{3U}-32MR PLC 两台、FX_{3U}-485-BD 通信板三块、计算机、下载线、RS-485 通信线、接线工具、导线若干。

三、项目分析

自动控制系统往往采用每个工作单元由一台 PLC 承担其控制任务，各 PLC 之间通过 RS-485 串行通信实现互连的分布式控制方式。组建成网络后，系统中每个工作单元也称为工作站。

FX 系列 PLC 支持 5 种类型的通信：

（1）N:N 网络：用 FX_{3U}、FX_{2N}、FX_{2N}-C、FX_{1N}、FX_{0N} 等 PLC 进行的数据传输可建立在 N:N 的基础上。使用这种网络，能链接小规模系统中的数据。它适合于不超过 8 台 PLC（FX_{3U}、FX_{2N}、FX_{2N}-C、FX_{1N}、FX_{0N}）之间的互连。

（2）并行链接：这种网络采用 100 个辅助继电器和 10 个数据寄存器在 1:1 的基础上完成数据传输。

（3）计算机链接（用专用协议进行数据传输）：用 RS-485（422）单元进行的数据传输在 1:n（16）的基础上完成。

（4）无协议通信（用 RS 指令进行数据传输）：用各种 RS-232 单元，包括个人计算机、条形码阅读器和打印机来进行数据通信，可通过无协议通信完成。

（5）可选编程端口：对于 FX 系列的 PLC，当端口连接在 FX_{1N}-232BD、FX_{2N}-422BD 上时，可以和外围设备（编程工具、操作终端等）互连。

N:N 网络建立在 RS-485 传输标准上，网络中必须有一台 PLC 作为主站，其他 PLC 为从站，网络中站点的总数不超过 8。系统中使用的 RS-485 通信接口板为 FX_{3U}-485-BD。

N:N 网络的通信协议是固定的：通信方式采用半双工通信，波特率固定为 38400bps；数据长度、奇偶校验、停止位、标题字符、终结字符及和校验等也是固定的。N:N 网络是采用广播方式进行通信的：网络中每个站点都指定一个用特殊辅助继电器和特殊数据寄存器组成的链接存储区，各个站点链接存储区地址编号都是相同的。各站点向自己站点链接存储区中规定的数据发送区写入数据。网络上任何一台 PLC 中的发送区的状态会反映到网络中的其他 PLC 上，因此，数据可供通过 PLC 链接起来的所有 PLC 共享，且所有单元的数据都能同时完成更新。

PLC 网络的具体通信模式，取决于所选厂家的 PLC 类型。本项目选用 N:N 网络实现各工作站的数据通信，本项目只介绍 N:N 通信网络的基本特性和组网方法。

1. 安装和连接 N:N 通信网络

安装网络前，先断开电源。各站 PLC 插上 FX_{3U}-485-BD 通信板，它的外部尺寸、LED 显示、端子排列如图 5-1 所示。

系统的 N:N 链接网络，各站点间用屏蔽双绞线相连，如图 5-2 所示，接线时需注意终端站要接上 110Ω 的终端电阻（FX_{3U}-485-BD 通信板附件）。

连接网络时应注意：

（1）图 5-2 中，R 为终端电阻，在端子 RDA 和 RDB 之间连接终端电阻（110Ω）。

（2）将端子 SG 连接到可编程控制器主体的每个端子上，而主体用 100Ω 或更小的电阻接地。

（3）屏蔽双绞线的线径应在英制 AWG26～16 范围内，否则端子可能接触不良，不能确保正常的通信。连线时用压接工具把电缆插入端子中，如果连接不稳定，则通信会出现错误。

[1]—安装孔；

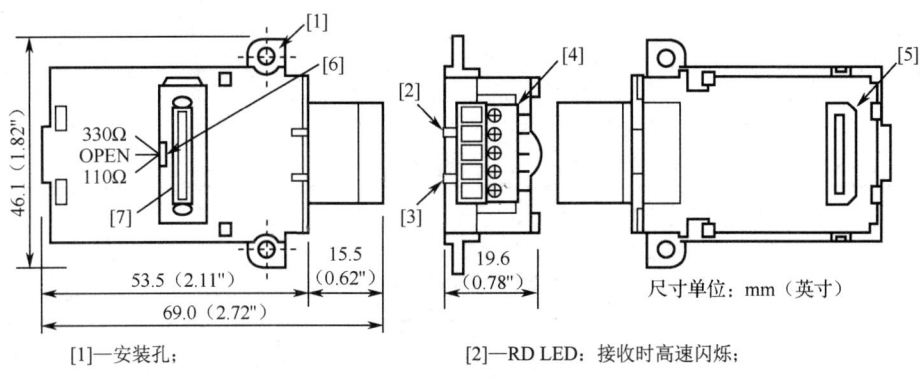

[2]—RD LED：接收时高速闪烁；

[3]—SD LED：发送时高速闪烁；

[4]—RS-485 单元接线端子台；

[5]—可编程控制器连接器；

[6]—终端电阻切换开关；

[7]—特殊调整连接器端盖。

图 5-1 FX_{3U}-485-BD 通信板的外部尺寸、LED 显示、端子排列

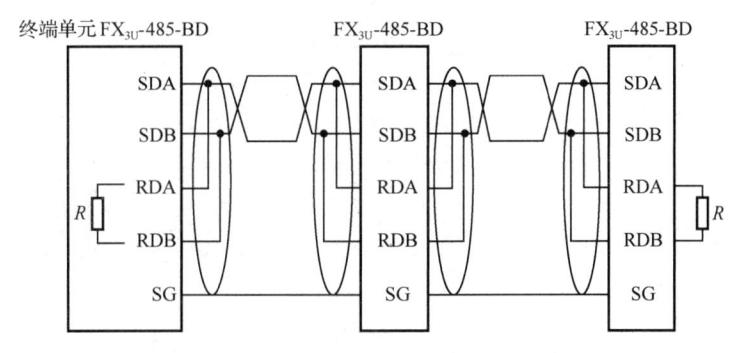

图 5-2 系统 PLC 链接网络

2. 组建 N∶N 通信网络

网络组建的基本概念和过程：FX 系列 PLC N∶N 通信网络的组建主要是对各站点 PLC 用编程方式设置网络参数实现的。FX 系列 PLC 规定了与 N∶N 网络相关的标志位（特殊辅助继电器）和存储网络参数及网络状态的特殊数据寄存器。当 PLC 为 FX_{3U} 时，特殊辅助继电器如表 5-1 所示，特殊数据寄存器如表 5-2 所示。

表 5-1 特殊辅助继电器

特性	辅助继电器	名　　称	功　　能	响应类型
R	M8038	N∶N 网络参数设定	通信参数设定的标志位。也可以作为确认有无 N∶N 网络程序的标志位。在顺控程序中不要置为 ON	M, L
R/W	M8179	通道设定	设定所使用的通信口的通道。在顺控程序中设定。不编程：通道1。有 OUT M8179 的程序：通道2	M, L
R	M8183	主站点的通信错误	当主站点产生通信错误时为 ON	L

续表

特性	辅助继电器	名 称	功 能	响应类型
R	M8184~M8190	从站点的通信错误	当从站点产生通信错误时为 ON	M，L
R	M8191	正在执行数据通信	当与其他站点通信时为 ON	M，L

注：R—只读；W—只写；M—主站点；L—从站点。

表 5-2 特殊数据寄存器

特性	数据寄存器	名称	功 能	响应类型
R	D8173	站点号	存储显示自己的站点号	M，L
R	D8174	从站点总数	存储显示从站点的总数	M，L
R	D8175	刷新范围	存储刷新范围	M，L
W	D8176	相应站号设定	N∶N网络设定使用时的站号。 主站设定为 0，从站设定为 1~7（初始值：0）	M，L
W	D8177	从站总数设定	设定从站的总站数。 从站的 PLC 中无须设定（初始值：7）	M
W	D8178	刷新范围设定	选择要相互进行通信的软元件点数的模式。 从站的 PLC 中无须设定（初始值：0）。 当混合有 FX_{0N}、FX_{1S} 系列 PLC 时，仅可以设定模式 0	M
R/W	D8179	重试次数	在重复指定的通信也没有响应的情况下，可以确认出错，以及其他站的出错。 从站的 PLC 中无须设定（初始值：3）	M
R/W	D8180	监视时间	设定用于判断通信异常的时间（50~2550ms）。 以 10ms 为单位进行设定。从站的 PLC 中无须设定（初始值：5）	M

注：R—只读；W—只写；M—主站点；L—从站点。

在 CPU 错误、程序错误或停止状态下，对每个站点处产生的通信错误不能计数。M8184~M8190 是从站的通信错误标志，第 1 从站用 M8184，第 2 从站用 M8185，…，第 7 从站用 M8190。

在 CPU 错误、程序错误或停止状态下，对自身站点处产生的通信错误不能计数。

在表 5-1 中，特殊辅助继电器 M8038（N∶N 网络参数设定继电器）用来设定 N∶N 网络参数。对于主站点，用编程方法设定网络参数，就是在程序开始的第 0 步（LD M8038），向特殊数据寄存器 D8176~D8180 中写入相应的参数，仅此而已。对于从站点，则更为简单，只需在第 0 步（LD M8038）向 D8176 中写入站点号即可。

设置主站的程序如图 5-3 所示。对此程序说明如下：

（1）编程时必须确保把此程序作为 N∶N 网络参数设定程序从第 0 步开始写入，在不属于此程序的任何指令或设备执行时结束。

（2）D8178 用于设定刷新范围，刷新范围指的是各站点的链接存储区，即选择要相互进行通信的软元件点数的模式。在从站点的编程中不需要此设定。根据网络中信息交换的数据量不同,可选择如表 5-3 所示模式 0、模式 1 或模式 2 三种。在每种模式下使用的元件被 N∶N 网络所有站点占用。

```
     M8038
0 ──┤├────[FNC 12 MOV  K0  D8176]   站点号设定:
                                      主站点设定为0

         ────[FNC 12 MOV  K2  D8177]   从站点的总数:2
                                        (设定范围:1~7)

         ────[FNC 12 MOV  K1  D8178]   刷新设置:
                                        模式1                从站点
                                        (设定范围:1~2)      不需要

         ────[FNC 12 MOV  K3  D8179]   重试次数设定:
                                        3(3次)

         ────[FNC 12 MOV  K6  D8180]   通信超时设置:
                                        6(60ms)
```

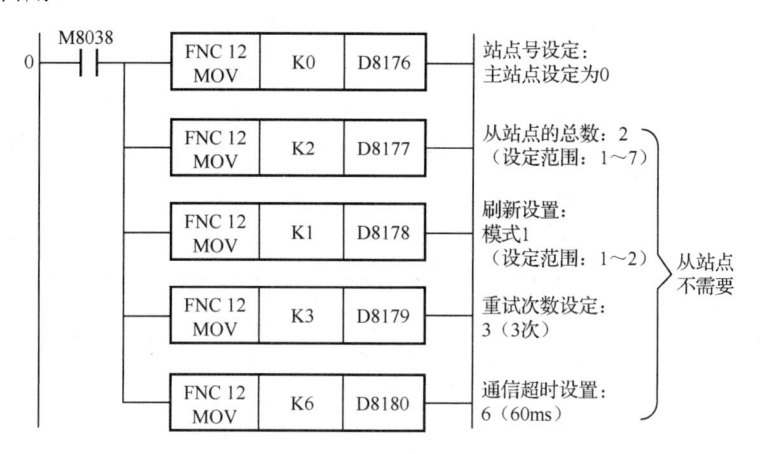

图 5-3 设置主站的程序

表 5-3 三种模式的软元件分配

站号		模式 0		模式 1		模式 2	
		位软元件(M)	字软元件(D)	位软元件(M)	字软元件(D)	位软元件(M)	字软元件(D)
		0 点	各站 4 点	各站 32 点	各站 4 点	各站 64 点	各站 8 点
主站	站号 0	—	D0~D3	M1000~M1031	D0~D3	M1000~M1063	D0~D7
从站	站号 1	—	D10~D13	M1064~M1095	D10~D13	M1064~M1127	D10~D17
	站号 2	—	D20~D23	M1128~M1159	D20~D23	M1128~M1191	D20~D27
	站号 3	—	D30~D33	M1192~M1223	D30~D33	M1192~M1255	D30~D37
	站号 4	—	D40~D43	M1256~M1287	D40~D43	M1256~M1319	D40~D47
	站号 5	—	D50~D53	M1320~M1351	D50~D53	M1320~M1383	D50~D57
	站号 6	—	D60~D63	M1384~M1415	D60~D63	M1384~M1447	D60~D67
	站号 7	—	D70~D73	M1448~M1479	D70~D73	M1448~M1511	D70~D77

在图 5-3 所示的程序里,D8178=1,即刷新范围设定为模式 1。这时每个站点占用 32 个位软元件,4 个字软元件作为链接存储区。在运行中,对于第 0 号站(主站点),发送到网络的开关量数据应写入位软元件 M1000~M1031 中,而发送到网络的数字量数据应写入字软元件 D0~D3 中,按照表 5-3 类推各站点。

(3)特殊数据寄存器 D8179 设定重试次数,设定范围为 0~10(初始值为 3),在从站点的编程中不需要此设定。如果一个主站点试图以此重试次数(或更高)与从站通信,此站点将发生通信错误。

(4)特殊数据寄存器 D8180 设定监视时间,设定范围为 5~255(初始值为 5),此值乘以 10ms 就是通信超时的持续驻留时间。

(5)对于从站点,网络参数只需设定站点号即可,例如 1 号站的设置,如图 5-4 所示。

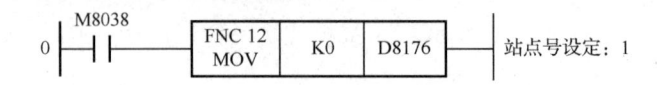

```
                FNC 12
  0 ─┤M8038├──  MOV    K0   D8176 ──── 站点号设定：1
```

图 5-4　从站点网络参数设定程序

如果网络上各站点 PLC 已完成网络参数的设定，则在完成网络连接后，再接通各 PLC 工作电源，通过观察选件设备中 LED 显示的状态，可以判断网络连接状况。RD、SD LED 显示状态情况如表 5-4 所示。

表 5-4　RD、SD LED 显示状态情况

LED 显示状态		运 行 状 态
RD	SD	
闪烁	闪烁	正在执行数据的发送/接收
闪烁	灯灭	正在执行数据的接收，但发送不成功
灯灭	闪烁	正在执行数据的发送，但接收不成功
灯灭	灯灭	数据发送和接收都不成功

当看到各站通信板上的 SD LED 和 RD LED 指示灯都出现点亮/熄灭交替的闪烁状态，说明 N∶N 网络已经组建成功。如果 RD LED 指示灯处于点亮/熄灭的闪烁状态，而 SD LED 没有点亮，这时需检查站点编号的设置、传输速率（波特率）和从站的总数等。

3. 各站 PLC 输入/输出分配

以 FX_{3U}-32MT PLC 作为主站，站号为 0，两台 FX_{3U}-32MR PLC 作为从站，站号分别为 1、2，各站 PLC 输入/输出分配表如表 5-5、表 5-6、表 5-7 所示。

表 5-5　FX_{3U}-32MT（#0）PLC 输入/输出分配表

输入信号			输出信号		
设备名称	代号	输入地址编号	设备名称	代号	输出地址编号
控制按钮一	SB1	X001	运行指示灯	HL1	Y001
控制按钮二	SB2	X002	运行指示灯	HL2	Y002

表 5-6　FX_{3U}-32MR（#1）PLC 输入/输出分配表

输入信号			输出信号		
设备名称	代号	输入地址编号	设备名称	代号	输出地址编号
			运行指示灯	HL1	Y000

表 5-7　FX_{3U}-32MR（#2）PLC 输入/输出分配表

输入信号			输出信号		
设备名称	代号	输入地址编号	设备名称	代号	输出地址编号
			运行指示灯	HL1	Y000

4. 各站 PLC 接线图

根据上述输入/输出分配，需要连接外部按钮和指示灯，主站外部接线图如图 5-5 所示，两个从站的接线图相同，如图 5-6 所示。

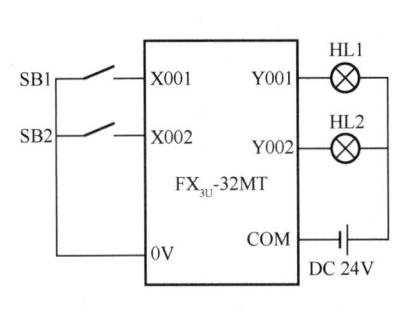

图 5-5 主站外部接线图

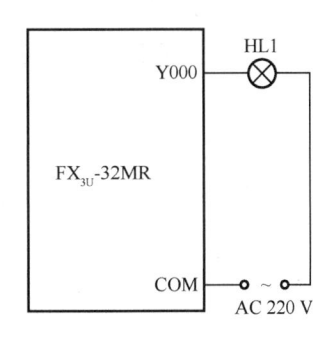

图 5-6 从站接线图

四、项目实施

1. 根据电路图连接线路

根据控制要求进行组网连接，各站 FX$_{3U}$-485-BD 通信板连接方式见图 5-2。

2. 编写主、从站点程序并调试运行

图 5-7 和图 5-8 分别给出了主站点和其中一个从站点的参考程序，选择刷新模式 1。程序中使用了站点通信错误标志位（特殊辅助继电器 M8183～M8185，见表 5-1），使用了区域软元件用于共用数据交换（见表 5-3）。当某从站发生通信故障时，不允许主站点从该从站点的网络元件中读取数据。使用站点通信错误标志位编程，对于确保通信数据的可靠性是有益的，有利于发现通信网络的问题。

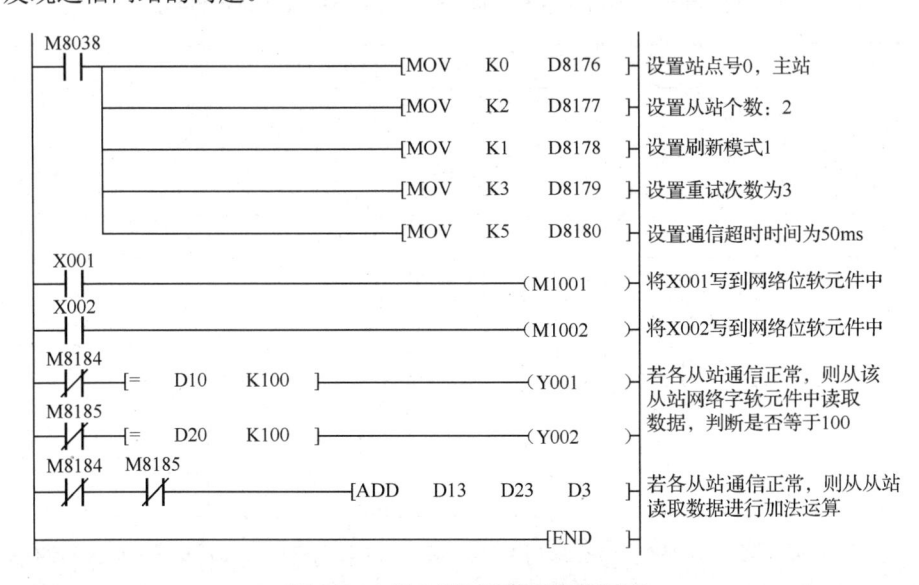

图 5-7 0 号主站网络读写参考程序

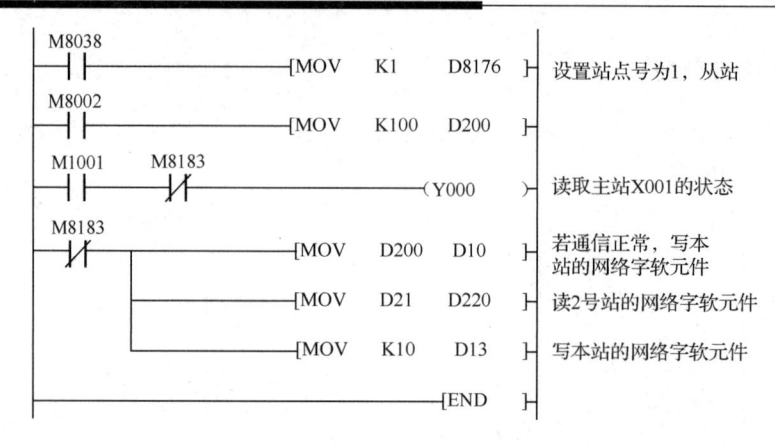

```
     M8038
     ─┤├──────────────────────[MOV  K1    D8176]    设置站点号为1,从站
     M8002
     ─┤├──────────────────────[MOV  K100  D200]
     M1001  M8183
     ─┤├────┤/├──────────────────────( Y000 )       读取主站X001的状态
     M8183
     ─┤/├─────────────────[MOV  D200  D10]          若通信正常,写本
                                                    站的网络字软元件
                        └──[MOV  D21   D220]        读2号站的网络字软元件
                        └──[MOV  K10   D13]         写本站的网络字软元件
                                                [END]
```

图 5-8 1号从站网络读写参考程序

在主站程序中,利用2条触点比较指令判断1号从站的D10和2号从站的D20传送来的值是否等于100,控制0号主站的Y001、Y002输出,由此控制2盏灯点亮;利用ADD加法指令将1号从站的D13和2号从站的D23相加,和保存到主站的D3中。1号从站程序中,D21用于存储2号从站的D250的数据,通过MOV指令传送到1号从站的D220中。2号从站的程序请读者自行编写。

编写完主站程序和从站程序后,在编程软件中进行监控,改变相关输入点和数据寄存器的状态,观察不同站的相关量的变化,观察现象是否符合任务要求,如果不符合,检查硬件和软件设置是否正确,修改后重新调试,直到满足要求为止。

3. 通信时间的概念

数据在网络上传输需要耗费时间,N:N网络是采用广播方式进行通信的,每完成一次刷新所需要的时间就是通信时间(单位:ms),网络中站点数越多,数据刷新范围越大,通信时间就越长。通信时间与网络中总站点数及通信设备刷新模式的关系如表5-8所示。

表5-8 通信时间与网络中总站点数及通信设备刷新模式的关系

总站点数	通信设备		
	模式0 位软元件:0点 字软元件:4点	模式1 位软元件:32点 字软元件:4点	模式2 位软元件:64点 字软元件:8点
2	18	22	34
3	26	32	50
4	33	42	66
5	41	52	83
6	49	62	99
7	57	72	115
8	65	82	131

为了确保网络通信的及时性,在编写与网络有关的程序时,需要根据网络上通信量的大小,选择合适的刷新模式。另一方面,在网络编程中,也常需考虑通信时间。

五、任务提升

利用一台 FX$_{3U}$-32MT 系列 PLC、两台 FX$_{3U}$-32MR 系列 PLC 和三块 FX$_{3U}$-485-BD 通信板实现三台 PLC 之间的通信，控制要求为：

（1）三台 PLC 之间用 FX$_{3U}$-485-BD 通信板连接，以 FX$_{3U}$-32MT 作为主站，站号为 0，两台 FX$_{3U}$-32MR 作为从站，站号分别为 1、2。

（2）按下 0 号主站的按钮 SB1，1 号站的两盏灯顺次点亮（间隔 5s），2 号站的两盏灯同时点亮；按下 0 号主站的按钮 SB2，1 号站和 2 号站的灯同时熄灭。

（3）将 0 号站的数据 50 送到 1 号站的 D100 中，将 0 号站的数据 100 送到 2 号站的 D200 中。

（4）1 号站的 D110 和 2 号站的 D220 相加，和保存到主站的 D150 中。

项目 5.2　基于 FX$_{3U}$-485-BD 的三菱 PLC 与 MCGS 触摸屏的通信

一、项目任务

利用 FX$_{3U}$-485-BD 通信板实现三菱 FX$_{3U}$ 系列 PLC 和 MCGS 触摸屏之间的通信，以 MCGS 触摸屏为终端、两台三菱 FX$_{3U}$ 系列 PLC 为控制对象进行通信，控制要求为：

（1）通过触摸屏上的输入框输入数字，作为两台 PLC 从站的定时器设定时间。

（2）按下触摸屏上的"启动按钮 1"，第一台 PLC 中的定时器按照触摸屏设定时间控制其 Y000 输出。按下触摸屏上的"启动按钮 2"，第二台 PLC 中的定时器按照触摸屏设定时间控制其 Y000 输出。按下触摸屏上的"停止按钮"，两台 PLC 中的 Y000 都断电停止。

（3）触摸屏上设有两台 PLC 的 Y000 指示灯，能够同步指示各台 PLC 的 Y000 的得失电情况。

（4）在操作过程中，计算机上的 PLC 编程软件能够监控第一台 PLC 的程序运行过程。

二、项目准备

FX$_{3U}$ 系列 PLC 两台、MCGS 触摸屏一块、FX$_{3U}$-485-BD 通信板两块、计算机、下载线、RS-485 通信线、接线工具。

三、项目分析

在项目 5.1 中，MCGS 触摸屏与三菱 FX 系列 PLC 是通过编程口通信的，在操作过程中，需要利用不同的通信线各自下载 PLC 程序和触摸屏画面，然后利用通信线连接触摸屏串口和 PLC 编程口，实现触摸屏和 PLC 的通信。通信线的插拔比较麻烦，频繁插拔对设备本身也会造成一定的损害，并且在运行过程中需要占用编程口，无法监控程序的运行，导致触摸屏和 PLC 整个通信过程极不方便。在本项目中，介绍一种较为方便的基于 FX$_{3U}$-485-BD 通信板的 PLC 和触摸屏通信方式，在通信过程中不需要插拔通信线，分别设置 PLC 参数和触摸屏组态参数后，各自下载程序和画面，即可实现通信，编程口也可用于程序运行过程中的监控与调试。

1. 安装和连接通信网络

在安装网络前,断开电源,在各站 PLC 上插上 FX$_{3U}$-485-BD 通信板。MCGS 触摸屏 COM 口默认为 COM2,采用 9 针串口与安装在 PLC 上的 FX$_{3U}$-485-BD 通信板相连。9 针串口根据引脚定义接成 RS-485 形式,如图 5-9 所示。

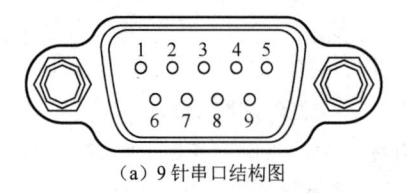

(a) 9 针串口结构图

COM2 (RS-485)	7	RS-485+
	8	RS-485-
	5	GND

(b) COM2 串口引脚定义

图 5-9 触摸屏串口结构及引脚定义

触摸屏和 PLC 之间各站点间用屏蔽双绞线相连,根据控制要求可以连接多台 PLC,连接方式如图 5-10 所示。

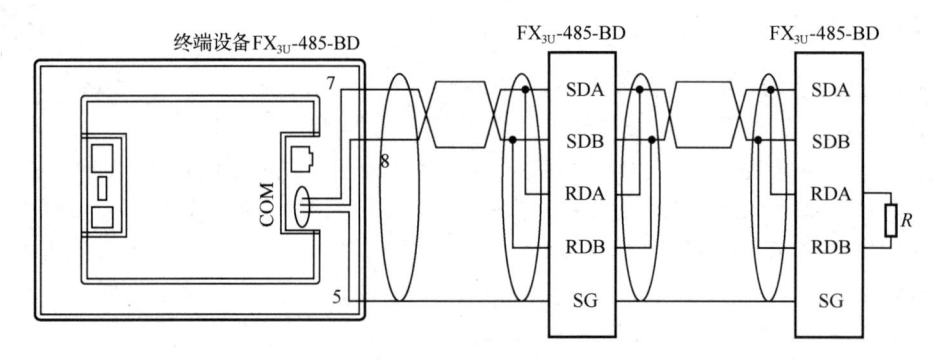

图 5-10 网络连接方式

2. 通信网络参数设置

(1) PLC 与 MCGS 触摸屏 RS-485 通信的参数设置

打开 GX Developer 编程软件,新建一个工程,在左侧工程数据列表中找到"参数",单击打开之后会出现"PLC 参数",如图 5-11 所示。双击"PLC 参数",弹出"FX 参数设置"对话框。

选择"PLC 系统(2)"选项卡,如图 5-12 所示,勾选"通信设置操作",下面的灰色菜单将变成可选的。在"协议"列表框中选择"专用协议通信","数据长度"为"7 位","H/W 类型"选择"RS-485","和数检查"和"奇偶"可任意选择,只要与 MCGS 触摸屏参数设置匹配就行。"停止位""传输速率""传送控制顺序"都采用默认选项。"站号设置"根据实际连线,第一台 PLC 设为

图 5-11 工程数据列表

00H,第二台 PLC 设为 01H,以此类推,此参数也要与触摸屏组态设置匹配。设置完成后单击"结束设置"按钮,PLC 的 RS-485 通信的参数设置便完成了,此后只需按照控制要求编写两台 PLC 的控制程序,利用 PLC 下载线下载到 PLC 中即可。

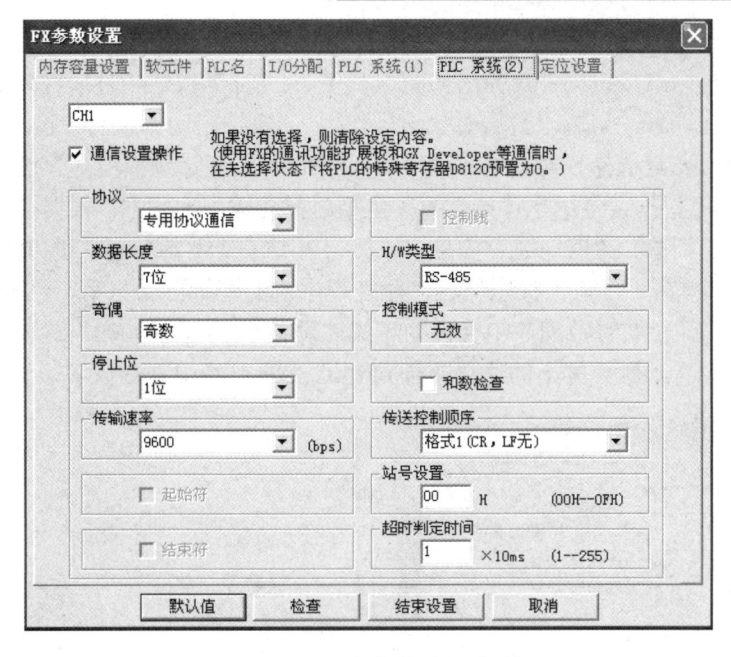

图 5-12 "FX 参数设置"对话框

（2）MCGS 触摸屏参数设置

采用 RS-485 串口通信，MCGS 触摸屏的设备窗口组态过程与项目 1.1 不同，需要采用三菱 FX 系列串口通信。打开设备窗口组态对话框，单击"设备工具箱"→"设备管理"，根据项目需要，加载三菱 FX 系列串口，系统默认为设备 0、设备 1 等，如图 5-13 所示。

双击通用"串口父设备 0"，弹出"通用串口设备属性编辑"对话框，此型号的 MCGS 触摸屏串口端口号为 COM2。"数据位位数"根据 PLC 参数设置选择"0-7 位"，"数据校验方式"根据上面的 PLC 参数设置，如果在 PLC 系统中"奇偶"设置为"奇数"，则此处也必须选择奇校验，如图 5-14 所示。设置完成后单击"确认"按钮保存设置。

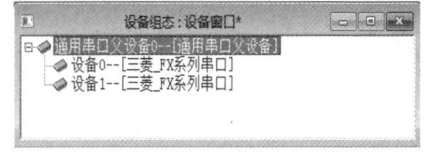

图 5-13 设备窗口组态设置

双击图 5-13 所示的"设备 0--[三菱_FX 系列串口]"，弹出设备编辑对话框，设置各台 PLC 的串口，如图 5-15 所示。"设备地址"根据实际情况设置，第一台 PLC 设为 0，第二台 PLC 设为 1，此设置跟 PLC 参数设置中的"站号设置"值相同；"协议格式"默认为协议 1，与 PLC 参数设置中的"传送控制顺序"默认的格式 1 相同；"是否校验"选择默认的不求校验，与 PLC 参数设置中的"和数检查"是否勾选有关；"PLC 类型"因为没有 FX_{3U} 选项，选择 FX_{2N} 也可通用。其他参数采用默认设置即可。

（3）MCGS 触摸屏变量定义

在模块一里介绍了先定义 MCGS 触摸屏中实时数据库变量，再将变量连接到各个构件，并在设备窗口中与 PLC 进行组态的方式，这种方式不适用于多个设备串口的通信。在采用多个设备串口通信时，MCGS 触摸屏变量的连接过程可以在构件的操作属性连接中直接选择和定义。例如，用 MCGS 触摸屏上的按钮控制第一台 PLC 中的 Y000 输出，设置过程如下：先在设备窗口中组态2个PLC串口，见图5-13；再新建一个用户窗口，并在用户窗口中新建一个标准按钮，双击标准按钮构件，弹出如图5-16所示“标准按钮构件属性设置”对话框，选择“操作属性”选项卡，勾选“数据对象值操作”，一般按钮动作设为“按1松0”；单击后面的问号，弹出“变量选择”对话框，如图5-17所示，“变量选择方式”选择“根据采集信息生成”，则下面“根据设备信息连接”的灰色菜单都变成可选状态；根据控制要求选择和定义采集设备、通道类型、通道地址等信息，如第一台PLC（设备0--[三菱_FX系列串口]）的M0辅助寄存器，单击“确认”按钮保存，此过程生成的变量自动与第一台PLC的内部软元件M0进行了组态。在实时数据库中会自动生成“设备0_读写M0000”这样一个变量，在设备窗口组态中也会看到触摸屏上的这个变量和PLC变量已经组态完成了，如图5-18所示。

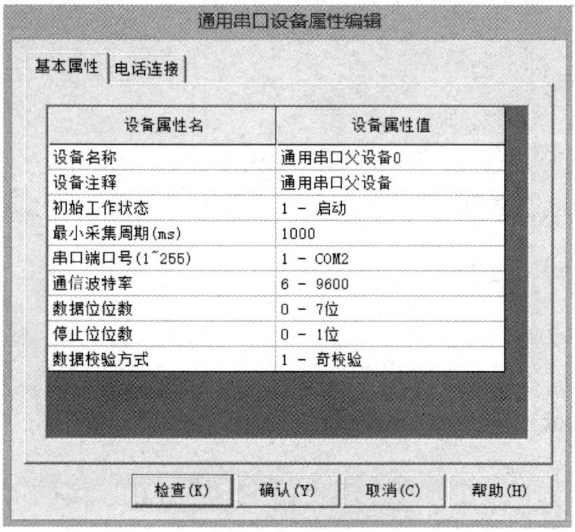

设备属性名	设备属性值
设备名称	通用串口父设备0
设备注释	通用串口父设备
初始工作状态	1 - 启动
最小采集周期(ms)	1000
串口端口号(1~255)	1 - COM2
通信波特率	6 - 9600
数据位位数	0 - 7位
停止位位数	0 - 1位
数据校验方式	1 - 奇校验

图5-14　通用串口设备基本属性设置

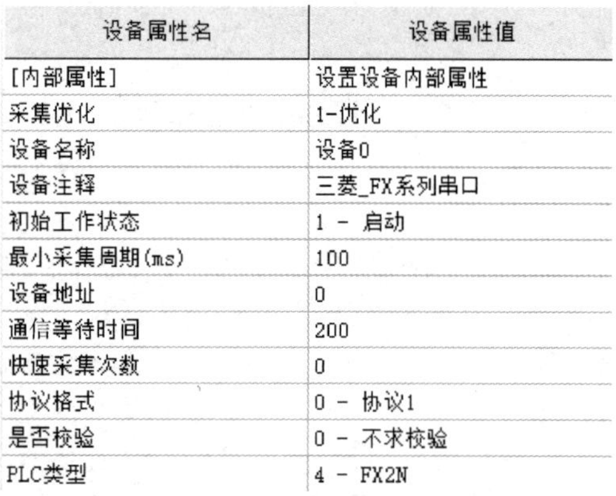

设备属性名	设备属性值
[内部属性]	设置设备内部属性
采集优化	1-优化
设备名称	设备0
设备注释	三菱_FX系列串口
初始工作状态	1 - 启动
最小采集周期(ms)	100
设备地址	0
通信等待时间	200
快速采集次数	0
协议格式	0 - 协议1
是否校验	0 - 不求校验
PLC类型	4 - FX2N

图5-15　FX系列PLC串口设置

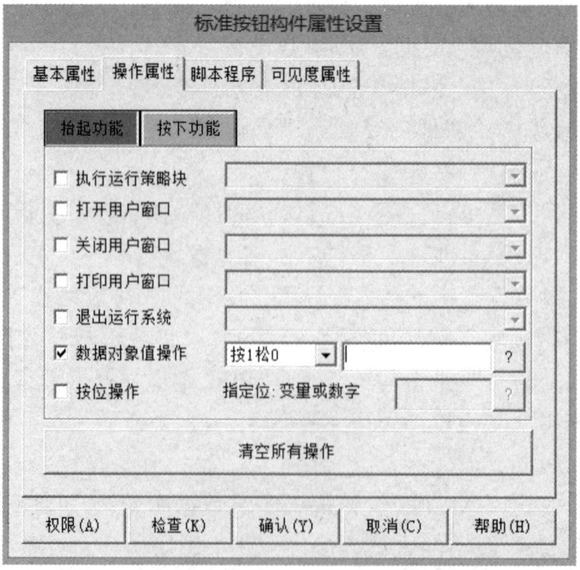

图5-16　“标准按钮构件属性设置”对话框中的“操作属性”变量连接

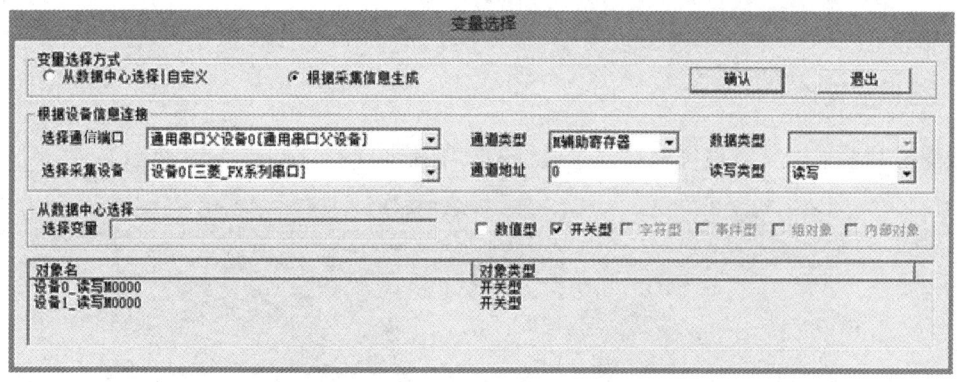

图 5-17 根据采集信息生成变量

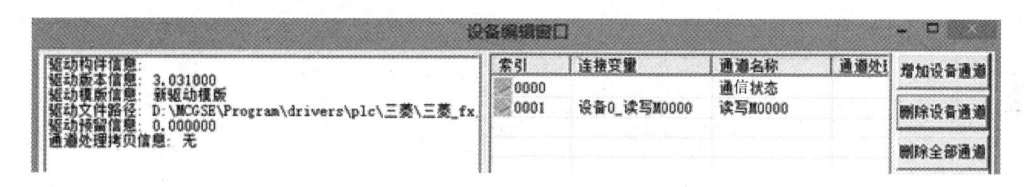

图 5-18 根据采集信息生成的变量连接

PLC 与 MCGS 触摸屏的连接参数设置完成后,触摸屏画面编辑和下载过程同项目 1.1。在参数设置正确的情况下,可以看到 FX_{3U}-485-BD 通信板上的 RD LED 和 SD LED 指示灯同时闪烁。如果设置完成后只有一个灯闪烁,或者均不闪烁,表示通信失败,可以尝试切断一下电源再通电刷新,如果依然没有通信成功,则需要重新查看参数是否设置正确。

3. 触摸屏与 PLC 组态的软元件分配

根据控制要求,输入信号为 3 个按钮和 1 个定时时间设定,都需要通过触摸屏设置;输出信号为 2 个指示灯,需要控制各站 PLC 输出硬件指示灯,同时在触摸屏上也能对应指示。触摸屏与 PLC 的软元件分配如表 5-9 所示。

表 5-9 触摸屏与 PLC 的软元件分配表

输入信号		输出信号	
触摸屏变量	PLC 组态变量	触摸屏变量	PLC 组态变量
启动按钮 1	设备 0_读写 M0000	指示灯 0	设备 0_读写 Y0000
启动按钮 2	设备 1_读写 M0000	指示灯 1	设备 1_读写 Y0000
停止按钮	M1		
定时设置	D0		

四、项目实施

1. 连接 PLC 与触摸屏

按照 FX_{3U}-485-BD 的通信方式连接 MCGS 触摸屏和 2 台 PLC,进行组网通信,连接方式见图 5-10。

2. 触摸屏设计

根据控制要求设置触摸屏参数，并进行触摸屏画面设计，如图 5-19 所示。

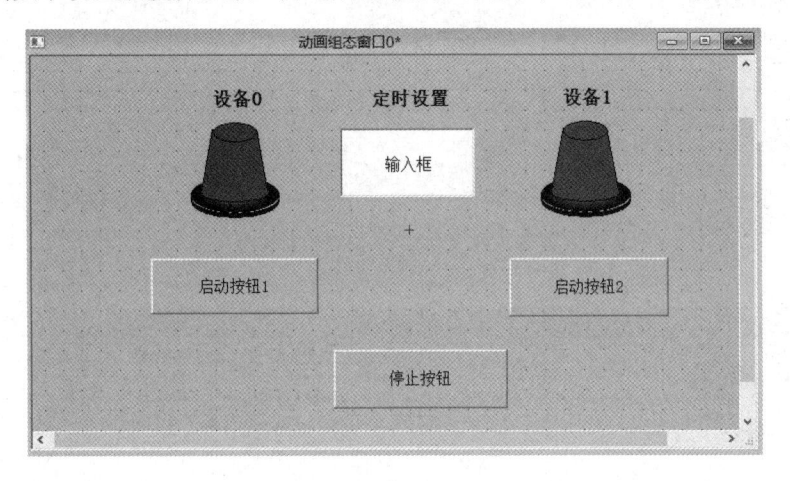

图 5-19　触摸屏画面设计

根据控制要求，生成的变量如图 5-20 所示，其中 4 个变量是根据采集信息生成方式生成的，直接与对应的 PLC 组态完成了，而定时和停止 2 个变量需要按照传统方式，分别与设备 0 和设备 1 中的 PLC 软元件进行组态，在操作时，触摸屏的定时数据和"停止按钮"能够同时与 2 台 PLC 交换数据。

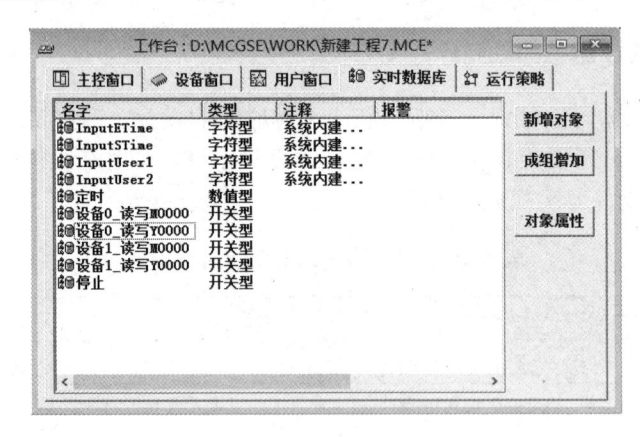

图 5-20　生成的变量

3. PLC 程序设计

根据 PLC 与触摸屏组态的软元件分配，设备 0 的 PLC 控制程序如图 5-21 所示。M0 为启动按钮，由触摸屏上的"启动按钮 1"控制，利用 M10 辅助继电器自锁，并控制 T0 定时器得电延时，延时时间由 D0 设定，由触摸屏上的输入框输入时间值并组态至 PLC 中的 D0，延时时间到，则触点 T0 动作控制 Y000 输出。M1 为停止按钮，由触摸屏上的"停止按钮"控制。第二台 PLC 控制程序类似。

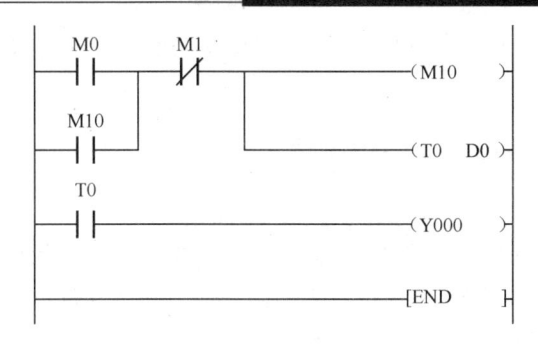

图 5-21 设备 0 的 PLC 控制程序

五、任务提升

利用 FX_{3U}-485-BD 通信板实现三菱 FX_{3U} 系列 PLC 和 MCGS 触摸屏之间的通信,以 MCGS 触摸屏为终端、两台三菱 FX_{3U} 系列 PLC 为控制对象进行通信,控制要求为:

(1) 按下触摸屏上的"启动按钮 1",能够控制第一台 PLC 的 Y000 按照 T0 定时器设定时间延时输出;每按一下触摸屏上的"启动按钮 2",能够控制第二台 PLC 的 C0 计数器加 1,当计数器值加到 5 时,控制其 Y000 输出;按下"停止按钮",能将上述 T0 和 C0 清零,并控制两台 PLC 的 Y000 同时断电停止。

(2) 触摸屏上设有两台 PLC 的 Y000 指示灯,能够同步指示各台 PLC 的 Y000 的得失电情况;设有 2 个显示框,能够显示第一台 PLC 的 T0 当前值和第二台 PLC 的 C0 当前值。

(3) 在操作过程中,计算机上的 PLC 编程软件能够监控第二台 PLC 程序运行过程。

项目 5.3　三菱 Q 系列 PLC 与 FX 系列 PLC 的 CC-Link 通信

一、项目任务

利用一台三菱 Q00U PLC、一台 FX_{3U}-MT PLC 和一台 FX_{3U}-MR PLC 实现远程设备站的 CC-Link 通信,控制要求为:三菱 Q 系列 PLC 的 X000 分别控制两台 FX 系列 PLC 的 Y000 同时输出,三菱 Q 系列 PLC 的 X001 分别控制两台 FX 系列 PLC 的 Y001 同时输出;两台 FX 系列 PLC 的 X000 都能控制三菱 Q 系列 PLC 的 Y020 输出,两台 FX 系列 PLC 的 X001 都能控制三菱 Q 系列 PLC 的 Y021 输出。

二、项目准备

三菱 Q 系列 PLC 一台、FX_{3U}-32MT PLC 一台、FX_{3U}-32MR PLC 一台、QJ61BT11 型 CC-Link 接口模块一块、FX_{2N}-32CCL 型 CC-Link 接口模块两块、计算机、下载线、RS-485 通信线、接线工具、导线若干。

三、项目分析

CC-Link 系统通过使用专用电缆将分散的 I/O 模块、特殊功能模块等连接起来,并通过 PLC 的 CPU 来控制这些相应模块的系统。CC-Link 能够实现简单的高速通信,并且能够节省配线,还可以和其他厂商的设备连接,使得系统更具灵活性。

本项目主站的 CC-Link 接口模块采用 QJ61BT11，从站的 CC-Link 接口模块采用 FX$_{2N}$-32CCL。

1. QJ61BT11 和 FX$_{2N}$-32CCL 模块概述

（1）QJ61BT11

QJ61BT11 是控制和通信链接系统主/本地模块，如图 5-22 所示。模块正常运行时，RUN 指示灯亮；作为主站运行时，MST 指示灯亮；作为备用站运行时，S MST 指示灯亮；正在进行数据链接时，L RUN 指示灯亮；数据正常发送和接收时，SD 和 RD 指示灯亮。

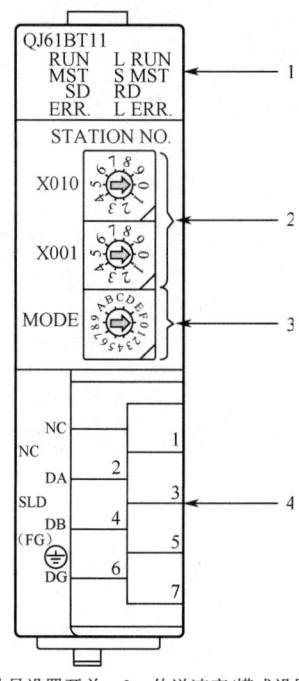

1—LED 显示；2—站号设置开关；3—传送速率/模式设置开关；4—接线端子

图 5-22 QJ61BT11 正视图

站号设置开关有 2 个，如图 5-23 所示，设置范围是 0～64，上侧开关设置值×10+下侧开关设置值×1=当前站号。设置为 0 时，该站为主站（默认设置）；设置为 1～64 时，该站为本地站或者备用主站。如果设置为 0～64 以外的数字，ERR 指示灯亮表示错误。传送速率/模式设置开关如图 5-24 所示，设置不同的数值对应不同的传送速率和模式，传送速率和运行模式设置如表 5-10 所示。

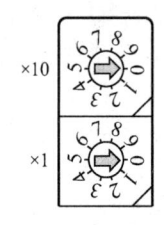

图 5-23 站号设置开关　　　　图 5-24 传送速率/模式设置开关

表 5-10　传送速率和运行模式设置

编　号	传送速率设置	模　　式
0	传送速率 156kbps	在线
1	传送速率 625kbps	
2	传送速率 2.5Mbps	
3	传送速率 5Mbps	
4	传送速率 10Mbps	
5	传送速率 156kbps	线路测试； 站号设置为 0 时：线路测试 1； 站号设置为 1~64 时：线路测试 2
6	传送速率 625kbps	
7	传送速率 2.5Mbps	
8	传送速率 5Mbps	
9	传送速率 10Mbps	
A	传送速率 156kbps	硬件测试
B	传送速率 625kbps	
C	传送速率 2.5Mbps	
D	传送速率 5Mbps	
E	传送速率 10Mbps	
F	不允许设置	

（2）FX_{2N}-32CCL

FX_{2N}-32CCL 可作为 CC-Link 的接口模块连接在 $FX_{1N}/FX_{2N}/FX_{2N}$-C/FX_{3U} 系列 PLC 上，它可作为 CC-Link 的一个远程设备站，采用屏蔽双绞电缆进行连接，通过使用 FROM/TO 指令对 FX_{2N}-32CCL 的缓冲存储器进行读/写操作与 PLC 进行通信，占用 FX 系列 PLC 中的 8 个 I/O 点数（包括输入和输出）。

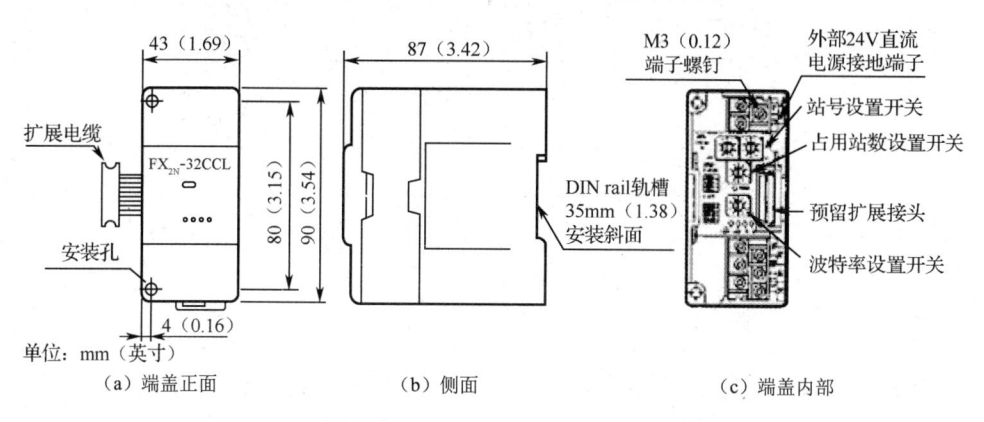

FX_{2N}-32CCL 外部尺寸和名称如图 5-25 所示。当 PLC 主单元供给 DC 5V 时，POWER 指示灯亮；当通信正常时，L RUN 指示灯亮；当发生通信故障，或者旋转开关设置不正确时，L ERR 指示灯亮；当数据接收和发送正常时，RD 和 SD 指示灯亮。

图 5-25　FX_{2N}-32CCL 外部尺寸和名称

FX$_{2N}$-32CCL 站号设置范围为 1~64，由 2 个旋转开关设置，如图 5-26 所示，左侧开关设置值×10+右侧开关设置值×1=当前站号。站数设置范围为 1~4，由 1 个旋转开关设置，如图 5-27 所示，远程软元件点数由站数决定。

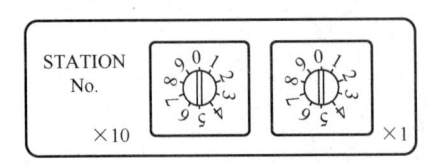

图 5-26 站号设置开关

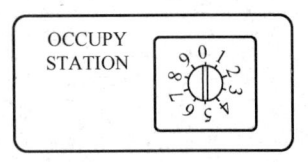

图 5-27 站数设置开关

传送速率和距离的关系如表 5-11 所示。传送速率通过波特率设置开关设置。

表 5-11 传送速率和距离的关系表

波特率设置开关	设置	传送速率	距离
BRATE	4	10Mbps	100m
	3	5Mbps	150m
	2	2.5Mbps	200m
	1	625kbps	600m
	0	156kbps	1200m

2. FX$_{2N}$-32CCL 和 QJ61BT11 连接

（1）连线

采用双绞屏蔽电缆将 2 个 FX$_{2N}$-32CCL 和 QJ61BT11 连接起来，如图 5-28 所示，FX$_{2N}$-32CCL 拥有两个 DA 端子和两个 DB 端子，其主要作用是方便连接下一个站点。将各站的 DA 与 DA 端子，DB 与 DB 端子，DG 与 DG 端子分别进行连接，将每站的 SLD 端子与双绞屏蔽电缆的屏蔽层相连。各站点的连线可从任一站点进行连接，与站编号无关。当 FX$_{2N}$-32CCL 作为最终站时，在 DA 和 DB 端子上接一个终端电阻。

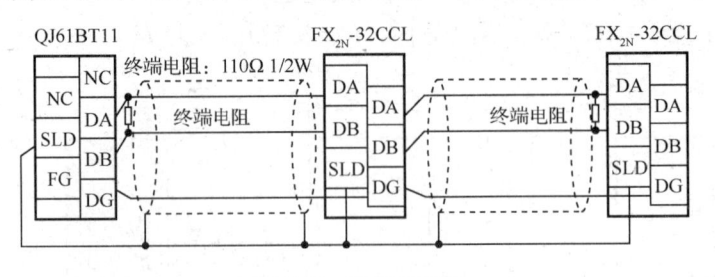

图 5-28 通信线连接

（2）远程点数和远程编号列表

在 FX$_{2N}$-32CCL 中，远程点数由所选的站数（1~4）决定。每站远程点数为 32 个远程输入点和 32 个远程输出点，但最终站的高 16 点作为系统区由 CC-Link 系统专用。每站的远程寄存器数为 4 个 RW 读入点区域和 4 个 RW 写出点区域，如表 5-12 所示。

表 5-12 远程输入/输出及寄存器分配表

站 数	类 型	远程输入	远程输出	写远程寄存器	读远程寄存器
1	用户区	RX00~RX0F（16 个点）	RY00~RY0F（16 个点）	RWr0~RWr3（4 个点）	RWw0~RWw3（4 个点）
1	系统区	RX10~RX1F（16 个点）	RY10~RY1F（16 个点）	—	—
2	用户区	RX00~RX2F（48 个点）	RY00~RY2F（48 个点）	RWr0~RWr7（8 个点）	RWw0~RWw7（8 个点）
2	系统区	RX30~RX3F（16 个点）	RY30~RY3F（16 个点）	—	—
3	用户区	RX00~RX4F（80 个点）	RY00~RY4F（80 个点）	RWr0~RWrB（12 个点）	RWw0~RWwB（12 个点）
3	系统区	RX50~RX5F（16 个点）	RY50~RY5F（16 个点）	—	—
4	用户区	RX00~RX6F（112 个点）	RY00~RY6F（112 个点）	RWr0~RWrF（16 个点）	RWw0~RWwF（16 个点）
4	系统区	RX70~RX7F（16 个点）	RY70~RY7F（16 个点）	—	—

（3）缓冲存储器（BFM）的分配

FX_{2N}-32CCL 接口模块通过由 16 位 RAM 存储支持的内置缓冲存储器（BFM）在 FX 系列 PLC 与 CC-Link 系统主站之间传送数据。缓冲存储器由专用写存储器和专用读存储器组成，编号 0~31 被分配给每种缓冲存储器。通过 TO 指令，FX 系列 PLC 可将数据从 FX 系列 PLC 写入专用写存储器中，然后将数据传送给主站。通过 FROM 指令，FX 系列 PLC 可从专用读存储器中将主站传来的数据读出传输到 FX 系列 PLC 中。

① 专用读缓冲存储器。

专用读缓冲存储器用于将主站的数据传送到 FX 系列 PLC 中。主站写进来的数据及 FX_{2N}-32CCL 的系统信息被保存在这里，FX 系列 PLC 可以通过 FROM 指令将专用读缓冲存储器中的内容读出，专用读缓冲存储器分配表如表 5-13 所示。

缓冲存储器 BFM#0~#7（远程输出 RY00~RY7F）：16 个远程输出点 RYX0~RYXF 被分配给由 16 位组成的每个缓冲存储器的 b0~b15 位。每位的 ON/OFF 状态信息表示主单元写给 FX_{2N}-32CCL 的远程输出内容，FX 系列 PLC 通过 FROM 指令将这些信息读入 PLC 中。在 FX_{2N}-32CCL 中，远程输出的点数范围（RY00~RY7F）取决于选择的站数（1~4）。最终站的高 16 点作为系统区由 CC-Link 系统专用，不可作为用户区使用。例如：用 FROM 指令将 BFM#0 的内容读到 M0~M15 中，并控制驱动电路，如图 5-29 所示。

缓冲存储器 BFM#8~#23（远程寄存器 RWw0~RWwF）：为每个缓冲存储器指向分配一个编号为 RWw0~RWwF 的远程寄存器。这里缓冲存储器里存的信息是主单元给 FX_{2N}-32CCL 的有关远程寄存器的内容。FX 系列 PLC 通过 FROM 指令将这些信息读进 PLC 的位或字元件中。在 FX_{2N}-32CCL 中，远程寄存器（RWw0~RWwF）取决于选择的站数（1~4）。例如：

用 FROM 指令将 BFM#8～BFM#23 的内容读到 FX 系列 PLC 的 D0～D15 中，并用于后续 FX 系列 PLC 程序控制，如图 5-30 所示。

表 5-13 专用读缓冲存储器分配表

BFM 编号	说明	BFM 编号	说明
#0	远程输出 RY00～RY0F（设定站）	#16	远程寄存器 RWw8（设定站+2）
#1	远程输出 RY10～RY1F（设定站）	#17	远程寄存器 RWw9（设定站+2）
#2	远程输出 RY20～RY2F（设定站+1）	#18	远程寄存器 RWwA（设定站+2）
#3	远程输出 RY30～RY3F（设定站+1）	#19	远程寄存器 RWwB（设定站+2）
#4	远程输出 RY40～RY4F（设定站+2）	#20	远程寄存器 RWwC（设定站+3）
#5	远程输出 RY50～RY5F（设定站+2）	#21	远程寄存器 RWwD（设定站+3）
#6	远程输出 RY60～RY6F（设定站+3）	#22	远程寄存器 RWwE（设定站+3）
#7	远程输出 RY70～RY7F（设定站+3）	#23	远程寄存器 RWwF（设定站+3）
#8	远程寄存器 RWw0（设定站）	#24	波特率设定值
#9	远程寄存器 RWw1（设定站）	#25	通信状态
#10	远程寄存器 RWw2（设定站）	#26	CC-Link 模块代码
#11	远程寄存器 RWw3（设定站）	#27	本站的编号
#12	远程寄存器 RWw4（设定站+1）	#28	占用站数
#13	远程寄存器 RWw5（设定站+1）	#29	出错代码
#14	远程寄存器 RWw6（设定站+1）	#30	FX 系列模块代码
#15	远程寄存器 RWw7（设定站+1）	#31	保留

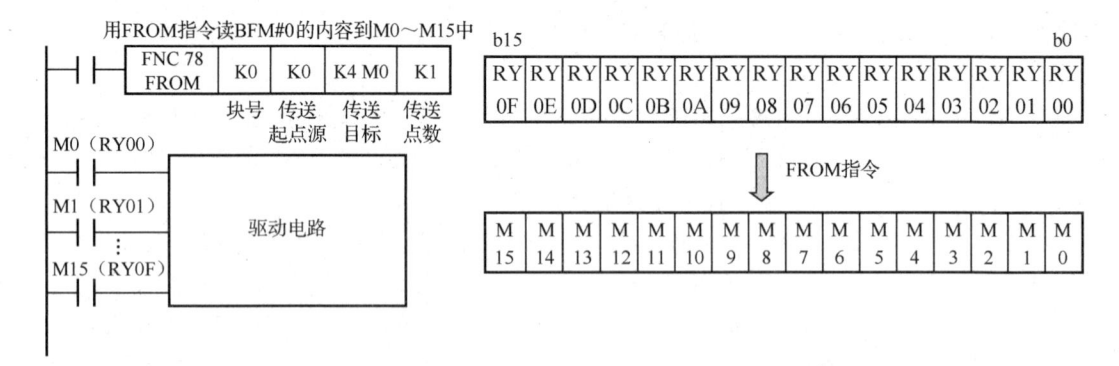

图 5-29 用 FROM 指令将 BFM#0 的内容读到 M0～M15 中

② 专用写缓冲存储器。

专用写缓冲存储器用于将 FX 系列 PLC 数据传送到主站中，FX 系列 PLC 写给主站的内容被保存在这里，FX 系列 PLC 可以通过 TO 指令将 PLC 中的数据内容写入，专用写缓冲存储器分配表如表 5-14 所示。

BFM No.	RWw No.		PLC 数据寄存器
#8	0		D0
#9	1		D1
#10	2		D2
#11	3		D3
#12	4		D4
#13	5		D5
#14	6	FROM指令	D6
#15	7	→	D7
#16	8		D8
#17	9		D9
#18	A		D10
#19	B		D11
#20	C		D12
#21	D		D13
#22	E		D14
#23	F		D15

用FROM指令读BFM#8～#23到D0～D15

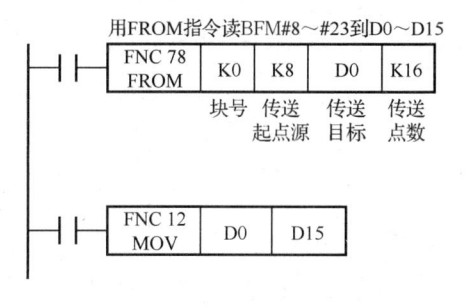

┤├	FNC 78 FROM	K0	K8	D0	K16
		块号	传送起点源	传送目标	传送点数

┤├	FNC 12 MOV	D0	D15

图 5-30 用 FROM 指令将 BFM#8～BFM#23 的内容读到 D0～D15 中

表 5-14 专用写缓冲存储器分配表

BFM 编号	说明	BFM 编号	说明
#0	远程输入 RX00～RX0F（设定站）	#16	远程寄存器 RWr8（设定站+2）
#1	远程输入 RX10～RX1F（设定站）	#17	远程寄存器 RWr9（设定站+2）
#2	远程输入 RX20～RX2F（设定站+1）	#18	远程寄存器 RWrA（设定站+2）
#3	远程输入 RX30～RX3F（设定站+1）	#19	远程寄存器 RWrB（设定站+2）
#4	远程输入 RX40～RX4F（设定站+2）	#20	远程寄存器 RWrC（设定站+3）
#5	远程输入 RX50～RX5F（设定站+2）	#21	远程寄存器 RWrD（设定站+3）
#6	远程输入 RX60～RX6F（设定站+3）	#22	远程寄存器 RWrE（设定站+3）
#7	远程输入 RX70～RX7F（设定站+3）	#23	远程寄存器 RWrF（设定站+3）
#8	远程寄存器 RWr0（设定站）	#24	未定义（禁止写）
#9	远程寄存器 RWr1（设定站）	#25	未定义（禁止写）
#10	远程寄存器 RWr2（设定站）	#26	未定义（禁止写）
#11	远程寄存器 RWr3（设定站）	#27	未定义（禁止写）
#12	远程寄存器 RWr4（设定站+1）	#28	未定义（禁止写）
#13	远程寄存器 RWr5（设定站+1）	#29	未定义（禁止写）
#14	远程寄存器 RWr6（设定站+1）	#30	未定义（禁止写）
#15	远程寄存器 RWr7（设定站+1）	#31	保留

缓冲存储器 BFM#0～#7（远程输出 RX00～RX7F）：16 个远程输出点 RXX0～RXXF 被分配给由 16 位组成的每个缓冲存储器的 b0～b15 位。每位的 ON/OFF 状态信息表示主单元读取 FX$_{2N}$-32CCL 的远程输出内容。FX 系列 PLC 通过 TO 指令将这些信息写入缓冲存储器的位元件中。在 FX$_{2N}$-32CCL 中，远程输出的点数范围（RX00～RX7F）取决于选择的站数（1～4）。最终站的高 16 点作为系统区由 CC-Link 系统专用，不可作为用户区使用。例如：将 FX 系列 PLC 的 M100～M115 的 ON/OFF 状态送到 BFM#0 的 b0～b15 中，如图 5-31 所示。

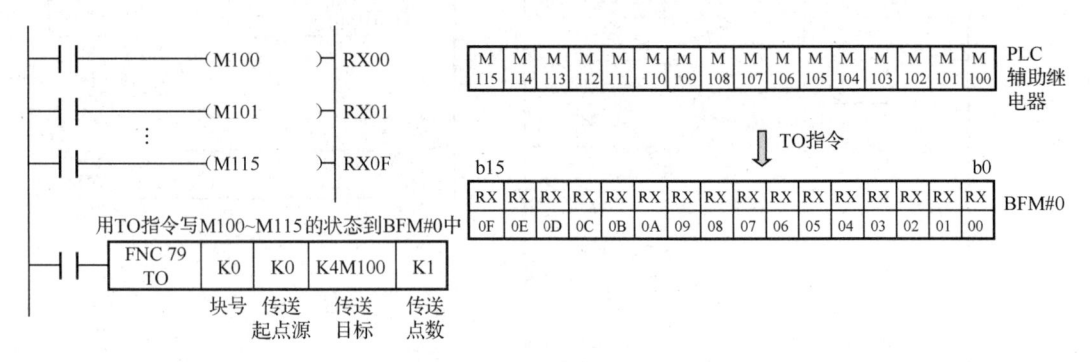

图 5-31 用 TO 指令写 M100～M115 的状态到 BFM#0 中

缓冲存储器 BFM#8～#23（远程寄存器 RWr0～RWrF）：为每个缓冲存储器指向分配一个编号为 RWr0～RWrF 的远程寄存器。这里缓冲存储器里存的信息是主单元读取 FX$_{2N}$-32CCL 的有关远程寄存器的内容。FX 系列 PLC 通过 TO 指令将这些信息写入缓冲存储器的字元件中。在 FX$_{2N}$-32CCL 中，远程寄存器（RWr0～RWrF）取决于选择的站数（1～4）。例如：将 FX 系列 PLC 的 D100～D115 内容写到 BFM#8～BFM#23 中，如图 5-32 所示。

图 5-32 用 TO 指令写 D100～D115 的内容到 BFM#8～BFM#23 中

3. 各站 PLC 输入/输出分配

将三菱 Q 系列 PLC 设为 0 号主站；将 FX_{3U}-32MT PLC 设为 1 号从站，站点数设为 4；将 FX_{3U}-32MR PLC 设为 5 号从站，站点数也设为 4。根据控制要求，各站输入/输出分配表分别如表 5-15、表 5-16、表 5-17 所示。

表 5-15 Q00U PLC（#0）输入/输出分配表

输入信号			输出信号		
设备名称	代号	输入地址编号	设备名称	代号	输出地址编号
控制按钮一	SB1	X000	运行指示灯	HL1	Y020
控制按钮二	SB2	X001	运行指示灯	HL2	Y021

表 5-16 FX_{3U}-32MT（#1） PLC 输入/输出分配表

输入信号			输出信号		
设备名称	代号	输入地址编号	设备名称	代号	输出地址编号
控制按钮一	SB1	X000	运行指示灯	HL1	Y000
控制按钮二	SB2	X001	运行指示灯	HL2	Y001

表 5-17 FX_{3U}-32MR（#5） PLC 输入/输出分配表

输入信号			输出信号		
设备名称	代号	输入地址编号	设备名称	代号	输出地址编号
控制按钮一	SB1	X000	运行指示灯	HL1	Y000
控制按钮二	SB2	X001	运行指示灯	HL2	Y001

4. 各站 PLC 接线图

根据上述输入/输出分配，需要连接外部按钮和指示灯，各站 PLC 接线图如图 5-33、图 5-34、图 5-35 所示。

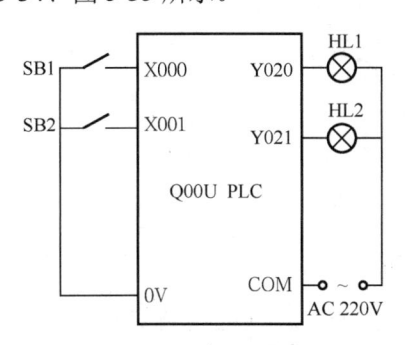

图 5-33 三菱 Q 系列 PLC 接线图

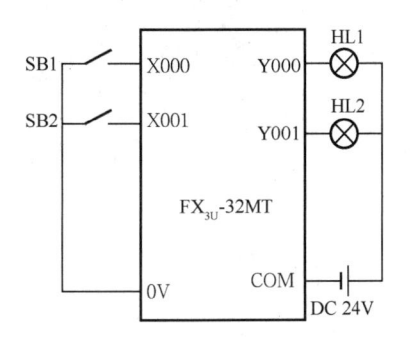

图 5-34 FX_{3U}-32MT PLC 接线图

四、项目实施

（1）将 QJ61BT11 模块安装在三菱 Q 系列 PLC 上，设为主站（0 号站），传送速率/模式设置为 4（传送速率 10Mbps，在线）。将一个 FX_{2N}-32CCL 安装在 FX_{3U}-32MT PLC 上，站号设为 1，站点数设为 4；将另一个 FX_{2N}-32CCL 安装在 FX_{3U}-32MR PLC 上，站号设为 5，站点数设为 4。根据 CC-Link 通信方式用双绞屏蔽电缆连接 QJ61BT11 模块和 2 个 FX_{2N}-32CCL 模块，见图 5-28。

（2）三菱 Q 系列 PLC 和 FX 系列 PLC 进行通信需要在 Q 系列 PLC 里组态，而在 FX 系列 PLC 里只需要用 FROM/TO 指令即可读/写输入/输出或者数据。Q00U PLC 参数设置步骤如下：

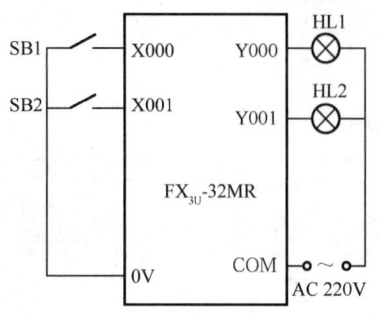

图 5-35　FX_{3U}-32MR PLC 接线图

① 打开 GX Developer 编程软件，创建一个 Q00U PLC 工程，进入编程界面。先组态 PLC 参数，在左侧工程数据列表中选择"参数"下面的"PLC 参数"，如图 5-36 所示。

② 双击"PLC 参数"进入参数设置对话框，单击"I/O 分配"选项卡，单击"读取 PLC 数据"按钮，然后在"输入"类型的"起始 XY"栏输入 0000，即输入信号起始地址从 X000 开始；在"输出"类型的"起始 XY"栏输入 0020，即输出信号起始地址从 Y020 开始；在"智能"类型的"起始 XY"栏采用默认的 00A0，如图 5-37 所示。

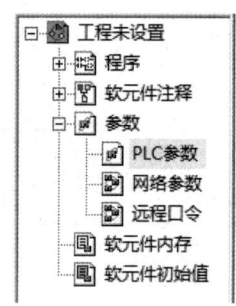

图 5-36　工程数据列表

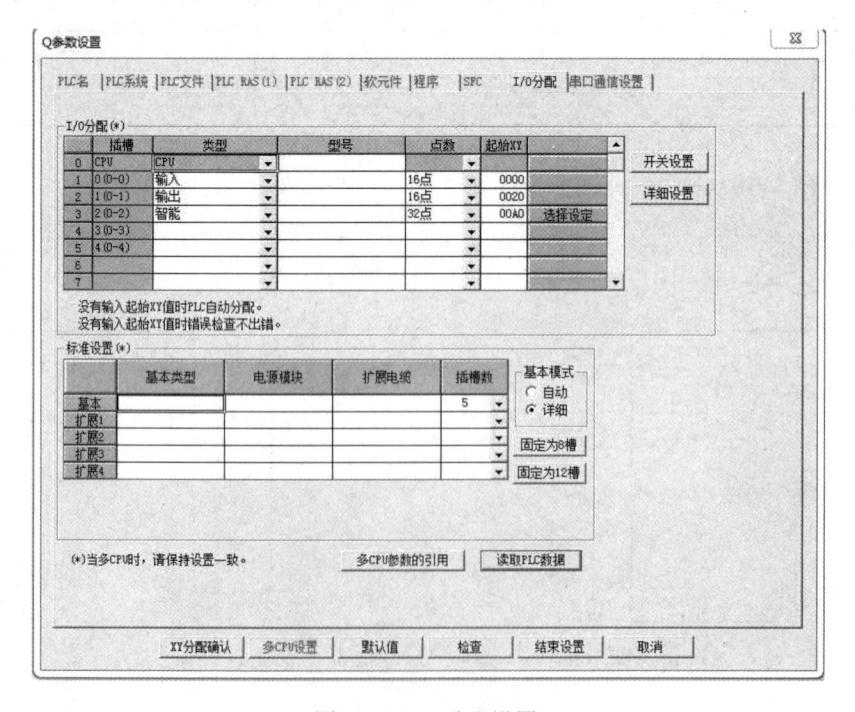

图 5-37　I/O 分配设置

③ 单击"检查"按钮,确认无误后,单击"结束设置"按钮保存。双击工程数据列表中的"网络参数",出现如图 5-38 所示信息,选择"CC-Link"。

④ 组态"网络参数"里的数值,如图 5-39 所示。根据项目要求设置"总连接个数",最多为 64。"远程输入(RX)刷新软元件""远程输出(RY)刷新软元件""远程寄存器(RWr)刷新软元件""远程寄存器(RWw)刷新软元件"分配的点数根据站数(1~4)来设定。如本项目中有 2 个远程设备站,则总连接个数设为 2,所有软元件按照最大站数 4 来分配,这样可以确保使用时不出错。根据表 5-9 所示的站点数,可以分配的 PLC 软元件如表 5-18 所示。将主站分配的软元件首地址填入网络参数设置中。站信息根据实际情况设置,如果总连接个数为 2,在站信息中会出现 2 行设置信息,如图 5-40 所示,"站点类型"选择"远程设备站",每站"占有站数"按照最大值 4 设置,则"远程站点数"自动分配为最大"128 点",单击"检查"按钮确认无误后再单击"结束设置"按钮保存。

图 5-38 网络参数组态

图 5-39 网络参数设置

表 5-18 可以分配的 PLC 软元件

	Q 系列 PLC(主站)	FX$_{3U}$-32MT(第一个远程设备站,占用 4 个站点)	FX$_{3U}$-32MR(第二个远程设备站,占用 4 个站点)
远程输入 RX 刷新软元件	M0~M255	M0~M127	M128~M255
远程输出 RY 刷新软元件	M256~M511	M256~M383	M384~M511
远程寄存器 RWr 刷新软元件	D0~D31	D0~D15	D16~D31
远程寄存器 RWw 刷新软元件	D32~D63	D32~D47	D48~D63

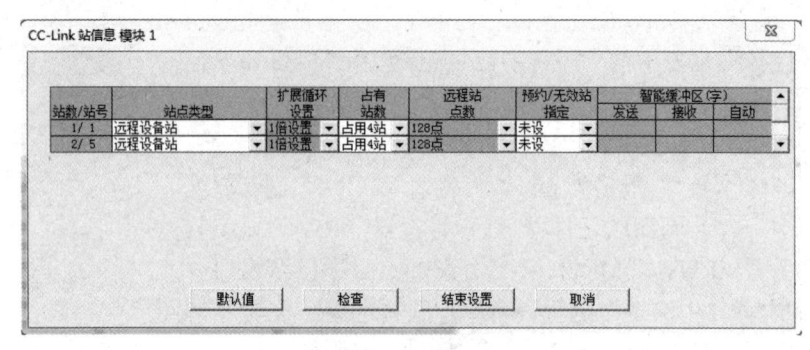

图 5-40　站信息设置

⑤ "网络参数"组态完后,单击"检查"按钮确认无误后再单击"结束设置"按钮保存 PLC 的通信组态设置。

(3) PLC 程序编制。

① Q 系列 PLC 程序编制。

根据项目任务,主站的 X000 状态传送给远程输出刷新软元件 M256（第一个远程设备站占用）和 M384（第二个远程设备站占用）,系统 BFM#0 用于 2 个从站控制 Y000 输出。主站的 X001 状态传送给远程输出刷新软元件 M257（第一个远程设备站占用）和 M385（第二个远程设备站占用）,用于 2 个从站控制 Y001 输出。M0 和 M128 分别来自于 2 个远程设备站的远程输入信号,控制 Y020 输出。M1 和 M129 也是来自于 2 个远程设备站的远程输入信号,控制 Y021 输出。0 号主站 PLC 程序如图 5-41 所示。

② FX 系列 PLC 程序编制。

根据主站的程序,M256 和 M257 的状态信息寄存在专用读缓冲存储器 BFM#0 中,表示主站写给 FX_{2N}-32CCL 的远程输出内容,FX 系列 PLC 通过 FROM 指令将这些信息读入从站的软元件中控制 Y000 和 Y001 输出。从站的 X000 和 X001 状态控制 M0 和 M1 的输出,FX 系列 PLC 通过 TO 指令将信息写入专用写缓冲存储器 BFM#0 中,每位的 ON/OFF 状态信息由主站读取 FX_{2N}-32CCL 的远程输出内容。1 号从站 PLC 程序如图 5-42 所示。

图 5-41　0 号主站 PLC 程序

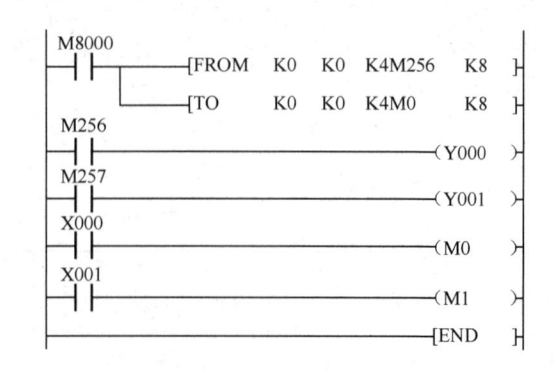

图 5-42　1 号从站 PLC 程序

第二个 FX 系列 PLC 远程设备站的程序请读者自行编制。

五、任务提升

利用一台三菱 Q00U PLC、一台 FX$_{3U}$-MT PLC 和一台 FX$_{3U}$-MR PLC 实现远程设备站的 CC-Link 通信，控制要求为：三菱 Q 系列 PLC 的 X000 作为启动信号控制 FX$_{3U}$-MT PLC 的 Y000 输出，当 FX$_{3U}$-MT PLC 的 Y000 输出 5s 后控制 FX$_{3U}$-MR PLC 的 Y000 输出；三菱 Q 系列 PLC 的 X001 作为停止信号控制两台 FX 系列 PLC 的 Y000 都断电停止。

综合训练——定长切料控制系统

一、项目任务

利用 FX$_{3U}$-485-BD 通信板实现一台 FX$_{3U}$-32MT PLC、两台 FX$_{3U}$-32MR PLC 和一块 MCGS 触摸屏的组网通信，控制定长切料系统的 4 台电动机运行：进料电动机 M1、滑台电动机 M2、锯片电动机 M3、正品传送带电动机 M4，PLC 之间以 N:N 方式通信，控制要求如下：

（1）以 FX$_{3U}$-32MT PLC 为主站，MCGS 触摸屏连接到系统主站 PLC 上，触摸屏和 PLC 之间通过 RS-485 串口通信。两台 FX$_{3U}$-32MR PLC 为从站，分别为 1 号站、2 号站。

（2）进料电动机 M1 和滑台电动机 M2 由主站 PLC 控制。进料电动机为三相异步电动机，通过变频器实现 2 段速度控制，滑台电动机为伺服电机，直线导轨的螺距为 4mm，要求伺服电机能进行正反转，且伺服电机参数设置为 1000ppr。

（3）锯片电动机 M3 由 1 号从站 PLC 控制，为双速电动机，能实现△-YY 自动切换运行，切换时间为 3s。正品传送带电动机 M4 由 2 号从站 PLC 控制，为三相异步电动机（带速度继电器），只进行单向正转运行。

（4）定长切料系统的工艺过程如下：按下启动按钮后，首先进料电动机启动，带动工料连续送出，当工料检测传感器检测到工料时，系统开始计算工料的长度。当工料达到切割长度时，滑台电动机启动，带动工作滑台向右跟随工料同步运行，同时压紧气缸开始工作将工料压紧，锯片电动机带动锯片开始旋转（压紧气缸与锯片均固定在工作滑台上）。当锯片电动机完成三角形-双星形切换后，切割气缸伸出开始切料；工料被切断后，压紧气缸缩回，而后切割气缸开始缩回。当切割气缸和压紧气缸缩回原位后，启动正品传送带电动机，5s 后将正品工料运出。同时锯片电动机停止工作，滑台电动机带动工作滑台向左回到原点，至此一次切料完成。再次按下启动按钮，进行下一次工艺过程。定长切料系统结构示意图如图 5-43 所示。

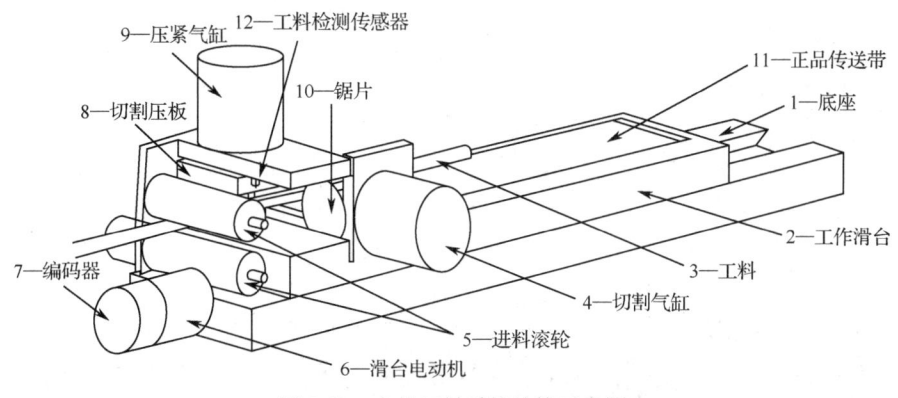

图 5-43 定长切料系统结构示意图

（5）在触摸屏上能够进行参数设置、显示各台电动机的运行状态等，触摸屏参考画面如图 5-44 所示。

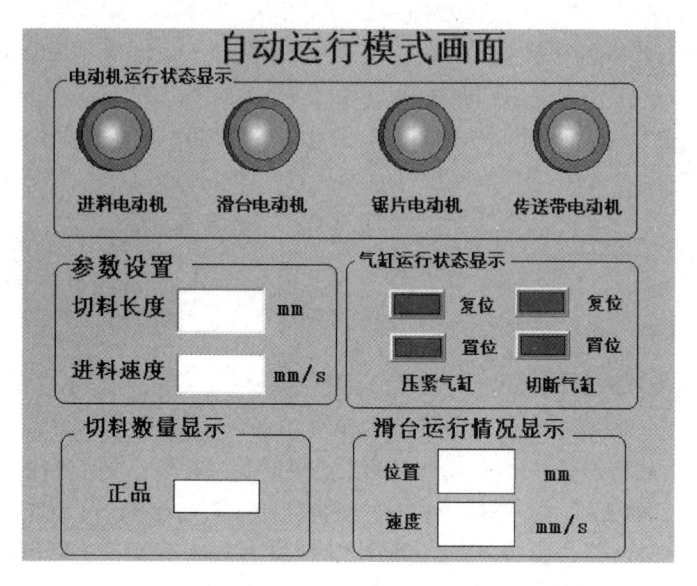

图 5-44　触摸屏参考画面

二、项目准备

FX$_{3U}$-32MT PLC 一台、FX$_{3U}$-32MR PLC 两台、MCGS 触摸屏一块、三相异步电动机三台、伺服电机及伺服驱动器一套、三菱 E740 变频器一台、继电控制单元、FX$_{3U}$-485-BD 通信板三块、计算机、下载线、RS-485 通信线、接线工具、导线若干。

三、项目分析

1. 双速电动机

双速电动机是指有两种运行速度的电动机，双速电动机属于变极调速异步电动机，是通过改变定子绕组的连接方法达到改变定子旋转磁场磁极对数，从而改变电动机的转速的。双速电动机接线原理图如图 5-45 所示。

电动机采用改变绕组的连接方式，即改变电动机旋转磁场的磁极对数来改变它的转速，主要通过外部控制线路的切换以改变电动机线圈的绕组连接方式来实现。

(1)在定子槽内嵌有两个不同磁极对数的共有绕组，通过外部控制线路的切换以改变电动机定子绕组的接法来变更磁极对数。

(2)在定子槽内嵌有两个不同磁极对数的独立绕组。

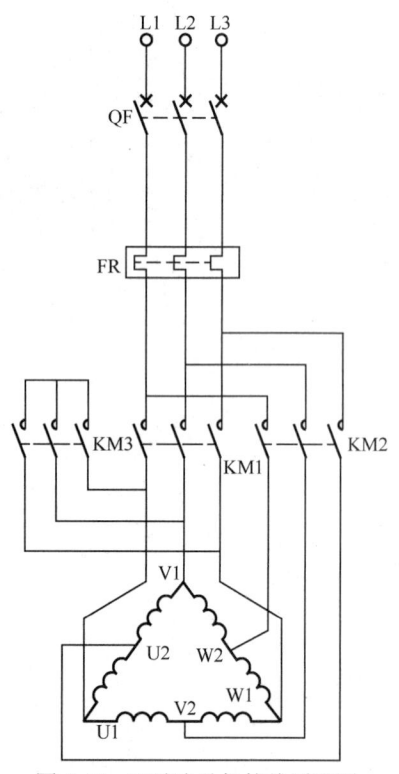

图 5-45　双速电动机接线原理图

(3) 在定子槽内嵌有两个不同磁极对数的独立绕组，而且每个绕组又可以有不同的接法。

双速电动机的定子绕组的连接方式有两种：一种是绕组从三角形改成双星形，即从如图 5-46（a）所示的连接方式转换成图 5-46（c）所示的连接方式，即△-YY 方式，适用于恒功率调速；另一种是绕组从单星形改成双星形，即从如图 5-46（b）所示的连接方式转换成图 5-46（c）所示的连接方式，即 Y-YY 方式，适用于恒转矩调速。这两种接法都能使电动机产生的磁极对数减少一半，即电动机的转速提高一倍。

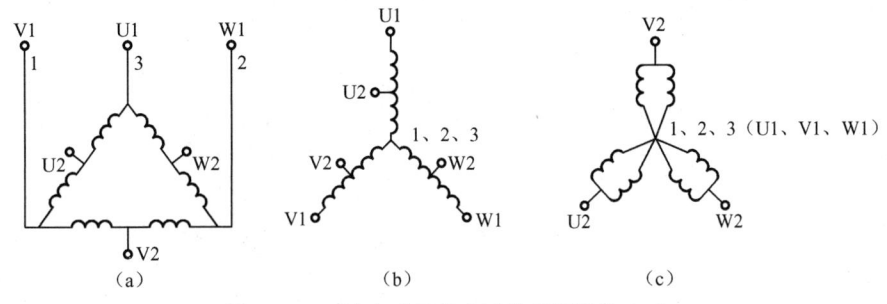

图 5-46 双速电动机的定子绕组的连接方式

变极调速的优点是设备简单，运行可靠，△-YY 变极调速应用于各种机床的粗加工和精加工，Y-YY 变极调速应用于起重电葫芦、运输传送带等。其缺点是转速只能成倍变化，为有极调速。

根据控制要求，锯片电动机 M3 能实现△-YY 切换运行，即 KM1 主触点闭合、KM2 和 KM3 主触点断开时为三角形低速运行，3s 后，KM1 主触点断开、KM2 和 KM3 主触点闭合时为双星形高速运行。通过 PLC 控制 KM1、KM2、KM3 线圈就能实现控制，KM1 和 KM2、KM3 之间需要设置联锁保护，防止短路。

2. **速度继电器**

速度继电器主要用作笼型异步电动机的反接制动控制，所以也称为反接制动继电器。它主要由转子、定子和触头三部分组成，转子是一个圆柱形永久磁铁；定子是一个笼形空心圆环，由硅钢片叠成，并装有笼形绕组。速度继电器的组成示意图如图 5-47 所示。

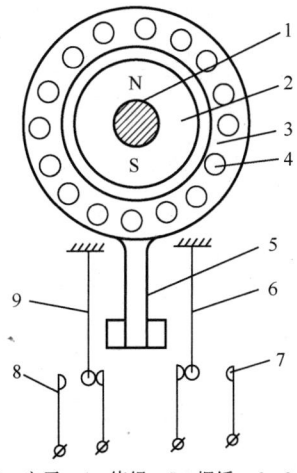

1—转轴；2—转子；3—定子；4—绕组；5—摆锤；6、9—簧片；7、8—静触点

图 5-47 速度继电器组成示意图

速度继电器转子的轴与被控电动机的轴相连，而定子套在转子上。当电动机转动时，速度继电器的转子随之转动，定子内的短路导体便切割磁场，产生感应电动势，从而产生电流。此电流与旋转的转子磁场作用产生转矩，于是定子开始转动。当转到一定角度时，装在定子轴上的摆锤推动簧片动作，使常闭触点分断，常开触点闭合。当电动机转速低于某一值时，定子产生的转矩减小，触点在弹簧作用下复位。

　　常用的速度继电器有 YJ1 型和 JFZ0 型。通常速度继电器的动作转速为 120r/min，复位转速为 100r/min。速度继电器的符号如图 5-48 所示。

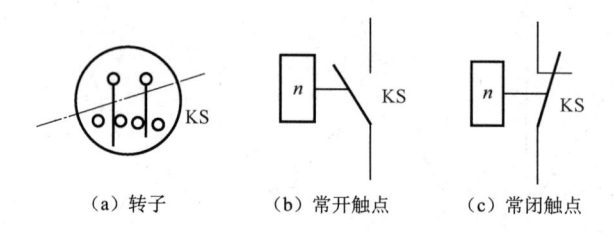

（a）转子　　　（b）常开触点　　　（c）常闭触点

图 5-48　速度继电器的符号

四、项目实施

1. 各站输入/输出分配

2. 画各站接线图并按图接线

3. 触摸屏设计及组态过程

4. 各站 PLC 程序设计

5. 运行调试过程中的问题分析

模块六　电气控制系统分析与故障维修

本模块主要介绍机床电气控制系统的基本知识、工作原理、故障现象及排除方法。通过对 X62W 铣床和 T68 镗床电气控制线路的分析，掌握故障点的典型特征，学会电工仪表的正确使用方式，从而能够快速排除故障。通过对 TE82 系列直流电动机调速器线路原理的分析，学习桥式整流电路、全控桥式整流直流调速系统，掌握用五步法排故及简单的调试方法和性能测试。

学习目标：
1. 熟悉电气图的识图方法。
2. 掌握机床电气控制回路的安装与调试。
3. 能够对机床电气控制回路故障进行诊断与维修。
4. 掌握 TE82 系列直流电动机调速器的工作原理及故障排除。
5. 掌握排故软件的使用方法。

项目 6.1　X62W 铣床电气控制线路调试与排故

一、项目任务

分析 X62W 铣床电气控制电路图，加深对 X62W 铣床电气控制线路工作原理的认识，能够完成 X62W 铣床部分电气控制线路的接线，能够排除 X62W 铣床电气控制线路中典型的故障。

二、项目准备

（1）X62W 铣床电路、计算机、智能考核软件。
（2）工具：螺丝刀、电工钳、剥线钳、尖嘴钳等。
（3）仪表：万用表 1 只。

三、项目分析

1. X62W 铣床电气控制电路分析

X62W 铣床电路原理图（含故障点）如图 6-1 所示，主要由主轴电动机的控制、工作台进给电动机的控制、冷却泵的控制、变压器和照明及显示电路等几部分组成。

（1）主轴电动机的控制

控制线路中，SB1 和 SB2 是异地启动按钮，SB3 和 SB4 是停止按钮。KM3 是主轴电动机 M1 的启动接触器，KM2 是主轴反接制动接触器，SQ7 是主轴变速冲动开关，KS 是速度继电器。

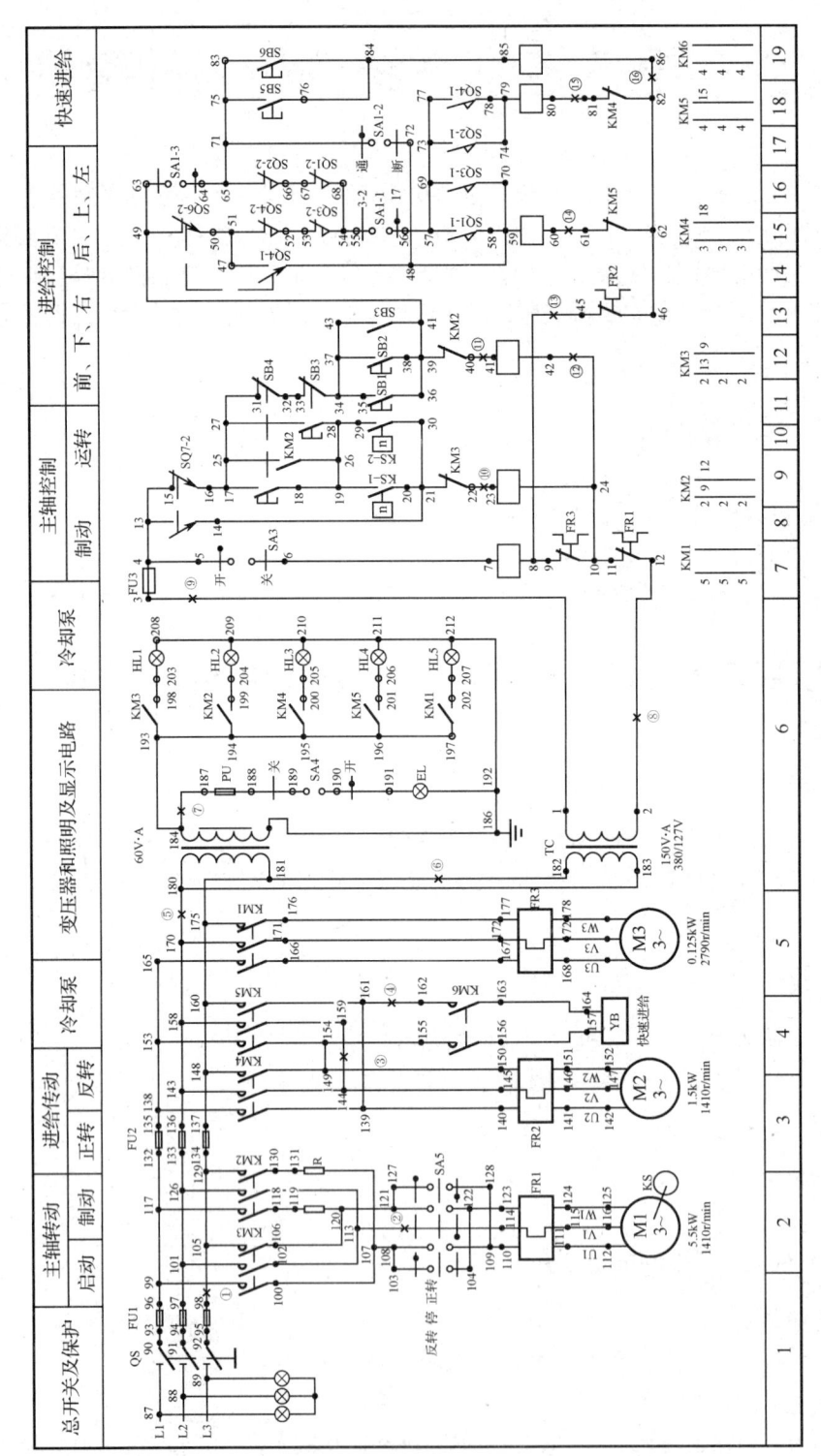

图6-1 X62W铣床电路原理图（含故障点）

① 主轴电动机的启动。启动前先合上电源开关 QS，再把主轴转换开关 SA5 扳到所需要的旋转方向，然后按启动按钮 SB1（或 SB2），接触器 KM3 获电动作，其主触点闭合，主轴电动机 M1 启动。

② 主轴电动机的停车制动。当铣削完毕时，需要主轴电动机 M1 停车，此时电动机 M1 运转速度在 120r/min 以上，速度继电器 KS 的常开触点闭合（9 区或 10 区），为停车制动做好准备。当需要 M1 停车时，就按下停止按钮 SB3（或 SB4），KM3 断电释放，由于 KM3 主触点断开，电动机 M1 断电做惯性运转，紧接着接触器 KM2 线圈获电吸合，电动机 M1 串电阻 R 反接制动。

当转速降至 120r/min 以下时，速度继电器 KS 常开触点断开，接触器 KM2 断电释放，停车反接制动结束。

③ 主轴的冲动控制。当需要主轴冲动时，按下冲动开关 SQ7，SQ7 的常闭触点 SQ7-2 先断开，而后常开触点 SQ7-1 闭合，使接触器 KM2 通电吸合，电动机 M1 启动，冲动完成。

（2）工作台进给电动机控制

转换开关 SA1 是控制圆工作台的，在不需要圆工作台运动时，将转换开关扳到"断开"位置，此时 SA1-1 闭合，SA1-2 断开，SA1-3 闭合；当需要圆工作台运动时将转换开关扳到"接通"位置，则 SA1-1 断开，SA1-2 闭合，SA1-3 断开。

① 工作台纵向进给。工作台的左右（纵向）运动是由装在床身两侧的转换开关和开关 SQ1、SQ2 完成的，需要进给时把转换开关扳到"纵向"位置，按下开关 SQ1，常开触点 SQ1-1 闭合，常闭触点 SQ1-2 断开，接触器 KM4 通电吸合，电动机 M2 正转，工作台向右运动；当工作台要向左运动时，按下开关 SQ2，常开触点 SQ2-1 闭合，常闭触点 SQ2-2 断开，接触器 KM5 通电吸合，电动机 M2 反转，工作台向左运动。在工作台上设有一块挡铁，两边各设有一个行程开关，当工作台纵向运动到极限位置时，挡铁撞到位置开关，工作台停止运动，从而实现纵向运动的终端保护。

② 工作台升降和横向（前后）进给。由于本产品无机械机构，不能完成复杂的机械传动，只能通过操纵装在床身两侧的转换开关和开关 SQ3、SQ4 来完成工作台的上下和前后运动。在工作台上也分别设有一块挡铁，两边各设有一个行程开关，当工作台升降和横向运动到极限位置时，挡铁撞到位置开关，工作台停止运动，从而实现纵向运动的终端保护。

③ 工作台向上（下）运动。在主轴电动机启动后，把装在床身一侧的转换开关扳到"升降"位置再按下按钮 SQ3（SQ4），SQ3（SQ4）常开触点闭合，SQ3（SQ4）常闭触点断开，接触器 KM4（KM5）通电吸合，电动机 M2 正（反）转，工作台向下（上）运动。到达想要的位置时，松开按钮工作台停止运动。

④ 工作台向前（后）运动。在主轴电动机启动后，把装在床身一侧的转换开关扳到"横向"位置再按下按钮 SQ3（SQ4），SQ3（SQ4）常开触点闭合，SQ3（SQ4）常闭触点断开，接触器 KM4（KM5）通电吸合，电动机 M2 正（反）转，工作台向前（后）运动。到达想要的位置时，松开按钮工作台停止运动。

（3）联锁问题

① 真实机床在上下前后四个方向进给时，如果操作纵向控制这两个方向的进给，将造成机床重大事故，所以必须进行联锁保护。在上下前后四个方向进给时，若操作纵向任一方向，SQ1-2 和 SQ2-2 两个开关中的一个被压开，接触器 KM4（KM5）立刻失电，电动机 M2 停转，从而得到保护。

同理，当纵向操作时，操作某一方向而选择了向左或向右进给时，SQ1 或 SQ2 被压着，它们的常闭触点 SQ1-2 或 SQ2-2 是断开的，接触器 KM4 或 KM5 都由 SQ3-2 和 SQ4-2 接通。若发生误操作而选择上下前后某一方向的进给，必然使 SQ3-2 或 SQ4-2 断开，使 KM4 或 KM5 断电释放，电动机 M2 停止运转，避免了机床事故。

② 进给冲动。真实机床为使齿轮进入良好的啮合状态，可将变速盘向里推。在推进时，挡块压动位置开关 SQ6，首先使常闭触点 SQ6-2 断开，然后常开触点 SQ6-1 闭合，接触器 KM4 通电吸合，电动机 M2 启动，但它并未转起来，位置开关 SQ6 已复位，首先断开 SQ6-1，而后闭合 SQ6-2。接触器 KM4 失电，电动机失电停转。这样一来，电动机接通一下电源，齿轮系统产生一次抖动，使齿轮啮合顺利进行。要冲动时按下冲动开关 SQ6，模拟冲动。

③ 工作台的快速移动。在工作台向某个方向运动时，按下按钮 SB5 或 SB6（两地控制），接触器 KM6 通电吸合，其常开触点（4 区）闭合，电磁铁通电（指示灯亮）模拟快速进给。

④ 圆工作台的控制。把圆工作台控制开关 SA1 扳到"接通"位置，此时 SA1-1 断开，SA1-2 接通，SA1-3 断开，主轴电动机启动后，圆工作台即开始工作。其控制电路：电源—SQ4-2—SQ3-2—SQ1-2—SQ2-2—SA1-2—KM4 线圈—电源。接触器 KM4 通电吸合，电动机 M2 运转。

真实铣床为了扩大机床的加工能力，可在机床上安装附件圆工作台，这样可以进行圆弧或凸轮的铣削加工。拖动时，所有进给系统均停止工作，只让圆工作台绕轴心回转。该电动机带动一根专用轴，使圆工作台绕轴心回转，铣刀铣出圆弧。在圆工作台启动时，其余进给一律不准运动，若误操作产生了某个方向的进给，则必然使开关 SQ1~SQ4 中的某一个常闭触点断开，使电动机停转，从而避免了事故的发生。按下主轴停止按钮 SB3 或 SB4，主轴停转，圆工作台也停转。

（4）冷却照明控制

要启动冷却泵时扳动开关 SA3，接触器 KM1 通电吸合，电动机 M3 运转，冷却泵启动。机床照明是由变压器供给 36V 电压的，工作灯由 SA4 控制。

2. X62W 万能铣床电路实训单元板故障分析

（1）故障现象

X62W 万能铣床电路实训单元板共涉及 16 个故障，故障现象如下：

① 主轴电动机正、反转均缺一相，进给电动机、冷却泵缺一相，控制变压器及照明变压器均没电。

② 主轴电动机正、反转均缺一相。

③ 进给电动机反转缺一相。

④ 快速进给电磁铁不能动作。

⑤ 照明及控制变压器没电，照明灯不亮，控制回路失效。

⑥ 控制变压器没电，控制回路失效。

⑦ 照明灯不亮。

⑧ 控制回路失效。

⑨ 控制回路失效。

⑩ 主轴制动、冲动失效。

⑪ 主轴不能启动。

⑫ 主轴不能启动。
⑬ 工作台进给控制失效。
⑭ 工作台向下、向右、向前进给控制失效。
⑮ 工作台向后、向上、向左进给控制失效。
⑯ 两处快速进给全部失效。

故障现象起始、结束位置点如表 6-1 所示。

表 6-1 故障现象起始、结束位置点

编号	故障现象	起始位置	结束位置	系统编号
1	主轴电动机正、反转均缺一相，进给电动机、冷却泵缺一相，控制变压器及照明变压器均没电	098	105	X62W 万能铣庆电路实训单元板（四合一）
2	主轴电动机无论正、反转均缺一相	113	114	X62W 万能铣庆电路实训单元板（四合一）
3	进给电动机反转缺一相	144	159	X62W 万能铣庆电路实训单元板（四合一）
4	快速进给电磁铁不能动作	161	162	X62W 万能铣庆电路实训单元板（四合一）
5	照明及控制变压器没电，照明灯不亮，控制回路失效	170	180	X62W 万能铣庆电路实训单元板（四合一）
6	控制变压器没电，控制回路失效	181	182	X62W 万能铣庆电路实训单元板（四合一）
7	照明灯不亮	184	187	X62W 万能铣庆电路实训单元板（四合一）
8	控制回路失效	002	012	X62W 万能铣庆电路实训单元板（四合一）
9	控制回路失效	001	003	X62W 万能铣庆电路实训单元板（四合一）
10	主轴制动、冲动失效	022	023	X62W 万能铣庆电路实训单元板（四合一）
11	主轴不能启动	040	041	X62W 万能铣庆电路实训单元板（四合一）
12	主轴不能启动	024	042	X62W 万能铣庆电路实训单元板（四合一）
13	工作台进给控制失效	008	045	X62W 万能铣庆电路实训单元板（四合一）
14	工作台向下、向右、向前进给控制失效	060	061	X62W 万能铣庆电路实训单元板（四合一）
15	工作台向后、向上、向左进给控制失效	080	081	X62W 万能铣庆电路实训单元板（四合一）
16	两处快速进给全部失效	082	086	X62W 万能铣庆电路实训单元板（四合一）

（2）排故现象对应的故障点

图 6-1 中，X62W 铣床的原理图中包含故障点，共 16 种，结合表 6-1 可以找到各故障线路。在可能出现故障的地方利用继电器来控制其通断，在图中用×来表示，故障点通过排故软件教师端进行设置和选择。在学生端答题时，只要注明可能发生故障的起始、结束位置，提交后系统会提示答题是否正确。

四、项目实施

（1）学习使用排故软件教师端发题，使用学生端答题。
（2）正确使用仪表工具，根据电气原理图分析电路。
（3）根据故障现象分析故障原因，并排除故障，恢复电路功能。
（4）排故过程中有较强的安全意识。

排故软件分为教师端和学生端，使用方法如下：
① 打开排故软件教师端，出现如图 6-2 所示教师端登录画面。

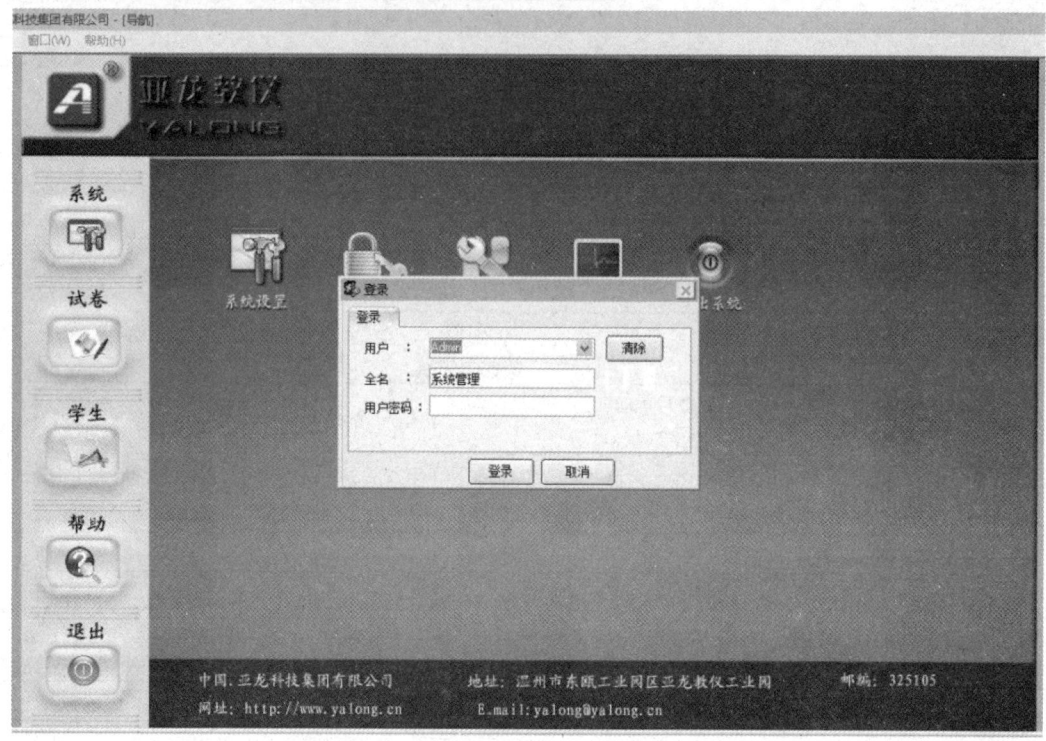

图 6-2 教师端登录画面

默认密码为 yalong，登录后出现如图 6-3 所示登录成功画面，单击左侧"试卷"按钮，出现如图 6-4 所示试卷管理画面。

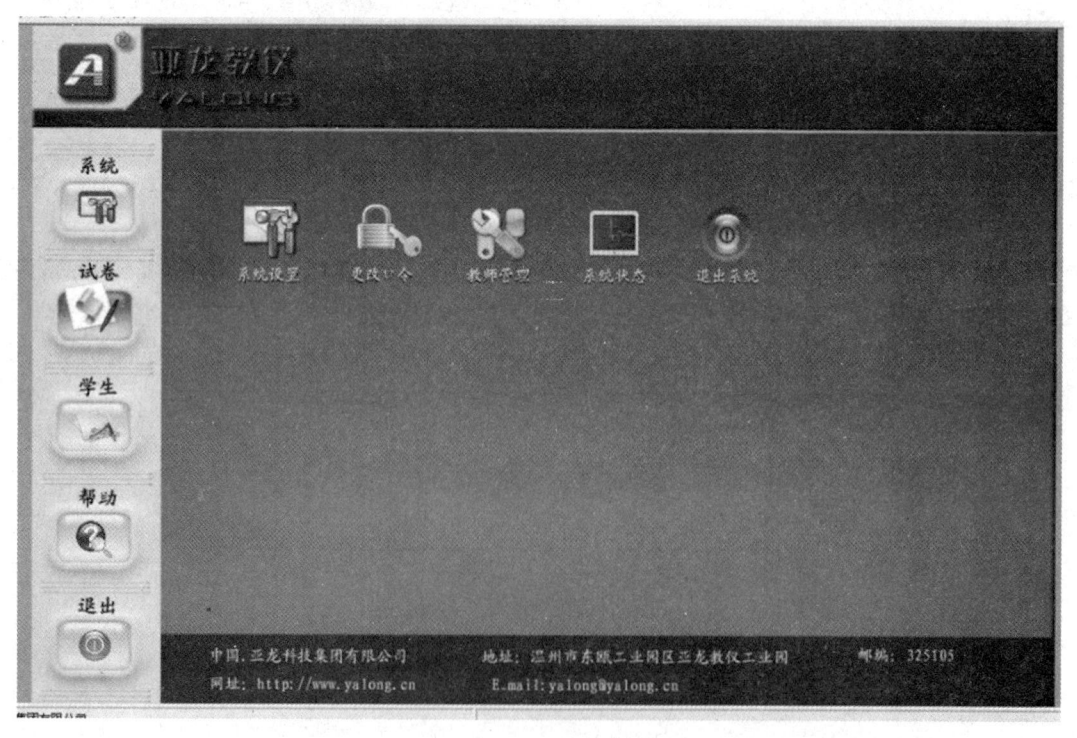

图 6-3 登录成功

图 6-4　试卷管理画面

单击"试卷管理",开始创建试题,如图 6-5 所示。

图 6-5　开始创建试题

选择"新建"→"试卷"命令,根据考核的设备(X62W 万能铣床或者 T68 镗床电路)选择所要创建的试题类型,如图 6-6 所示是试题选择方式。

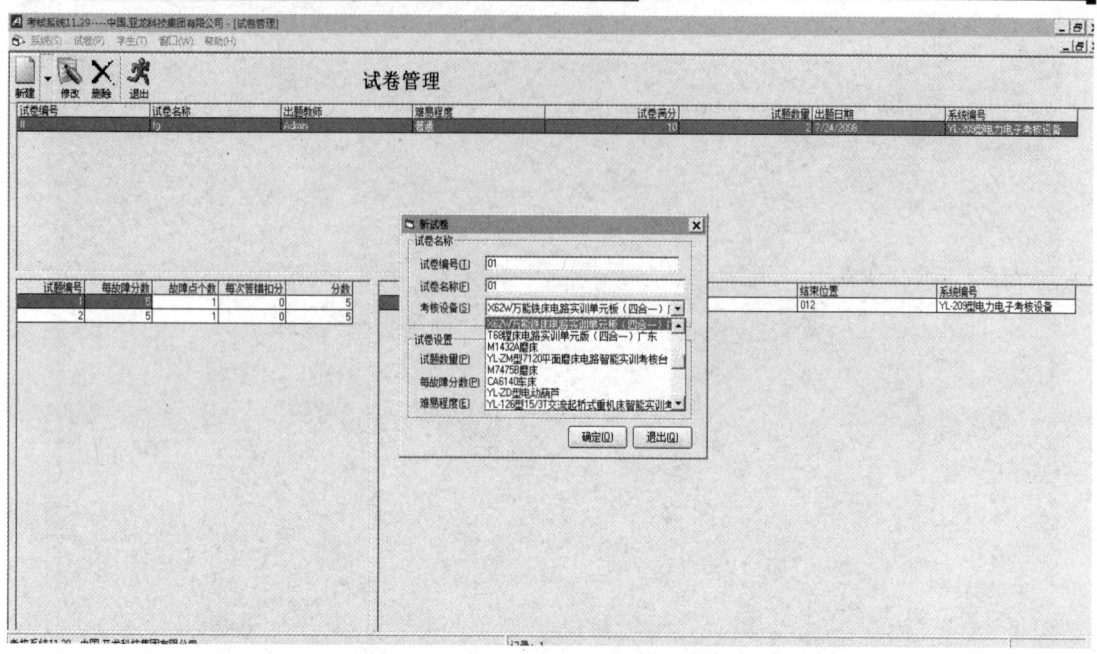

图 6-6 试题选择方式

考核设备选择"X62W 万能铣床电路实训单元板（四合一）广东"或"T68 镗床电路实训单元板（四合一）广东"。

建立好试题之后，对试卷进行处理，可设置参数有试卷编号、试卷名称、试题数量、每故障分数，难易程度为无效参数。如图 6-7 所示是试卷设置。

图 6-7 试卷设置

试卷建立之后，接下来就是在试卷中出题，右击电机右下空白区域，出现如图 6-8 所示画面，再单击"添加故障"，会出现如图 6-9 所示的故障列表，共有 16 个故障点，勾选则表示此故障点被选中。

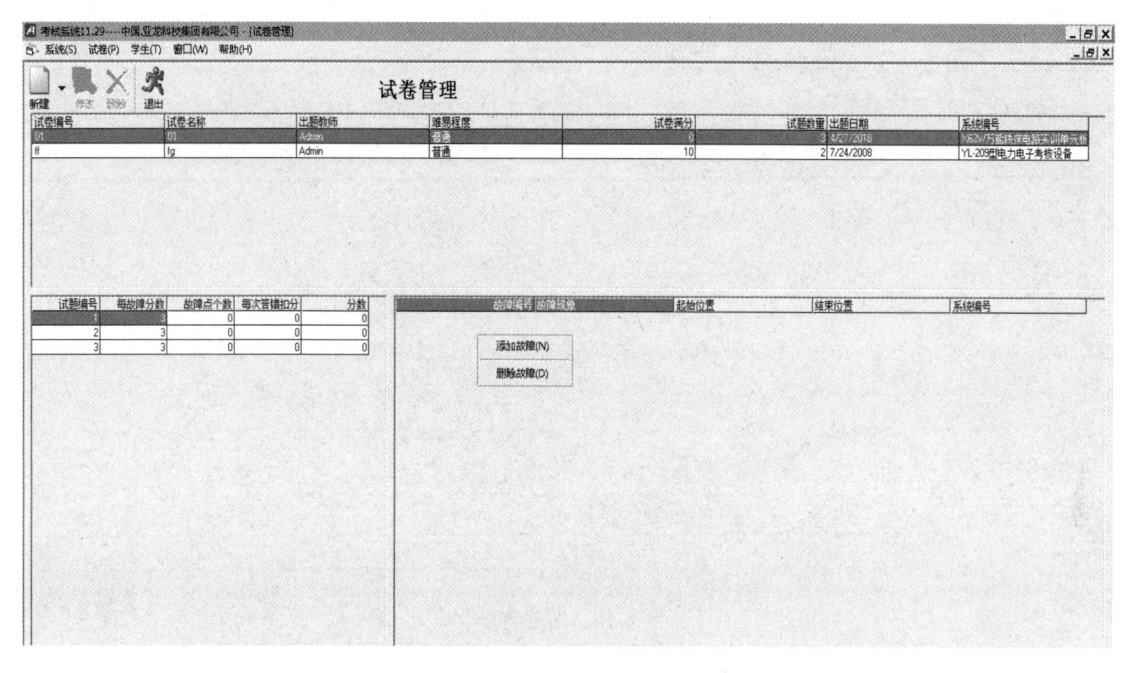

图 6-8 添加故障

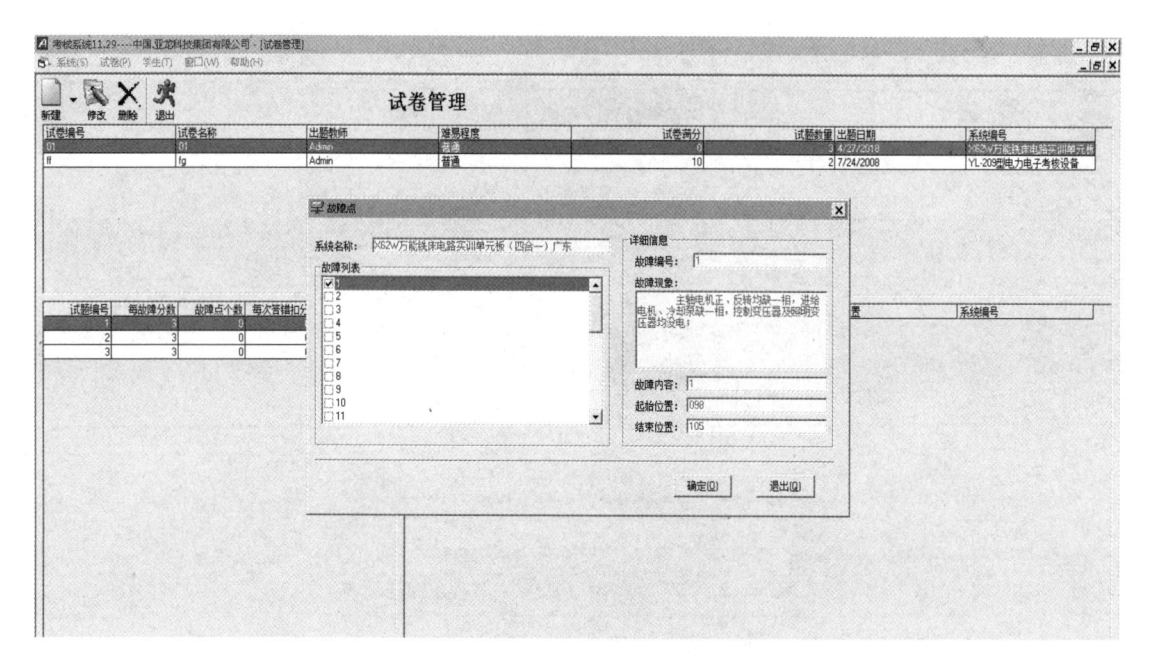

图 6-9 故障列表

图 6-9 中弹出的子画面为每道试题的故障列表，输入考试名称，一道试题可设多个故障编号，分别对应编号 1～16。单击"确定"按钮，出题完毕，如图 6-10 所示。

图 6-10 出题完毕

出题完毕之后，单击"考试设置"，出现"试卷设置"画面，可以设定考试时的要求，如图 6-11 所示。

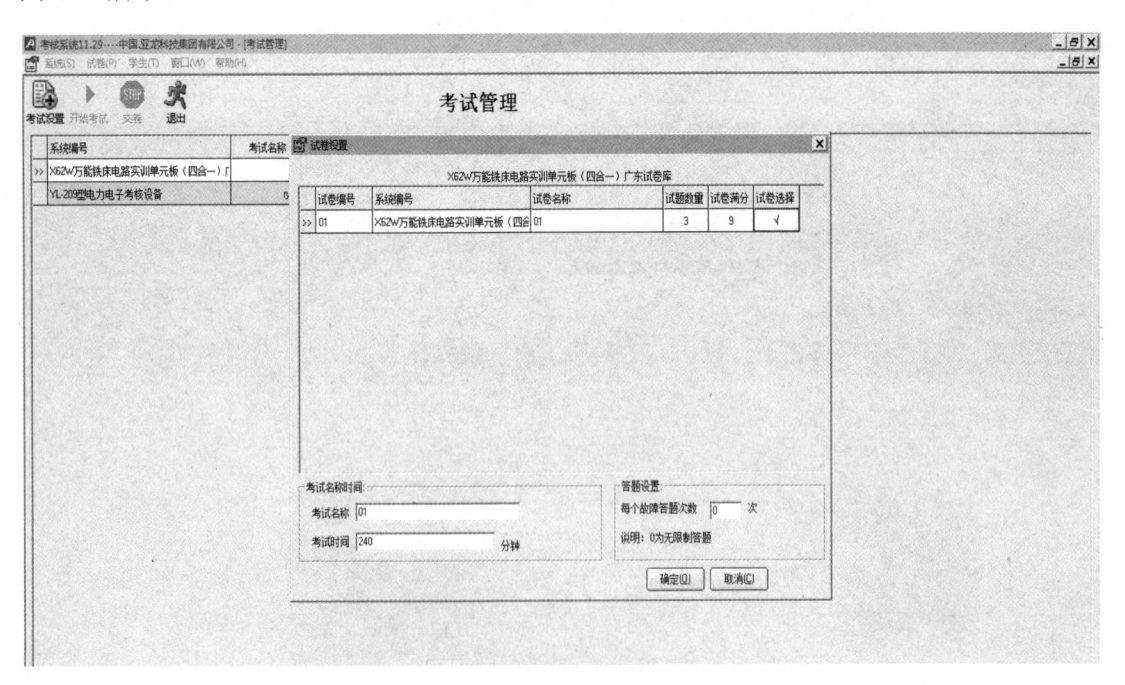

图 6-11 试卷设置

设置考试名称、考试时间、每个故障答题次数，单击"确定"按钮，出题完毕，会依次列出已经出好的试卷，如图 6-12 所示。

图 6-12 考试管理

单击"开始考试",即表示已开始考试。

② 学生端答题操作方法。

双击排故软件学生端,学生端会通过串口与故障板通信,在学生端显示连接状态,如图 6-13 所示。

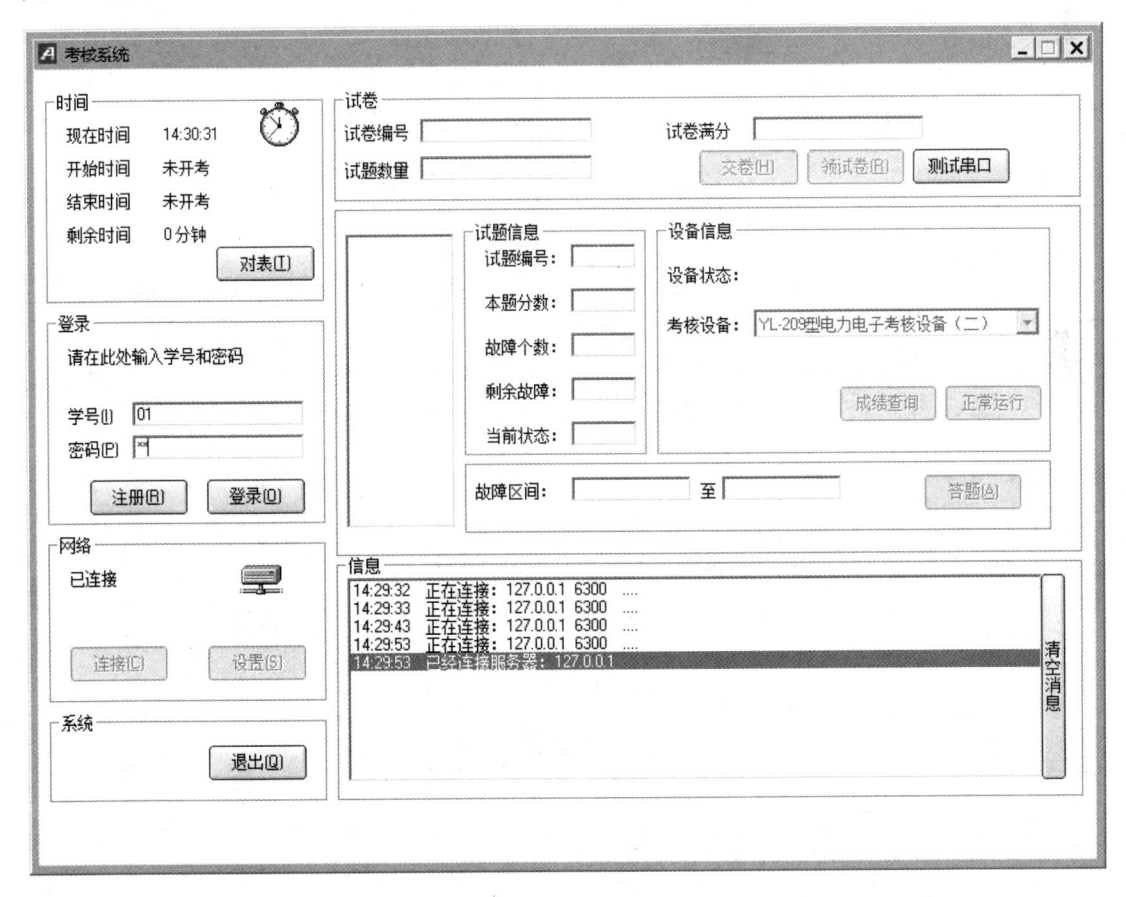

图 6-13 连接状态

先在"设备信息"栏里按住 Shitf+Ctrl 键,同时右击,出现考核设备设置画面,设置学号(考试名称)、密码(*#520)。完成设置后,按照要求重启学生端,如图 6-14 所示。再次登录学生端即可开始考试。

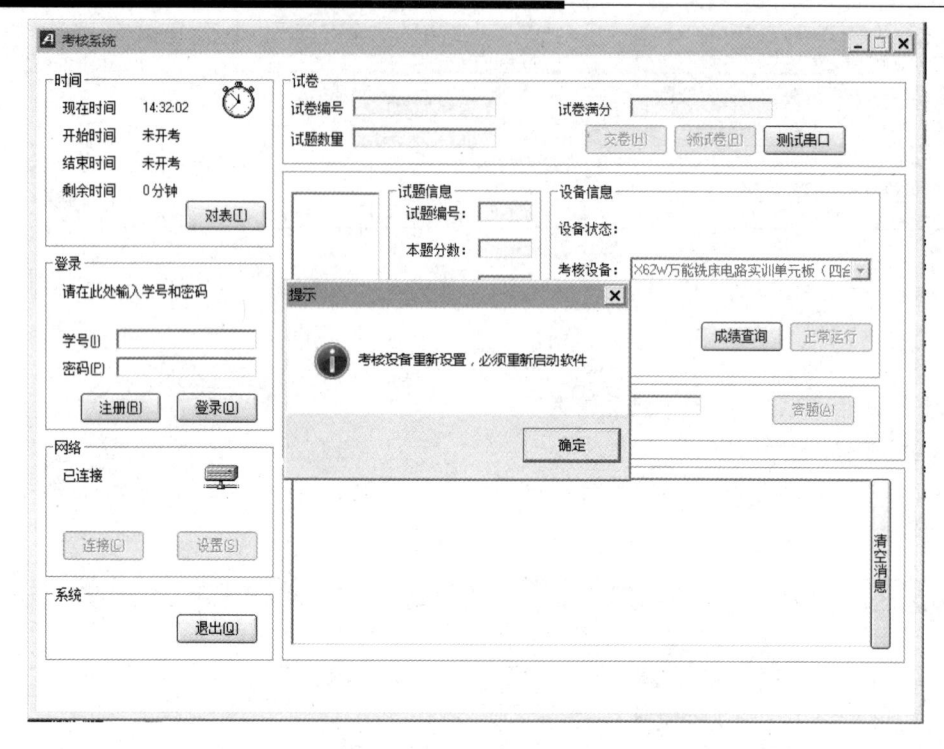

图 6-14 学生端登录状态

登录成功之后就可以开始答题了。利用万用表对铣床可能出现故障点处进行检查，或者根据现象查找故障点（见表 6-1），再将故障区间输入到答题系统中，根据故障点数，依次输入故障区间，直至完成答题，如图 6-15 所示。

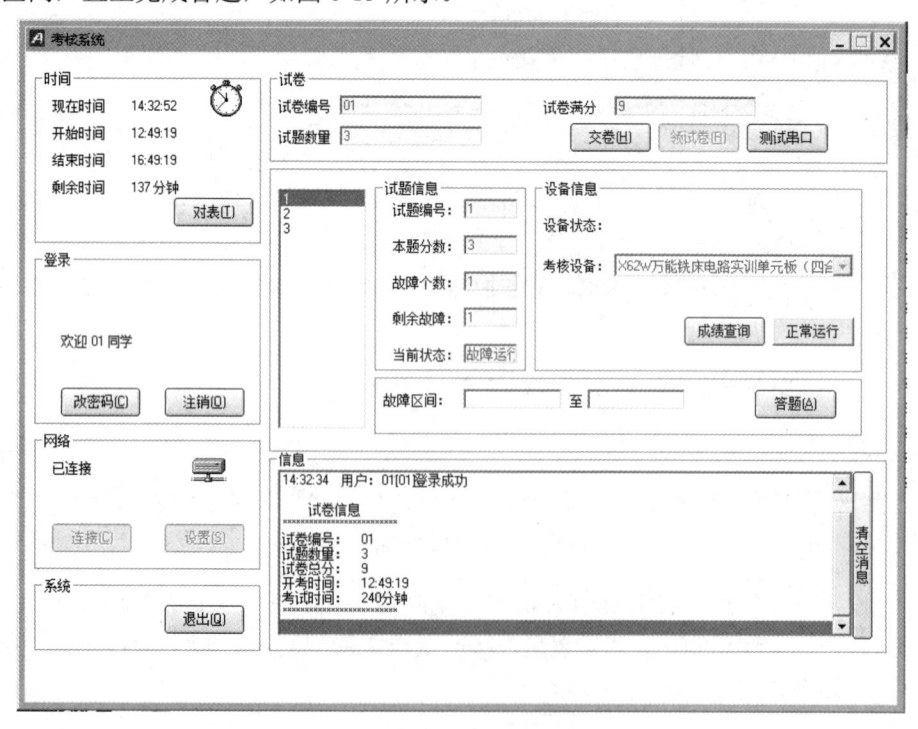

图 6-15 答题

五、任务提升

（1）能够根据教师设置的多个故障现象，利用万用表排除故障，恢复电路功能。
（2）规范排故操作过程。
（3）故障排除之后，完成 X62W 铣床维修工作票。

维修工作票

工作票编号 N0：

发单日期：20   年   月   日

工位号	
工作任务	X62W 铣床电气线路故障检测与排除
工作时间	自＿＿年＿＿月＿＿日＿＿时＿＿分至＿＿年＿＿月＿＿日＿＿时＿＿分
工作条件	登录学号（即两位数的工位号，如 01、10、20）： 登录密码：无 观察故障现象和排除故障后试机——通电；检测及排故过程——停电
工作许可人签名	
维修要求	1. 在工作许可人签名后方可进行检修； 2. 对电气线路进行检测，确定线路的故障点并排除调试后填写表格； 3. 严格遵守电工操作安全规程； 4. 不得擅自改变原线路接线，不得更改电路和元器件位置； 5. 完成检修后能恢复该铣床各项功能
故障现象描述	
故障检测和排除过程	
故障点描述	

注：学生在"工位号"栏签工位号（机号），教师在"工作许可人签名"栏签名。

项目 6.2 T68 镗床电气控制线路调试与排故

一、项目任务

分析 T68 镗床电气控制原理图，加深对 T68 镗床电气控制线路工作原理的认识，能够完成 T68 镗床部分电气控制线路的接线，能够排除 T68 镗床电气控制线路中典型的故障。

二、项目准备

（1）T68 镗床电路、计算机、智能考核软件；

(2) 工具：螺丝刀、电工钳、剥线钳、尖嘴钳等；
(3) 仪表：万用表 1 只。

三、项目分析

1. T68 镗床电气控制电路分析

T68 镗床电路原理图（含故障点）如图 6-16 所示，主要由主轴电动机的控制、快速移动电动机的控制、变压器和照明及显示电路部分组成。

(1) 主轴电动机 M1 的控制

① 主轴电动机的正反转控制。按下正转启动按钮 SB3，接触器 KM1 线圈得电吸合，主触点闭合（此时开关 SQ2 已闭合），KM1 的常开触点（8 区和 13 区）闭合，接触器 KM3 线圈获电吸合，接触器主触点闭合，制动电磁铁 YB 得电松开（指示灯亮），电动机 M1 接成三角形正向启动。

反转时只需按下反转启动按钮 SB2，动作原理同上，所不同的是接触器 KM2 获电吸合。

② 主轴电动机 M1 的点动控制。按下正向点动按钮 SB4，接触器 KM1 线圈获电吸合，KM1 常开触点（8 区和 13 区）闭合，接触器 KM3 线圈获电吸合。而不同于正转的是，按钮 SB4 的常闭触点切断了接触器 KM1 的自锁只能点动。这样 KM1 和 KM3 的主触点闭合便使电动机 M1 接成三角形点动。

同理，按下反向点动按钮 SB5，接触器 KM2 和 KM3 线圈获电吸合，M1 反向点动。

③ 主轴电动机 M1 的停车制动。当电动机处于正转运转时，按下停止按钮 SB1，接触器 KM1 线圈断电释放，KM1 的常开触点（8 区和 13 区）因断电而断开，KM3 也断电释放。制动电磁铁 YB 因失电而制动，电动机 M1 制动停车。

同理，反转制动只需按下停止按钮 SB1，动作原理同上，所不同的是接触器 KM2 反转制动停车。

④ 主轴电动机 M1 的高、低速控制。若选择电动机 M1 在低速下运行，可通过变速手柄使变速开关 SQ1（16 区）处于断开低速位置，相应的时间继电器 KT 线圈也断电，电动机 M1 只能由接触器 KM3 接成三角形低速运动。

如果需要电动机在高速下运行，应首先通过变速手柄使变速开关 SQ1 压合接通处于高速位置，然后按正转启动按钮 SB3（或反转启动按钮 SB2），时间继电器 KT 线圈获电吸合。由于 KT 两副触点延时动作，故 KM3 线圈先获电吸合，电动机 M1 接成三角形低速启动，以后 KT 的常闭触点（13 区）延时断开，KM3 也断电释放，KT 的常开触点（14 区）延时闭合，KM4、KM5 线圈获电吸合，电动机 M1 接成星形-星形，以高速运行。

(2) 快速移动电动机 M2 的控制

本产品无机械机构，不能完成复杂的机械传动的方向进给，只能通过操纵装在床身上的转换开关和开关 SQ5、SQ6 来共同完成工作台的横向和前后、主轴箱的升降控制。在工作台上六个方向各设有一个行程开关，当工作台纵向、横向和升降运动到极限位置时，挡铁撞到位置开关工作台停止运动，从而实现终端保护。

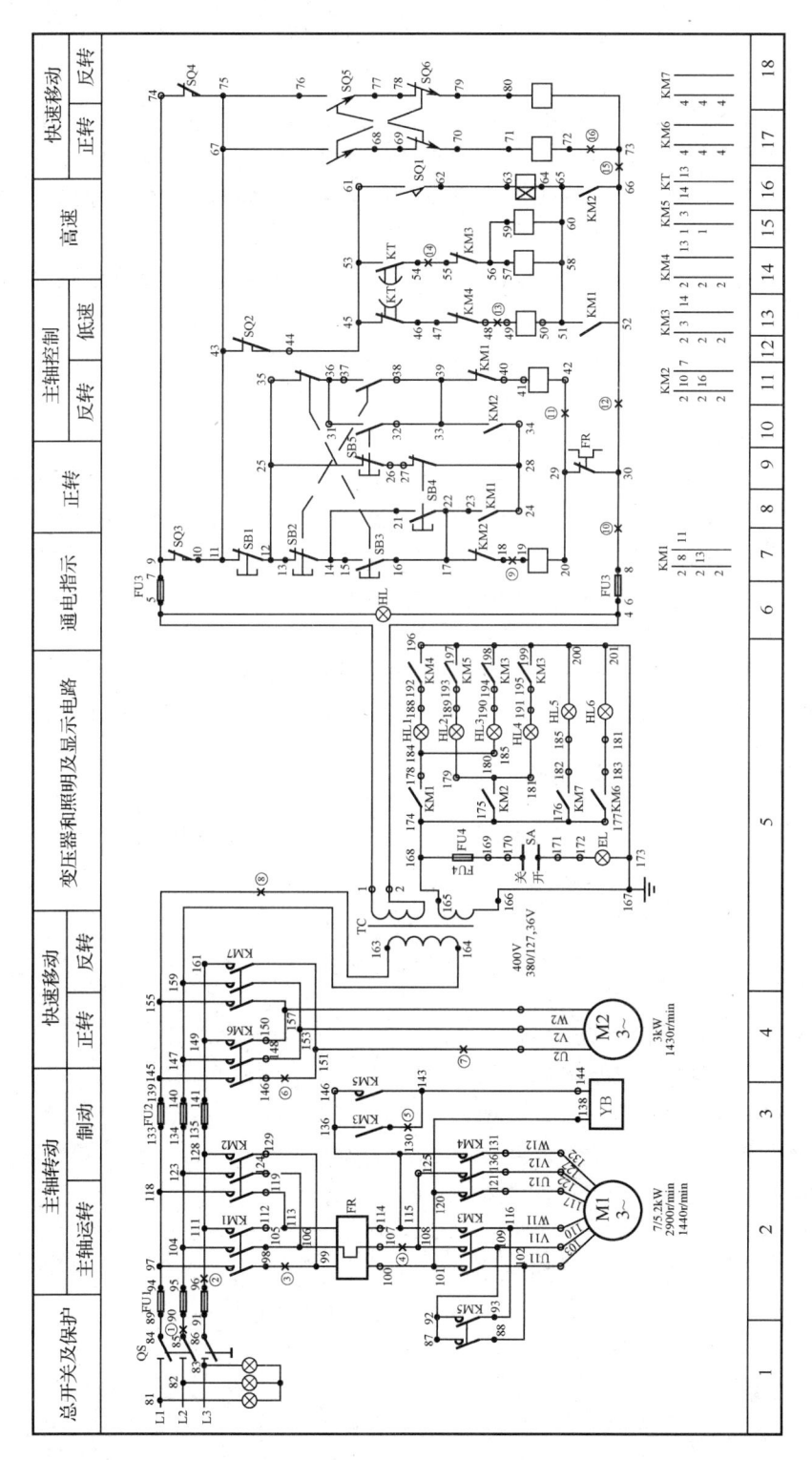

图6-16 T68镗床电路原理图（含故障点）

① 主轴箱升降运动。首先将机床上的转换开关扳到"升降"位置,扳动开关 SQ5（SQ6）,SQ5（SQ6）常开触点闭合,SQ5（SQ6）常闭触点断开,接触器 KM7（KM6）通电吸合,电动机 M2 反（正）转,主轴箱向下（上）运动,到了想要的位置时扳回开关 SQ5（SQ6）,主轴箱停止运动。

② 工作台横向运动。首先将机床上的转换开关扳到"横向"位置,扳动开关 SQ5（SQ6）,SQ5（SQ6）常开触点闭合,SQ5（SQ6）常闭触点断开,接触器 KM7（KM6）通电吸合,电动机 M2 反（正）转,工作台横向运动,到了想要的位置时扳回开关 SQ5（SQ6）,工作台停止运动。

③ 工作台纵向运动。首先将机床上的转换开关扳到"纵向"位置,扳动开关 SQ5（SQ6）,SQ5（SQ6）常开触点闭合,SQ5（SQ6）常闭触点断开,接触器 KM7（KM6）通电吸合,电动机 M2 反（正）转,工作台纵向运动,到了想要的位置时扳回开关 SQ5（SQ6）,工作台停止运动。

（3）联锁保护

为了防止出现工作台或主轴箱自动快速进给时又将主轴进给手柄扳到自动快速进给的误操作,真实机床采用了与工作台和主轴箱进给手柄有机械连接的行程开关 SQ3。当上述手柄扳在工作台（或主轴箱）自动快速进给的位置时,SQ3 受压断开。同样,在主轴箱上还装有另一个行程开关 SQ4,它与主轴箱进给手柄有机械连接,当这个手柄动作时,SQ4 也受压断开。电动机 M1 和 M2 必须在行程开关 SQ3 和 SQ4 中有一个处于闭合状态时,才可以启动。如果工作台（或主轴箱）在自动进给（此时 SQ3 断开）时,再将主轴进给手柄扳到自动进给位置（SQ4 也断开）,那么电动机 M1 和 M2 便都自动停车,从而达到联锁保护的目的。

2. T68 镗床电路实训单元板故障分析

在图 6-16 中,T68 镗床电路实训单元板共涉及 16 个故障,故障现象如下:
① 所有电动机缺相,控制回路失效。
② 主轴电动机及工作台进给电动机,无论正、反转均缺相,控制回路正常。
③ 主轴正转缺一相。
④ 主轴正、反转均缺一相。
⑤ 主轴电动机低速运转制动电磁铁 YB 不能动作。
⑥ 进给电动机快速移动正转时缺一相。
⑦ 进给电动机无论正、反转均缺一相。
⑧ 控制变压器缺一相,控制回路及照明回路均没电。
⑨ 主轴电动机正转点动与启动均失效。
⑩ 控制回路全部失效。
⑪ 主轴电动机反转点动与启动均失效。
⑫ 主轴电动机的高低速运行及快速移动电动机的快速移动均不可启动。
⑬ 主轴电动机的低速不能启动,高速时,无低速的过渡。
⑭ 主轴电动机的高速运行失效。
⑮ 快速移动电动机,无论正、反转均失效。
⑯ 快速移动电动机,正转不能启动。

T68 镗床故障现象和对应的故障点如表 6-2 所示。

表 6-2　T68 镗床故障现象和对应的故障点

编号	故障现象	起始位置	结束位置	系统编号
1	所有电动机缺相，控制回路失效	085	090	T68 镗床电路实训单元版（四合一）广东
2	主轴电动机及工作台进给电动机，无论正、反转均缺相，控制回路正常	096	111	T68 镗床电路实训单元版（四合一）广东
3	主轴正转缺一相	098	099	T68 镗床电路实训单元版（四合一）广东
4	主轴正、反转均缺一相	107	108	T68 镗床电路实训单元版（四合一）广东
5	主轴电动机低速运转制动电磁铁 YB 不能动作	137	143	T68 镗床电路实训单元版（四合一）广东
6	进给电动机快速移动正转时缺一相	146	151	T68 镗床电路实训单元版（四合一）广东
7	进给电动机无论正、反转均缺一相	151	152	T68 镗床电路实训单元版（四合一）广东
8	控制变压器缺一相，控制回路及照明回路均没电	155	163	T68 镗床电路实训单元版（四合一）广东
9	主轴电动机正转点动与启动均失效	018	019	T68 镗床电路实训单元版（四合一）广东
10	控制回路全部失效	008	030	T68 镗床电路实训单元版（四合一）广东
11	主轴电动机反转点动与启动均失效	029	042	T68 镗床电路实训单元版（四合一）广东
12	主轴电动机的高低速运行及快速移动电动机的快速移动均不可启动	030	052	T68 镗床电路实训单元版（四合一）广东
13	主轴电动机的低速不能启动，高速时，无低速的过渡	048	049	T68 镗床电路实训单元版（四合一）广东
14	主轴电动机的高速运行失效	054	055	T68 镗床电路实训单元版（四合一）广东
15	快速移动电动机，无论正、反转均失效	066	073	T68 镗床电路实训单元版（四合一）广东
16	快速移动电动机，正转不能启动	072	073	T68 镗床电路实训单元版（四合一）广东

　　故障的设置方法和 X62W 铣床是一致的，学生答题操作方式也是一致的，可以参考项目 6.1 中的介绍，此处不再详述。

　　排故举例说明：如果出现了快速移动电动机正转不能启动的现象，表示出现了故障 16，此时需将设备断电，用万用表测试 72 至 73 之间是否是断开的，测试结果如显示确实发生了断路故障，再人工排除故障，恢复电路状态。

　　总之，需要根据出现的故障现象，找到可能发生的故障，再利用万用表测试是否该故障产生的现象，最后排除故障。

四、项目实施

（1）学习使用排故软件教师端发题，使用学生端答题。
（2）正确使用仪表工具，根据电气原理图分析电路。
（3）根据故障现象分析故障原因，并排除故障，恢复电路功能。
（4）排故过程中有较强的安全意识。

五、任务提升

（1）能够根据教师设置的多个故障现象，利用万用表排除故障，恢复电路功能。
（2）规范排故操作过程。
（3）故障排除之后，完成 T68 镗床维修工作票。

维修工作票

工作票编号 N0：

发单日期：20   年   月   日

工位号	
工作任务	T68 镗床电气线路故障检测与排除
工作时间	自___年___月__日___时____分至____年___月___日___时___分
工作条件	登录学号：（即两位数的工位号，如 01、10、20） 登录密码：无 观察故障现象和排除故障后试机——通电；检测及排故过程——停电
工作许可人签名	
维修要求	1. 在工作许可人签名后方可进行检修； 2. 对电气线路进行检测，确定线路的故障点并排除调试后填写表格； 3. 严格遵守电工操作安全规程； 4. 不得擅自改变原线路接线，不得更改电路和元器件位置； 5. 完成检修后能恢复该镗床各项功能
故障现象描述			
故障检测和排除过程			
故障点描述			

注：学生在"工位号"栏签工位号（机号），教师在"工作许可人签名"栏签名。

项目 6.3　YL-158GA1 故障检测单元排故

一、项目任务

（1）熟悉 YL-158GA1 故障检测单元电路。

（2）掌握 YL-158GA1 典型故障符号表示方法。

（3）掌握用万用表、绝缘电阻测试仪等进行故障检测的方法。

二、项目准备

（1）YL-158GA1 故障检测单元。

（2）工具：螺丝刀、尖嘴钳等。

（3）仪表：万用表 1 只、绝缘电阻测试仪 1 只。

三、项目分析

1. YL-158GA1 故障检测单元电路

图 6-17、图 6-18 分别为 YL-158GA1 主电路图、照明电路图，图 6-19、图 6-20 为 YL-158GA1 控制电路。

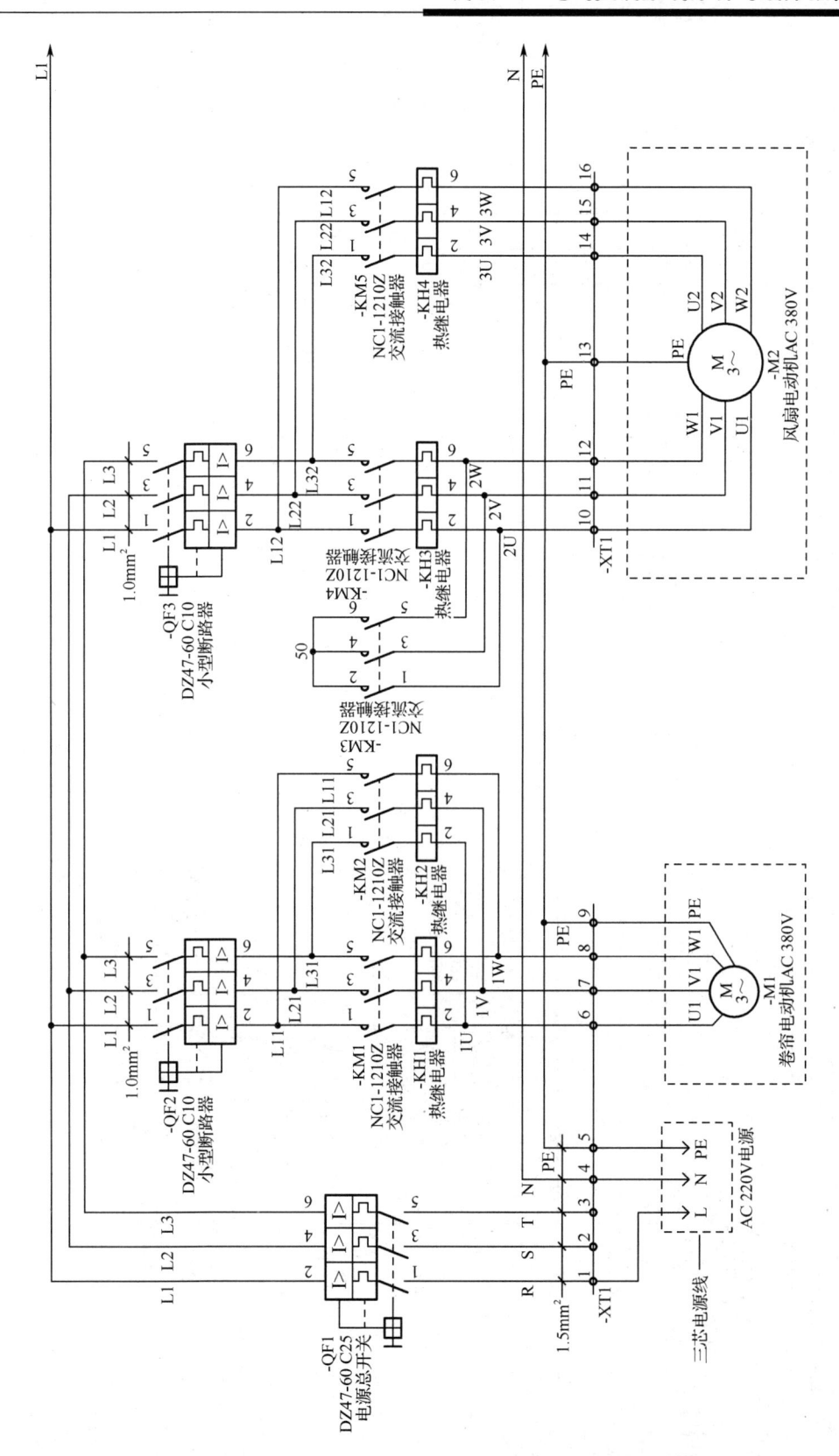

图6-17 YL-158GA1主电路图

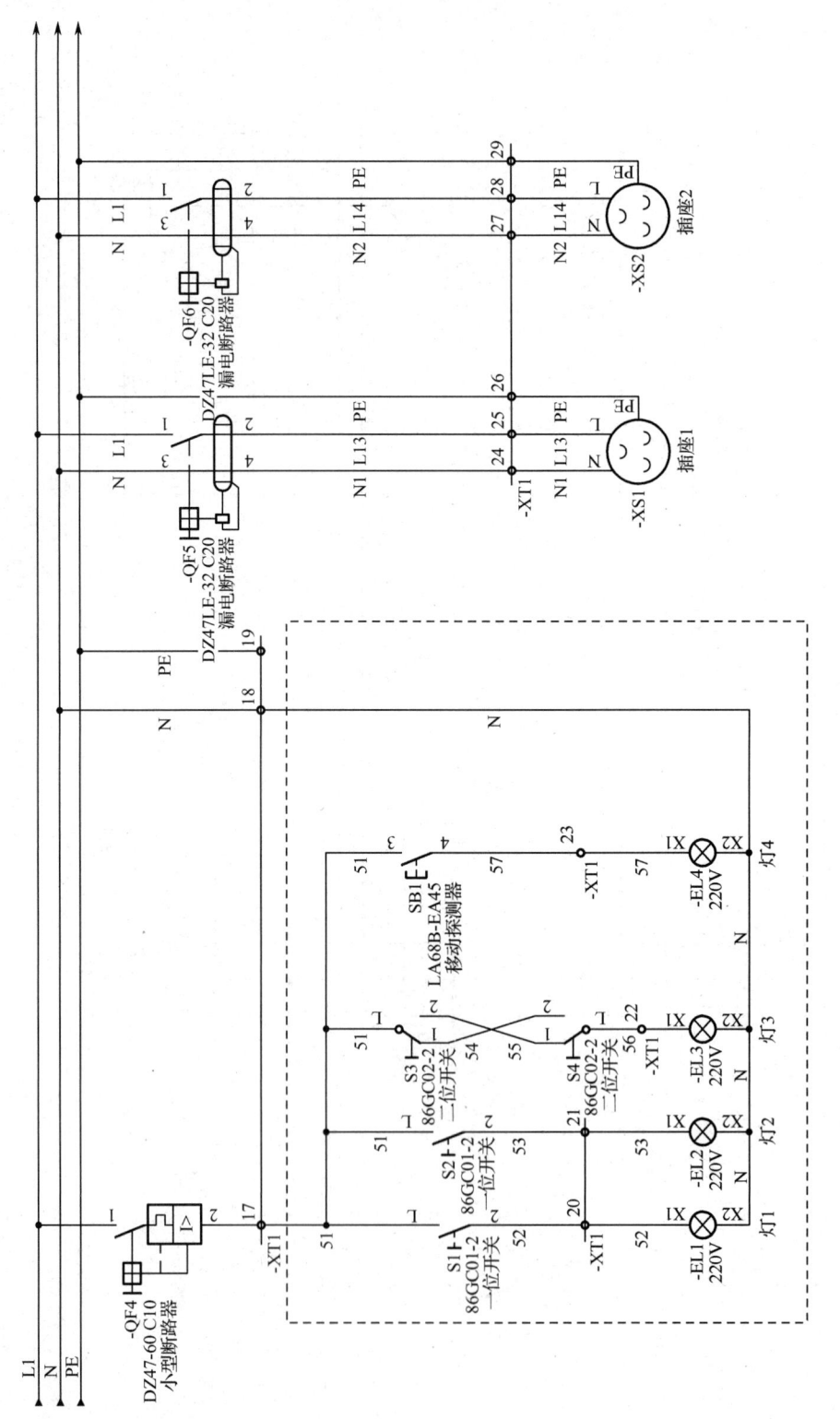

图6-18 YL-158GA1照明电路图

图 6-19 YL-158GA1 控制电路一

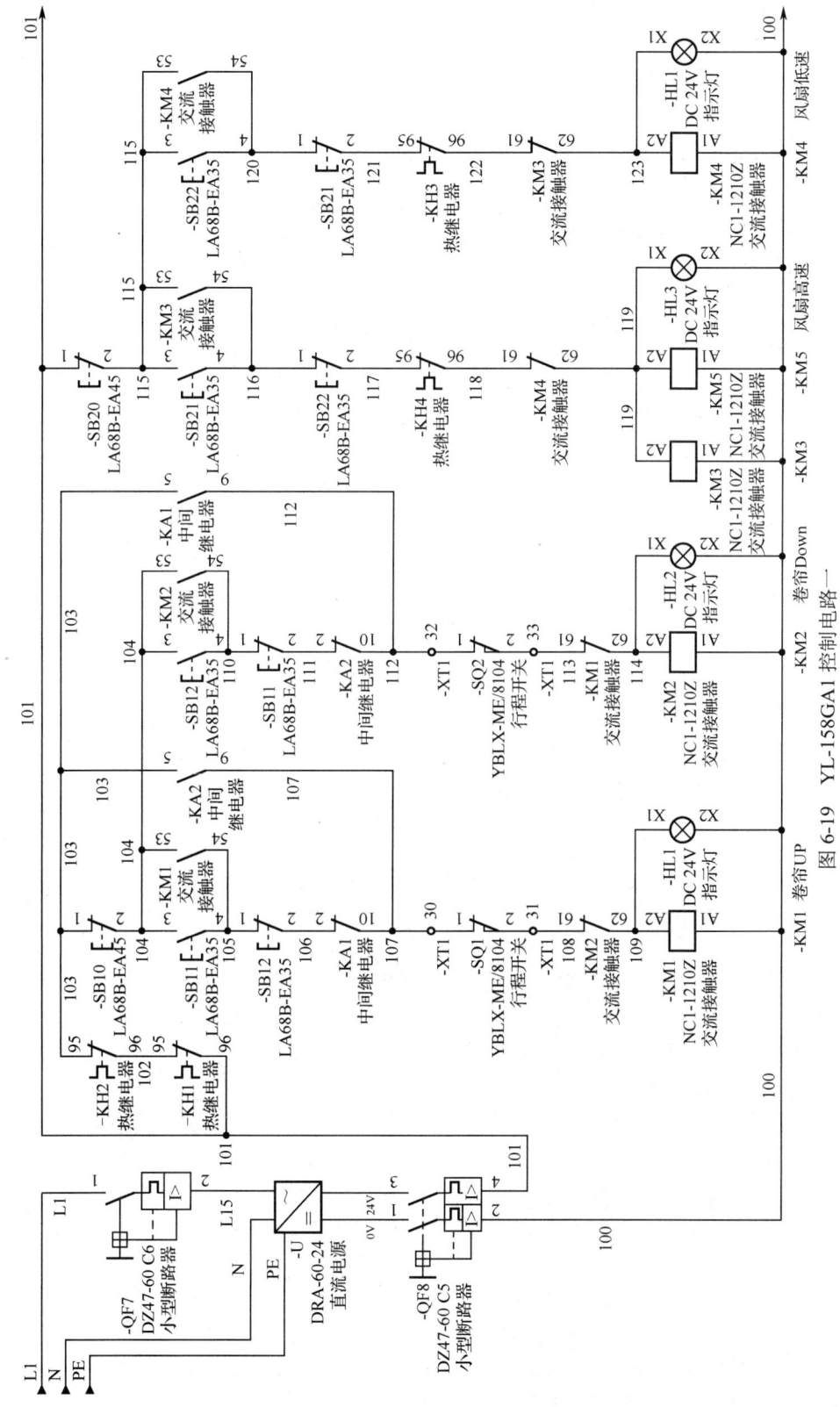

图6-20 YL-158GA1控制电路二

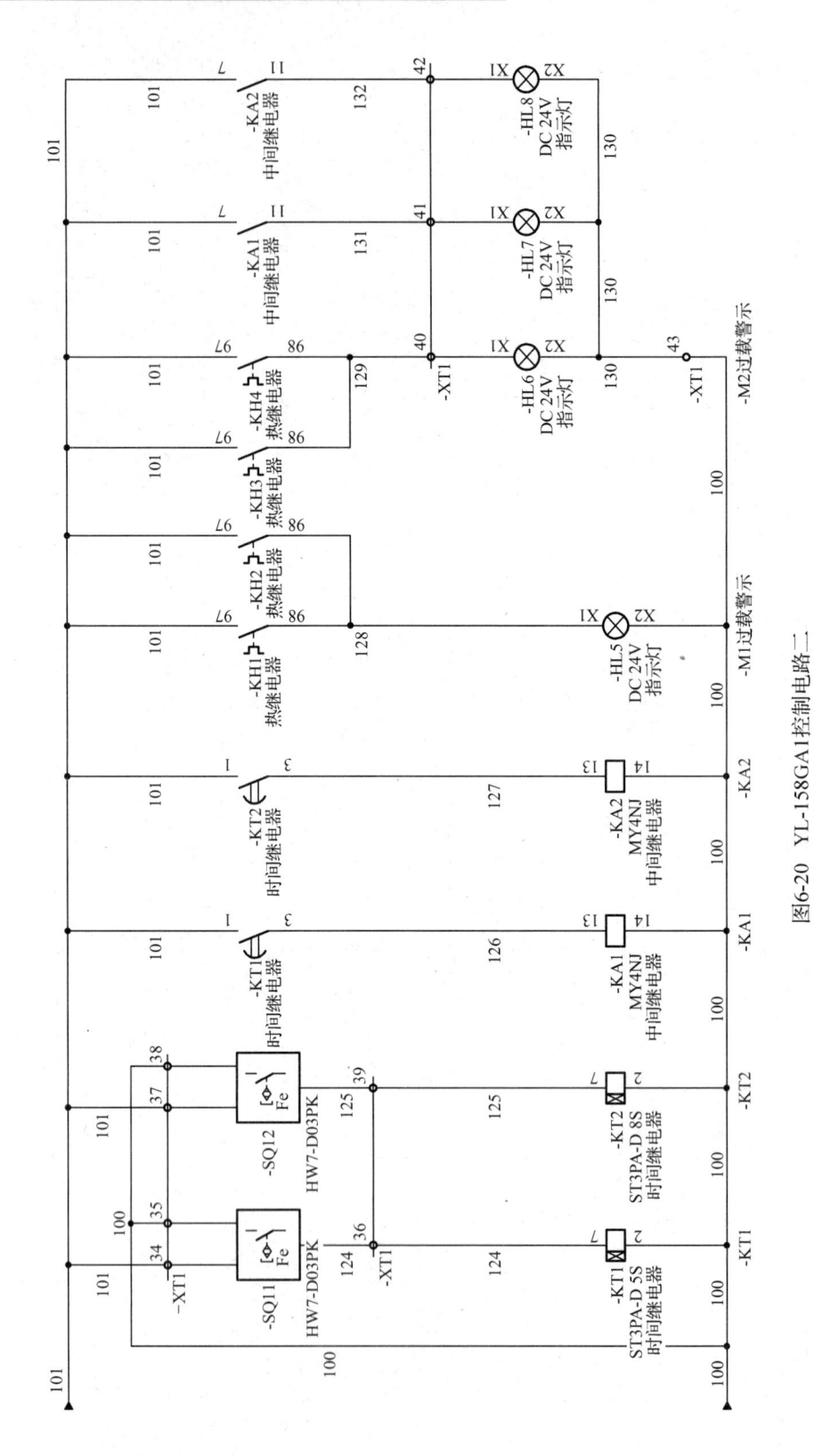

如图 6-17 所示主电路中有两台三相异步电动机，空气开关 QF1 为电源总开关，QF2 为电动机 M1 电源开关，QF3 为电动机 M2 电源开关。M1 为卷帘电动机，插座 PE 接地保护，通过交流接触器 KM1 和 KM2 主触点的通断控制正反转运行，从而控制卷帘上升和下降动作，KM1 和 KM2 不能同时得电，回路中带有热继电器 KH1 和 KH2 过载保护。M2 为风扇电动机，PE 接地保护，通过高低速的切换控制风扇高速转动和低速转动，当 KM4 接通时低速运行，当 KM3 和 KM5 接通时高速运行，KM4 和 KM3、KM5 不能同时得电，回路中带有热继电器 KH3 和 KH4 过载保护。

图 6-18 所示照明电路中，空气开关 QF4 为 4 个灯的电源开关，QF5 为插座 1 的电源开关，QF6 为插座 2 的电源开关。其中，灯 1 由一位开关 S1 控制通断，灯 2 由一位开关 S2 控制通断，灯 3 由二位开关 S3 和 S4 控制通断，灯 4 由按钮 SB1 控制通断。灯和插座 PE 都接地保护。

图 6-19 所示控制电路中，空气开关 QF7 为电源开关，通过直流电源 U 将 220V 交流电转换成 24V 直流电，接入 QF8 电源开关给后续电路供电。左边一路为卷帘电动机正反转的控制。按下按钮 SB11，交流接触器 KM1 线圈和指示灯 HL1 得电，卷帘上升；按下按钮 SB12，交流接触器 KM2 线圈和指示灯 HL2 得电，卷帘下降。电路中包含按钮互锁和接触器互锁，可以通过按钮直接切换正反转。SB10 为停止按钮，行程开关 SQ1 为卷帘上升过程的极限位置开关，行程开关 SQ2 为卷帘下降过程的极限位置开关。当卷帘电动机发生过载时，热继电器 KH1 或 KH2 的常闭触点断开切断电路，起到过载保护作用。回路中还包含了中间继电器 KA1 和 KA2 的触点，在后续电路中将起到控制作用。右边一路为风扇高低速的控制。按下按钮 SB21，交流接触器 KM3 和 KM5 线圈及指示灯 HL3 得电，风扇高速运行；按下按钮 SB22，交流接触器 KM4 线圈和指示灯 HL4 得电，风扇低速运行。电路中包含按钮互锁和接触器互锁，可以通过按钮直接切换风扇高低速。SB20 为停止按钮，热继电器 KH4 常闭触点为风扇高速运行时的过载保护，热继电器 KH3 常闭触点为风扇低速运行时的过载保护。

图 6-20 所示控制电路中，从左起，接近开关 SQ11 控制时间继电器 KT1 线圈，而 KT1 的延时触点控制中间继电器 KA1 线圈，由此控制图 6-19 中卷帘电动机正转这一路断开，反转这一路导通，其作用是卷帘上升到位后延时，时间到后自动切换为卷帘下降。接近开关 SQ12 控制时间继电器 KT2 线圈，KT2 的延时触点控制中间继电器 KA2 线圈，由此控制图 6-19 中卷帘电动机反转这一路断开，正转这一路导通，其作用是卷帘下降到位后延时，时间到后自动切换为卷帘上升。图 6-20 中右侧为 4 个灯的控制，当热继电器 KH1 或 KH2 发生过载时，其常闭触点动作，指示灯 HL5 得电点亮，发出电动机 M1 过载警示。当热继电器 KH3 或 KH4 发生过载时，其常闭触点动作，指示灯 HL6 得电点亮，发出电动机 M2 过载警示。当接近开关 SQ11 动作，触发时间继电器 KT1 延时控制中间继电器 KA1 动作时，指示灯 HL7 得电点亮。当接近开关 SQ12 动作，触发时间继电器 KT2 延时控制中间继电器 KA2 动作时，指示灯 HL8 得电点亮。

2. 操作要求

（1）观察现象时，只能接通控制电路的电源，不能接通主回路电源。

（2）检测故障时，必须在断电情况下测量，不能打开行线槽盖板、不能松开端子拆下导线。

（3）必要时，可以打开开关面板和按钮盒进行检测。

（4）请使用万用表、绝缘电阻测试仪、接地电阻测试仪进行故障检测。

（5）故障点只需在图纸上标注符号，不需要修复。

3. 注意事项

在完成工作任务的过程中，严格遵守电气安装安全操作规程。

四、项目实施

1. 故障点标注符号

故障点主要分为 5 大类：短路、开路、低绝缘电阻、极性/相序交叉、高电阻，其中，低绝缘电阻阻值约为 820kΩ，高电阻阻值约为 1Ω。故障点标注符号如图 6-21 所示，故障点标注方式如图 6-22 所示。

序号	符号	故障点名称
1	↯	短路
2	⊥	开路
3	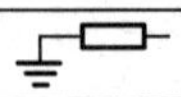 ⏚▬	低绝缘电阻
4	✕	极性/相序交叉
5	▯	高电阻

图 6-21　故障点标注符号

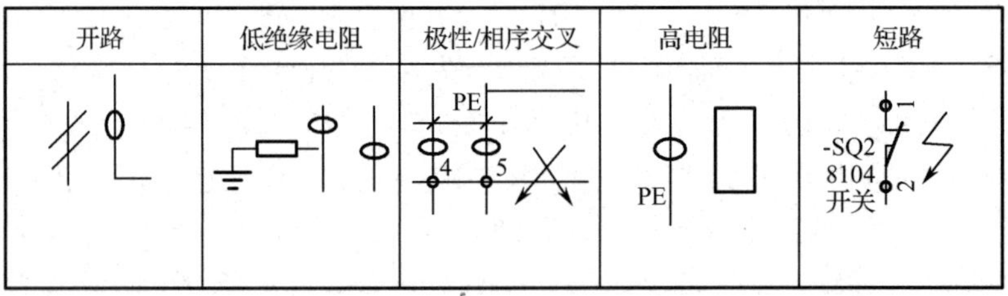

图 6-22　故障点标注方式

2. 故障点举例

包含故障点的电路图如图 6-23 和图 6-24 所示。在图 6-23 中，QF1 的出线端 L1 与 L2 之间有低绝缘电阻故障，端子排的 9 号端子接地中包含高电阻故障，热继电器 KH4 下方 3V 和 3W 包含相序交叉故障。在图 6-24 中，接近开关 SQ12 输出的信号线与时间继电器 KT2 线圈连接的 125 线有开路故障，时间继电器 KT1 常开触点与中间继电器 KA1 线圈连接的 126 线有开路故障，时间继电器 KT2 常开触点与中间继电器 KA2 线圈连接的 127 线、热继电器 KH1、KH2 常开触点与指示灯 HL5 连接的 128 线之间有短路故障。

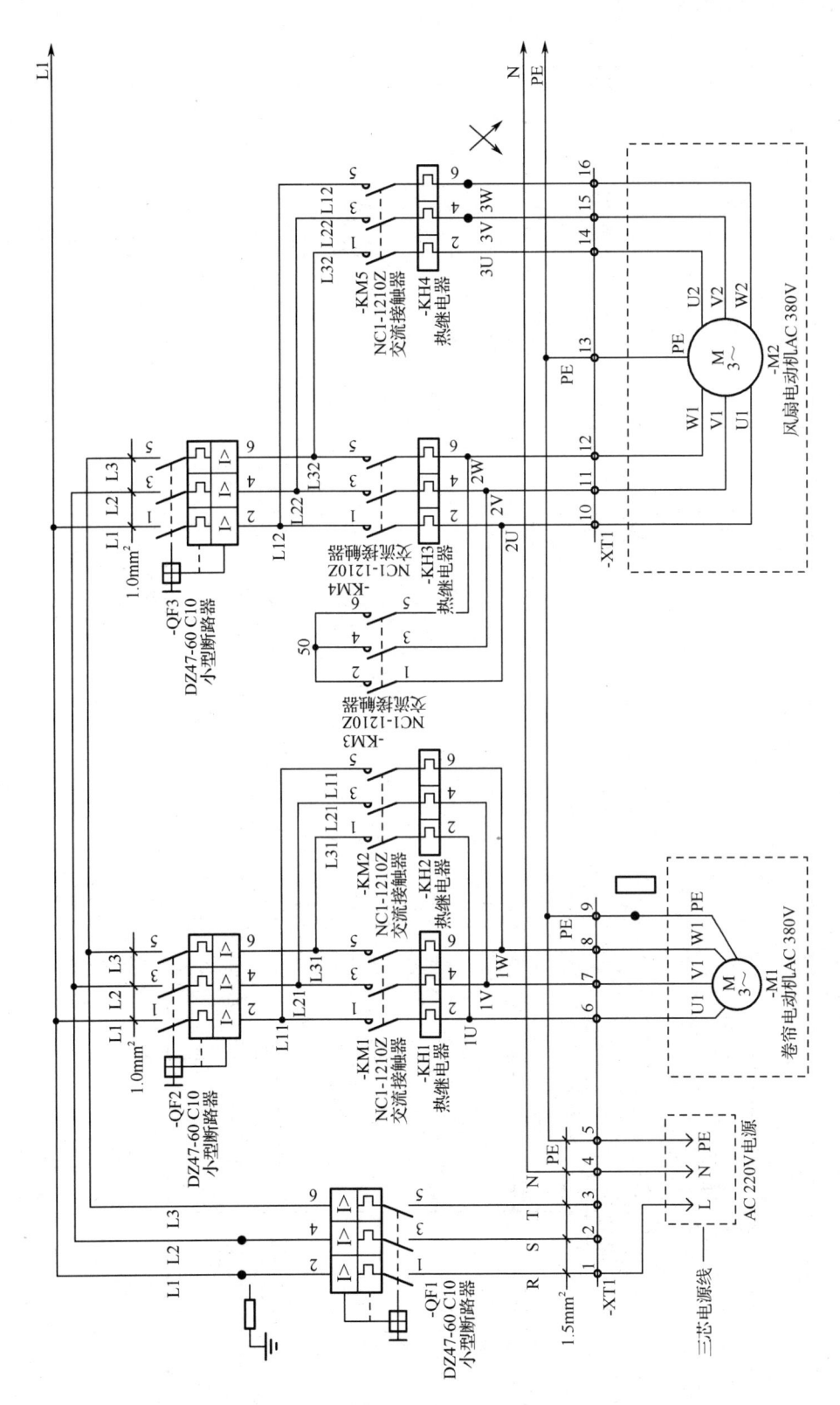

图6-23 包含低绝缘电阻、高电阻、交叉故障点电路图

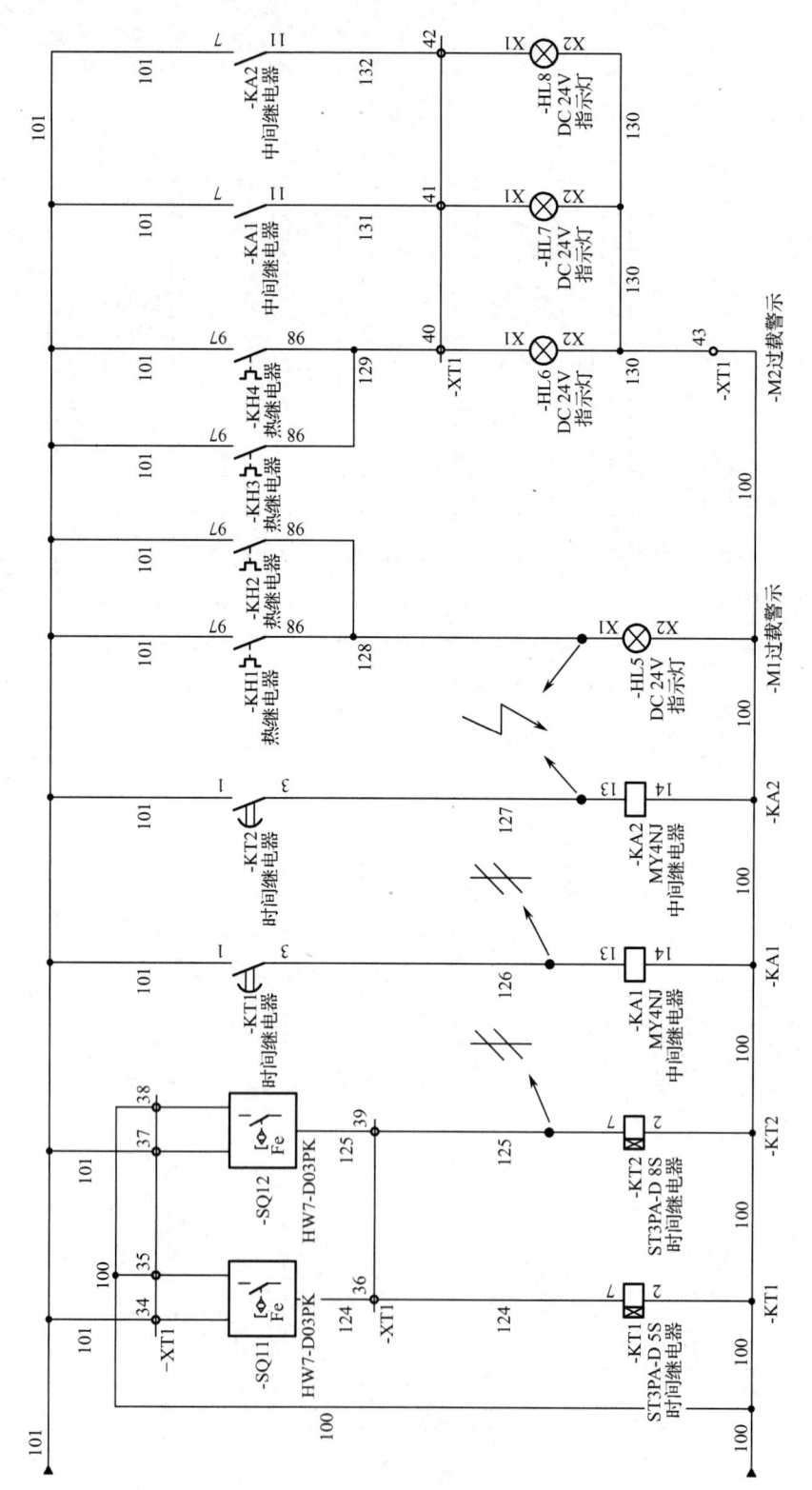

图6-24 包含开路、短路故障点电路图

五、任务提升

（1）能够根据教师设置的多个故障现象，利用万用表、绝缘电阻测试仪等查找故障。
（2）规范排故操作过程，切勿带电检测。
（3）找到故障之后，正确标注故障点符号。

项目 6.4　TE82 系列直流电动机调速器工作原理与排故

一、项目任务

（1）熟悉二极管、晶体管、变压器、整流电路，以及变压器的连接。
（2）掌握 TE82 系列直流电动机调速器的工作原理及应用。
（3）掌握 TE82 系列直流电动机调速器的故障检测及故障排除。
（4）学会利用仪表检测、排除电气元器件的故障。

二、项目准备

（1）TE82 系列直流电动机调速器。
（2）工具：螺丝刀、尖嘴钳等。
（3）仪表：万用表 1 只。

三、项目分析

1. TE82 系列直流电动机调速器组成及结构

（1）TE82 系列直流电动机调速器的组成

如图 6-25 所示是 TE82 系列直流电动机调速器的原理图，该装置适用于拖动功率为 0.4～3kW，电压为 180V 的直流电动机的调速。其主要由以下几部分构成：

① 面板、机壳：主要安装熔断器、接线端子。
② 机座：主要安装高低速调整、加荷调整、电抗器、脉冲变换电路、变压器及主控电路。
③ 线路板：主要用于触发和调整控制部分，主要包括电流正反馈、电流截止负反馈；电压负反馈、电压微分负反馈、同步触发电路。

控制原理：采用改变可控硅导通角大小的方法，获得可调直流电压，向直流电动机电枢绕组供电，以达到变速的目的；主电路采用单相半控桥式整流电路，其输出的直流电压与可控硅元件的控制角和交流电压成一定的比例。

（2）电路整体结构图

电路整体结构图如图 6-26 所示。

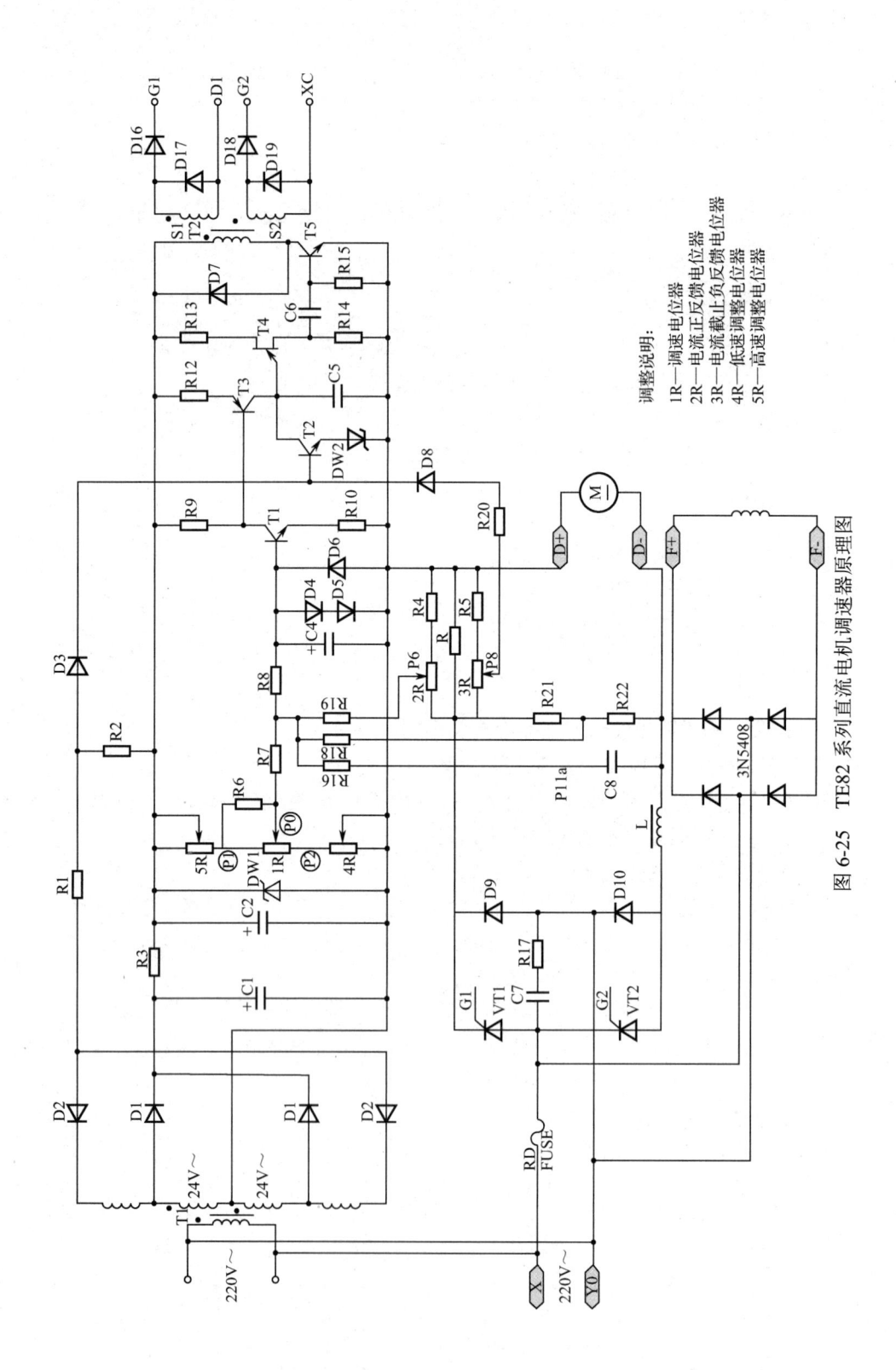

调整说明：
1R—调速电位器
2R—电流正反馈电位器
3R—电流截止负反馈电位器
4R—低速调整电位器
5R—高速调整电位器

图 6-25　TE82 系列直流电机调速器原理图

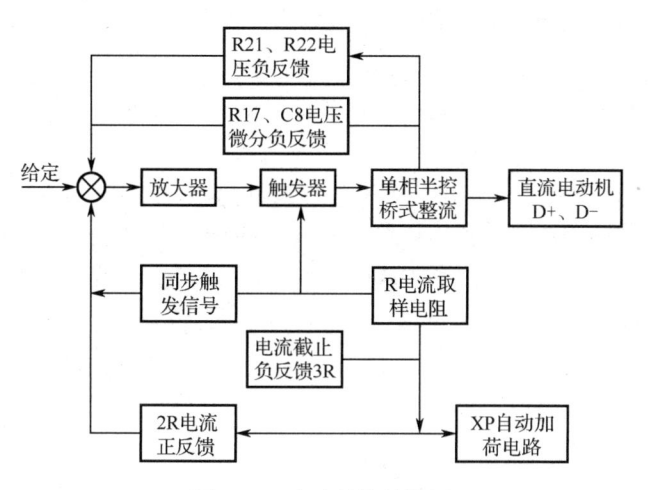

图 6-26 电路整体结构图

2. 电路原理分析

（1）单相半控桥式整流电路

定义：采用两个整流二极管代替全控桥中的两个晶体管，就组成了桥式半控整流电路，根据电路的连接方式分为可控硅并联式连接、可控硅串联式连接两种，分别对应图 6-27（a）、（b）。

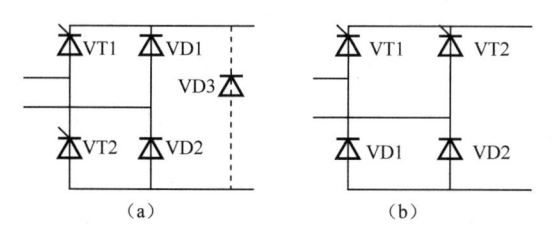

图 6-27 可控硅并联式连接、可控硅串联式连接

并联式连接的特点：VT1、VT2 在承受正向电压且有触发脉冲时换相，VD1、VD2 在电源电压过零点时换相。但是如果控制角突然增大到 180°，或者突然切断触发脉冲，会发生正导通的一处晶体管一直导通，另外两个二极管轮流导通失控的现象，所以并联了一个续流二极管 VD3，使得电源电压为零时，电感负载释放的电流通过 VD3 续流，晶体管中电流因小于维持电流而关断。优点是电路可以共用一套触发电路。

串联式连接的特点：因为 VD1、VD2 是串联的，这两个二极管不仅起整流作用，还替代了续流二极管，因此不需要加续流二极管，但是流经这两个二极管的电流会增大。另外，由于两个晶体管的阴极没有公共点，若用一套触发电路必须增加两个次级绕组的脉冲变压器。

（2）触发电路

触发电路用于触发电路导通，触发信号可以是交流、直流，也可以是脉冲信号，晶体管一旦导通，触发信号就失去作用，为了减少门极损耗和触发功率，触发信号多采用脉冲信号。

基本要求：

① 触发脉冲必须与晶体管阳极电压同步（频率和相位均相匹配）。

② 触发信号应有足够的功率。

③ 触发信号应有足够的宽度。
④ 触发脉冲的移相范围应当满足整流装置的要求。
⑤ 触发脉冲应有足够的上升沿坡度，使晶体管能够导通（微分电路）。

（3）微分电路

微分电路的作用是使触发脉冲有足够的上升沿坡度，使晶闸管更容易导通。当加入电压波形为一矩形波，如图6-28（a）所示，由于电容器两端电压不能突变，所以对信号以通路，电压全加在R15上，极性为上正下负，如图6-28（b）所示；当达到平衡时，电容充电结束，相当于R15电压开始下降；当外加电压突降时，电容又开始放电，如图6-28（c）所示，电阻上得到极性相反的放电电压。

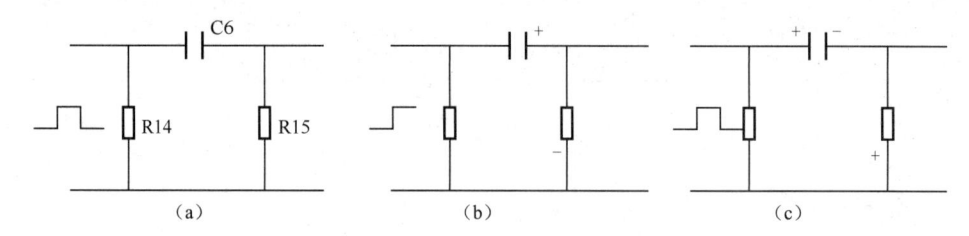

图6-28 微分电路

（4）反馈网络

TE82系列直流电动机调速器的反馈网络如图6-29所示。

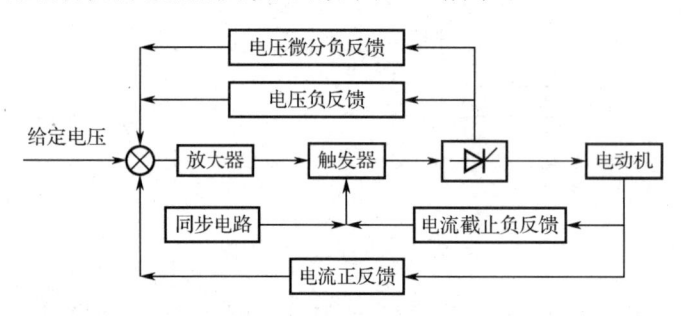

图6-29 T82系列直流电动机调速器的反馈网络

① 电压负反馈。

作用是当电网电压波动及负载情况发生变化时，使输出电压能自动稳定在一个比较稳定的数值，只有改变给定电压，输出电压的值才会跟着变动。图6-25中，R21、R22、R18、R构成电压负反馈，可控硅整流电路的输出电压通过分压，把其中一部分与给定电压相减后，去控制触发电路实现对其相移量的控制。

② 电流截止负反馈。

作用是限制启动电流，负载过大时起保护作用。图6-25中，R、3R、R5、T2构成电流截止负反馈，采用检测回路的工作电流，工作电流超过一定限额时，电流截止负反馈起作用，使可控硅关闭。

③ 电流正反馈。

用来补偿主回路的损耗，增加特性硬度，但反馈量不宜太大，否则将引起系统振荡，还需采用其他负反馈。图6-25中，2R、R4、R19构成电流正反馈，在直流电动机电枢电路中，取一个反映主回路电流情况的反馈信号电压，与给定电压顺极性相加后，控制触发电路相移量。

④ 电压微分负反馈。

能有效地消除或抑制系统振荡现象，改变动态特性。图 6-25 中，R17、C8 构成电压微分负反馈，把输出电压变化率检测出来作为负反馈的电压信号，用来稳定转速。

3. 电路图中的元器件及其参数

表 6-3 是 TE82 系列直流电动机调速器的元器件名称、参数及其作用。

表 6-3　TE82 系列直流电动机调速器的元器件名称、参数及其作用

序号	名称及参数	作用
1	T3（3CK2A）、T1（3DG111C）	组成放大控制器
2	T5（3DG130C）	脉冲放大器
3	T4（BT35F）、R14、C5	组成间隙振荡
4	R14、R15、C6	微分电路
5	R17、C8（3k，10μF）	微分反馈，消振荡
6	R21、R22、R	电压反馈，组成电桥，起稳压作用
7	D4、D5、D6	限幅管，起正向保护作用，使得 U_i<1.4V
8	D9、D10	整流续流作用，为 L 与电枢通入断续电流产生的反电势提供通路
9	R17、R18、R19	运放电阻，形成并联反馈
10	2R、R4	电流正反馈
11	3R、R、R5	电流起截止作用，与 D3 输出脉冲角一起控制 T2
12	VT1、VT2（50A，900V）	可控硅
13	L	电抗器，平稳输出电流，消除低速交流声
14	R	取样电阻，一般为电枢电阻的 1/3
15	4R、5R	低速、高速调整电位器，限制 1R 的调速范围
16	D16、D17、D18、D19	因为晶闸管控制极与阴极允许的反向电压很小，为防止反向击穿，在脉冲变压器副边串联 D18、D16，可将反向电压隔开；并联 D17、D19，可将反向电压短路
17	R16、C7	串联保护电路。并联在电源入口处，保护晶闸管在整流换向过程中免受高频过电压的冲击。电阻限流，电容吸收高频过电压产生的振荡

4. TE82 系列直流电动机调速器故障分析及故障排除

1）故障分析

TE82 系列直流电动机调速器的故障常分为两种：线路板故障和机座故障。将故障进行如下分类：线路板故障分为 12 种情况，机座故障分为 4 种情况，如表 6-4 所示。

表 6-4 故障分类

	序号	故障原因	序号	故障原因		序号	故障原因
线路板故障	1	R7 开路	7	预留	机座故障	C	5R 开路
	2	R8 开路	8	T5 的 e 极开路		W	P0 和 P1 调换
	3	C5 开路	9	T1 的 e 极开路		V	S1 和 S2 同名端错误
	4	C5 击穿	10	T4 的 e 极开路		U	S2 出线端开路
	5	R14 开路	11	T5 的 b 极开路			
	6	C6 开路	12	T3 击穿（常亮）			

2）故障排除方法

（1）线路板故障排除。

直流电动机调速器线路板故障排除的方法有很多种，以此重点介绍"五步法"。

第一步：检查 P0、P2 之间是否有 0~20V 可调电压。

有电压：判断电源及滤波器部分是否正常；

无电压：判断高速电位器 5R 是否开路（机座故障 C）。

第二步：检查 S2、D+之间是否有 20V 电压（T5 c e）。D+在正面板的左侧；S2 在机座上，或者接 T5 的 c 极，即外壳。

有电压：脉冲变压器初级正常；

无电压：初级电路开路（S2 出线端开路，机座故障 U）。

第三步：短路法。

① 短接 T5 的 c 极和 e 极。

如果灯闪烁：脉冲变压器次级正常；

如果灯不闪烁：S1、S2 同名端错误（机座故障 V）。

② 短接 T4 的 e 和 b1 或者 b1 和 b2（测试 5、6、8、11 故障）。

如果灯闪烁，则 R14、C6、T5 都是完好的；

如果灯不闪烁，分情况讨论：

a. R14 开路（故障 5）：两端电压上升（测量 T4、b1、D+），正常为 1.7~1.8V，则初步判断 R14 开路，进一步测量 R14 引脚侧与焊点侧相对于 D+电压，若引脚侧与焊点侧电压不同，则判断 R14 开路。

b. C6 开路（故障 6）：短接 C6，灯是否闪烁，如果闪烁，则判断 C6 开路。

c. T5 e 极开路（故障 8）：测量 T5 e 极电压，即引脚侧与焊点侧电压，若不同，则判断 T5 的 e 极开路。

d. T5 b 极开路（故障 11）：测量 T5 b 极电压，即引脚侧与焊点侧电压，若不同，则判断 T5 的 b 极开路。

③ 短接 T3 的 c 极和 e 极（测试 3、4、10 故障）。

如果灯闪烁，则判断 C5、T4 都是完好的；

如果灯不闪烁，分情况讨论：

a. C5 开路（故障 3）：测量 C5 两端电压为 0~0.1V，正常为 8~9V，则判断 C5 开路。

b. C5 击穿（故障 4）：测量 C5 两端的电压为 2V，则判断 C5 被击穿。

c. T4 的 e 极开路（故障 10）：测量 T4 引脚侧与焊点侧的电压，若不同，则判断 T4 的 e 极开路。

④ 短接 T1 的 c 极和 e 极。

如果灯闪烁，判断 T3、R9、R10 都是完好的；

如果灯不闪烁，分情况讨论：

a. T1、c 极无电压，判断 R9 开路。

b. T1、e 极电压抬高，判断 R10 开路。

第四步：检查 T1 基极电压（D+面板和 T1 的 b 极之间）。

如果 T1 的 b 极和 D+之间电压为 0 或者接近 0，则继续测量 R7 两端电压：

a. 如果 R7 引脚两侧电压为 0，则测量 R7 引脚侧与焊点侧相对于 D+的电压，若不同，则判断 R7 开路（故障 1）。

b. 如果 R7 引脚两侧电压不为 0，则继续测量 R8 两侧电压：

b.1 如果 R8 两侧电压为 0，则继续测量 R8 引脚侧与焊点侧相对于 D+电压，若不同，则判断 R8 开路（故障 2）。

b.2 如果 R8 两侧电压不为 0，则继续测量 T1 的 e 极引脚侧与焊点侧电压，若不同，则判断 T1 的 e 极开路（故障 9）。

第五步：某些二极管被击穿。

全高速能否关闭：

a. 能关闭，但是不可调速（开始全亮，调到最后突然灭），没有击穿；

b. 不能关闭，判断 T3 被击穿。

（2）机座故障排除

机座故障具体的排除步骤如图 6-30 所示。

C 故障：5R 开路，会出现下列情况。

a. P0 和 P2 之间电压为 0；

b. P1 和 D+之间电压为 0，并且 S1 和 D+之间电压为 33V。

W 故障：P0 和 P1 调换，会出现下列情况。

a. P0 和 P2 之间的电压为 0~16V；

b. S2 和 D+之间电压为 7~19V；

c. 短接 T5 的 c 极和 e 极，灯会闪烁，测量 P1 和 P2 之间电压为 0~12V，但是 P1 和 P2 点为正常的电压，为 13~18V。

V 故障：S1 和 S2 同名端错误，会出现下列情况。

a. P0 和 P2 之间电压为 0~20V；

b. S2 和 D+之间电压为 20V；

c. 短接 T5 的 c 极和 e 极，无闪烁现象，D1 和 G1、XC 和 G2 之间均无电压。

U 故障：S2 出线端开路，会出现下列情况。

a. P2 和 P0 之间电压为 13.7V；

b. S2 和 D+之间电压为 0V，而 S1 和 D+之间电压为 22V。

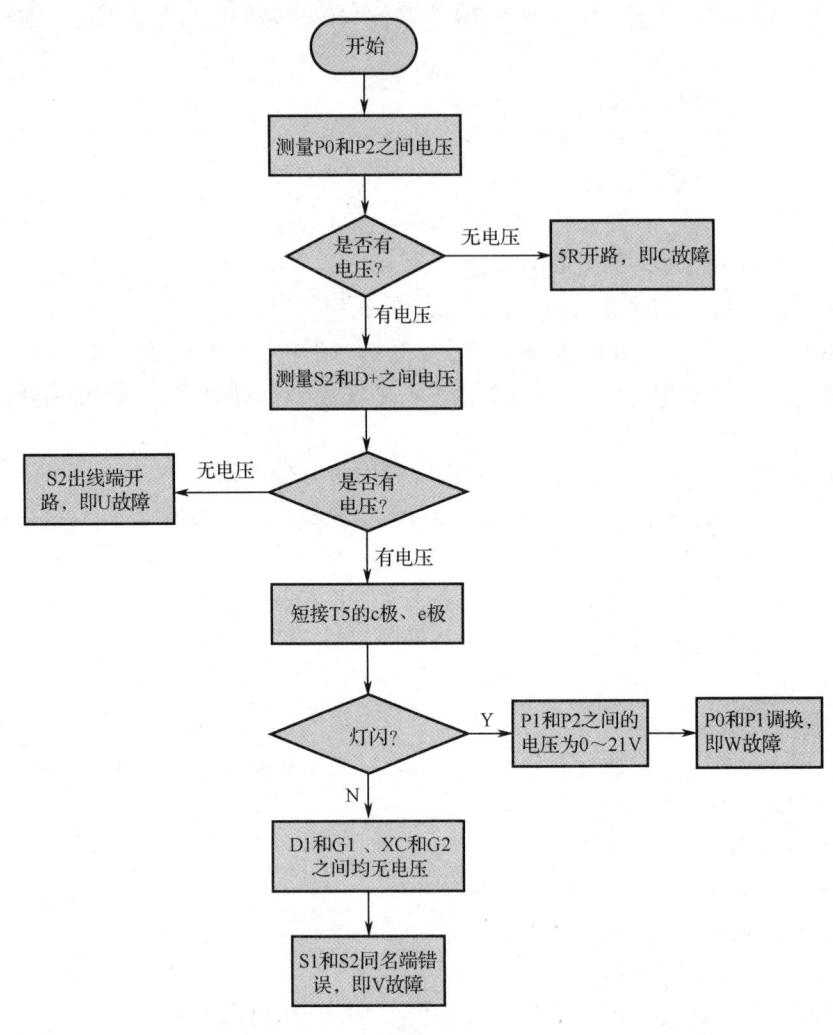

```
                    ┌──────┐
                    │ 开始 │
                    └───┬──┘
                        ▼
            ┌──────────────────────┐
            │ 测量P0和P2之间电压   │
            └──────────┬───────────┘
                       ▼
                  ╱ 是否有 ╲  无电压   ┌──────────────────┐
                  ╲ 电压？ ╱─────────▶│ 5R开路，即C故障 │
                       │              └──────────────────┘
                       │ 有电压
                       ▼
            ┌──────────────────────┐
            │ 测量S2和D+之间电压  │
            └──────────┬───────────┘
                       ▼
  ┌──────────┐  无电压  ╱ 是否有 ╲
  │S2出线端开│◀────────╲ 电压？ ╱
  │路，即U故障│           ╲    ╱
  └──────────┘             │ 有电压
                           ▼
            ┌──────────────────────┐
            │ 短接T5的c极、e极     │
            └──────────┬───────────┘
                       ▼
                  ╱  灯闪？╲  Y    ┌──────────────┐   ┌──────────────┐
                  ╲       ╱──────▶│P1和P2之间的  │──▶│P0和P1调换，  │
                       │          │电压为0~21V   │   │即W故障       │
                       │ N        └──────────────┘   └──────────────┘
                       ▼
            ┌──────────────────────┐
            │ D1和G1、XC和G2      │
            │ 之间均无电压         │
            └──────────┬───────────┘
                       ▼
            ┌──────────────────────┐
            │ S1和S2同名端错       │
            │ 误，即V故障          │
            └──────────────────────┘
```

图 6-30　机座故障具体的排除步骤

四、项目实施

（1）掌握项目所列的电气元器件的原理及特征。
（2）正确使用仪表工具，根据电气原理图分析电路。
（3）按照操作步骤完成故障的排除，恢复电路功能。
（4）排故过程中有较强的安全意识。

五、任务提升

（1）能够根据教师设置的多个故障现象，利用万用表排除故障，恢复电路功能。
（2）规范排故操作过程。
（3）故障排除之后，完成 TE82 系列直流电动机调速器维修工作票。

维修工作票

工作票编号 N0：

发单日期：20　年　月　日

工位号	
工作任务	TE82系列直流电动机调速器故障检测与排除
工作时间	自____年___月___日___时___分至____年___月___日___时___分
工作条件	登录学号：（即两位数的工位号，如：01、10、20等） 登录密码：无 观察故障现象和排除故障后试机——通电；检测及排故过程——停电
工作许可人签名	
维修要求	1. 在工作许可人签名后方可进行检修； 2. 对电气线路进行检测，确定线路的故障点并排除调试后填写表格； 3. 严格遵守电工操作安全规程； 4. 不得擅自改变原线路接线，不得更改电路和元器件位置； 5. 完成检修后能恢复该调速装置各项功能
故障现象描述	
故障检测和排除过程	
故障点描述	

注：学生在"工位号"栏签工位号（机号），教师在"工作许可人签名"栏签名。

综合训练——TE82系列直流电动机调速器与排故

一、项目任务

调速器故障现象：TE82系列直流电动机调速器出现无输出（D+、D-无直流输出）的故障，试分析原因，并排除故障。

具体要求如下：

（1）检修直流调速系统的电气线路故障。

（2）运行设备，观察设备运行故障现象，学生依据故障现象，分析、检测、排除故障，必须单独操作。

（3）故障检修时间在30min之内。

（4）故障分析：在电气控制线路上分析故障可能的原因，思路正确并确定故障发生的范围。

（5）故障排除：正确使用工具和仪表，找出故障点并排除故障。

（6）在考核过程中，带电进行检修时，注意人身和设备的安全。

（7）故障排除之后，完成 TE82 系列直流电动机调速器维修工作票。

二、项目准备

（1）TE82 系列直流电机调速器。

（2）工具：螺丝刀、尖嘴钳等。

（3）仪表：万用表 1 只。

三、项目分析

1. 根据故障现象判断故障类型

故障常分为两种：线路板故障和机座故障。故障分类如下：线路板故障分为 12 种情况，机座故障分为 4 种情况，见表 6-4。

2. 主要原因分析

（1）AC 220V 电源接触不良。

（2）给定电压无 20V。

（3）触发振荡电路不工作。

（4）脉冲整形输出部分故障。

（5）主控电路断路。

（6）同步信号丢失。

3. 电路原理图分析

① 面板和机壳：主要安装熔断器、接线端子。

② 机座：主要安装高低速调整、加荷调整、电抗器、脉冲变换电路、变压器及主控电路。

③ 线路板：主要用于触发和调整控制部分，主要包括电流正反馈、电流截止负反馈、电压负反馈、电压微分负反馈、同步触发电路。

原理分析：采用改变可控硅导通角大小的方法，获得可调直流电压，向直流电动机电枢绕组供电，以达到变速的目的；主电路采用单相半控桥式整流电路，其输出的直流电压与可控硅元件的控制角和交流电压成一定的比例。

4. 用五步法排故

实际的故障排除要按照步骤来排除。故障排除方法如下：

① 线路板故障排除。

第一步：检查 P0、P2 之间是否有 0～20V 可调电压。

第二步：检查 S2、D+ 之间是否有 20V 电压（T5 的 c、e 极）。D+ 在正面板的左侧；S2 在机座上，或者接 T5 的 c 极，即外壳。

第三步：短路法。

第四步：检查 T1 基极电压（D+ 面板和 T1 的 b 极之间）。

第五步：某些二极管被击穿。

② 机座故障具体的排除步骤见图 6-30。

四、项目实施

（1）掌握项目所列的电气元器件的原理及特征。
（2）正确使用仪表工具，根据电气原理图分析电路。
（3）按照操作步骤完成故障的排除，恢复电路功能。
（4）排故过程中有较强的安全意识。

维修工作票

工作票编号 N0：

发单日期：20　年　月　日

工位号	
工作任务	TE82 系列直流电动机调速器故障检测与排除
工作时间	自＿＿＿年＿＿＿月＿＿＿日＿＿＿时＿＿＿分至＿＿＿年＿＿＿月＿＿＿日＿＿＿时＿＿＿分
工作条件	登录学号：（即两位数的工位号，如 01、10、20 等） 登录密码：无 观察故障现象和排除故障后试机—通电；检测及排故过程—停电
工作许可人签名	
维修要求	1. 在工作许可人签名后方可进行检修； 2. 对电气线路进行检测，确定线路的故障点并排除调试后填写表格； 3. 严格遵守电工操作安全规程； 4. 不得擅自改变原线路接线，不得更改电路和元器件位置； 5. 完成检修后能恢复该调速装置各项功能
故障现象描述	
故障检测和排除过程	
故障点描述	

注：学生在"工位号"栏签工位号（机号），教师在"工作许可人签名"栏签名。

附录A 通用变频器FR-E740常用参数一览表

功能	参数号	名 称	设定范围	最小设定单位	初 始 值
基本功能	P0	转矩提升	0~30%	0.1%	6/4/3%×1
	P1	上限频率	0~120Hz	0.01Hz	120Hz
	P2	下限频率	0~120Hz	0.01Hz	0Hz
	P3	基准频率	0~400Hz	0.01Hz	50Hz
	P4	多段速设定（高速）	0~400Hz	0.01Hz	50Hz
	P5	多段速设定（中速）	0~400Hz	0.01Hz	30Hz
	P6	多段速设定（低速）	0~400Hz	0.01Hz	10Hz
	P7	加速时间	0~3600/360s	0.1/0.01s	5/10s*2
	P8	减速时间	0~3600/360s	0.1/0.01s	5/10s*2
	P9	电子过电流保护	0~500A	0.01A	变频器额定电流
直流制动	P10	直流制动动作频率	0~120Hz	0.01Hz	3Hz
	P11	直流制动动作时间	0~10s	0.1s	0.5s
	P12	直流制动动作电压	0~30%	0.1%	4%×3
—	P13	启动频率	0~60Hz	0.01Hz	0.5Hz
—	P14	适用负载选择	0~3	1	0
JOG运行	P15	点动频率	0~400Hz	0.01Hz	5Hz
	P16	点动加减速时间	0~3600/360s	0.1s/0.01s	0.5s
—	P17	MRS输入选择	0、2、4	1	0
—	P18	高速上限频率	120~400Hz	0.01Hz	120Hz
—	P19	基准频率电压	0~1000V、8888、9999	0.1V	9999
加减速时间	P20	加减速基准频率	0~400Hz	0.01Hz	50Hz
	P21	加减速时间单位	0、1	1	0
失速防止	P22	失速防止动作水平	0~200%	0.1%	150%
	P23	倍速时失速防止动作水平补偿系数	0~200%、9999	0.1%	9999
多段速设定	P24	多段速设定（4速）	0~400Hz、9999	0.01Hz	9999
	P25	多段速设定（5速）	0~400Hz、9999	0.01Hz	9999
	P26	多段速设定（6速）	0~400Hz、9999	0.01Hz	9999

续表

功能	参数号	名称	设定范围	最小设定单位	初始值
	P27	多段速设定（7速）	0～400Hz、9999	0.01Hz	9999
—	P29	加减速曲线选择	0、1、2	1	0
—	P30	再生制动功能选择	0、1、2	1	0
频率跳变	P31	频率跳变1A	0～400Hz、9999	0.01Hz	9999
	P32	频率跳变1B	0～400Hz、9999	0.01Hz	9999
	P33	频率跳变2A	0～400Hz、9999	0.01Hz	9999
	P34	频率跳变2B	0～400Hz、9999	0.01Hz	9999
	P35	频率跳变3A	0～400Hz、9999	0.01Hz	9999
	P36	频率跳变3B	0～400Hz、9999	0.01Hz	9999
—	P37	转速显示	0、0.01～9998	0.001	0
—	P40	RUN键旋转方向选择	0、1	0	0
频率检测	P41	频率到达动作范围	0～100%	0.1%	10%
	P42	输出频率检测	0～400Hz	0.01Hz	6Hz
	P43	反转时输出频率检测	0～400Hz、9999	0.01Hz	9999
第2功能	P44	第2加减速时间	0～3600/360s	0.1/0.01s	5/10s*2
	P45	第2减速时间	0～3600/360s、9999	0.1/0.01s	9999
	P46	第2转矩提升	0～30%、9999	0.1%	9999
	P47	第2V/F（基准频率）	0～400Hz、9999	0.01Hz	9999
	P48	第2失速防止动作水平	0～200%、9999	0.1%	9999
	P51	第2电子过电流保护	0～500A、9999	0.01A	9999
监视器功能	P52	DU/PU主显示数据选择	0、5、7～12、14、20、23～25、52～57、61、62、100	1	0
	P55	频率监视基准	0～400Hz	0.01Hz	50Hz
	P56	电流监视基准	0～500A	0.01A	变频器额定电流
再启动	P57	再启动自由运行时间	0、0.1～5s、9999	0.1s	9999
	P58	再启动上升时间	0～60s	0.1s	1s
—	P59	遥控功能选择	0、1、2、3	1	0
—	P60	节能控制选择	0、9	1	0
自动加减速	P61	基准电流	0～500A、9999	0.01A	9999
	P62	加速时基准值	0～200%、9999	1%	9999
	P63	减速时基准值	0～200%、9999	1%	9999
—	P65	再试选择	0～5	1	0
—	P66	失速防止动作水平降低开始频率	0～400Hz	0.01Hz	50Hz
再试	P67	报警发生时再试次数	0～10、101～110	1	0

续表

功能	参数号	名称	设定范围	最小设定单位	初始值
再试	P68	再试等待时间	0.1～360s	0.1s	1s
	P69	再试次数显示和消除	0	1	0
—	P70	特殊再生制动使用率	0～30%	0.1%	0%
—	P71	适用电动机	0、1、3～6、13～16、23、24、40、43、44、50、53、54	1	0
—	P72	PWM频率选择	0～15	1	1
—	P73	模拟量输入选择	0、1、10、11	1	1
—	P74	输入滤波时间常数	0～8	1	1
—	P75	复位选择/PU脱离检测/PU停止选择	0～3、14～17	1	14
—	P77	参数写入选择	0、1、2	1	0
—	P78	反转防止选择	0、1、2	1	0
—	P79	运行模式选择	0、1、2、3、4、6、7	1	0
电机常数	P80	电动机容量	0.1～15kW、9999	0.01kW	9999
	P81	电动机极数	2、4、6、8、10、9999	1	9999
	P82	电动机励磁电流	0～500A（0～××××）、9999*4	0.01A（1）*4	9999
	P83	电动机额定电压	0～1000V	0.1V	400V
	P84	电动机额定频率	10～120Hz	0.01Hz	50Hz
	P89	速度控制增益（磁通矢量）	0～200%、9999	0.1%	9999
	P90	电动机常数（R1）	0～50Ω（0～××××）、9999*4	0.001Ω（1）*4	9999
	P91	电动机常数（R2）	0～50Ω（0～××××）、9999*4	0.001Ω（1）*4	9999
	P92	电动机常数（L1）	0～1000mH（0～50Ω、0～××××）、9999*4	0.1mH（0.001Ω、1）*4	9999
	P93	电动机常数（L2）	0～1000mH（0～50Ω、0～××××）、9999*4	0.1mH（0.001Ω、1）*4	9999
	P94	电动机常数（X）	0～100%（0～500Ω、0～××××）、9999*4	0.1%（0.01Ω、1）*4	9999
	P96	自动调谐设定/状态	0、1、11、21	1	0
—	P125	端子2频率设定增益频率	0～400Hz	0.01Hz	50Hz
—	P126	端子4频率设定增益频率	0～400Hz	0.01Hz	50Hz
PU运行	P127	PID控制自动切换频率	0～400Hz、9999	0.01Hz	9999
	P128	PID动作选择	0、20、21、40～43、50、51、60、61	1	0

续表

功能	参数号	名称	设定范围	最小设定单位	初始值
	P129	PID 比例带	0.1～1000%、9999	0.1%	100%
	P130	PID 积分时间	0.1～3600s、9999	0.1s	1s
	P131	PID 上限	0～100%、9999	0.1%	9999
	P132	PID 下限	0～100%、9999	0.1%	9999
	P133	PID 动作目标值	0～100%、9999	0.01%	9999
	P134	PID 微分时间	0.01～10.00s、9999	0.01s	9999
PU	P145	PU 显示语言切换	0～7	1	1
—	P147	加减速时间切换频率	0～400Hz、9999	0.01Hz	9999
电流检测	P150	输出电流检测水平	0～200%	0.1%	150%
	P151	输出电流检测信号延迟时间	0～10s	0.1s	0s
	P152	零电流检测水平	0～200%	0.1%	5%
	P153	零电流检测时间	0～1s	0.01s	0.5s
—	P156	失速防止动作选择	0～31、100、101	1	0
—	P157	OL 信号输出延时	0～25s、9999	0.1s	0s
—	P158	AM 端子功能选择	1～3、5、7～12、14、21、24、52、53、61、62	1	1
—	P160	用户参数组读取选择	0、1、9999	1	0
—	P161	频率设定/键盘锁定操作选择	0、1、10、11	1	0
再启动	P162	瞬时停电再启动动作选择	0、1、10、11	1	1
	P165	再启动失速防止动作水平	0～200%	0.1%	150%
输入端子功能分配	P178	STF 端子功能选择	0～5、7、8、10、12、14～16、18、24、25、60、62、65～67、9999	1	60
	P179	STR 端子功能选择	0～5、7、8、10、12、14～16、18、24、25、61、62、65～67、9999	1	61
	P180	RL 端子功能选择	0～5、7、8、10、12、14～16、18、24、25、62、65～67、9999	1	0
	P181	RM 端子功能选择		1	1
	P182	RH 端子功能选择		1	2
	P183	MRS 端子功能选择		1	24
	P184	RES 端子功能选择		1	62
输出端子功能分配	P190	RUN 端子功能选择	0、1、3、4、7、8、11～16、20、25、26、46、47、64、90、91、93、95、96、98、99、100、101、103、104、107、108、111～116、120、125、126、146、147、164、190、191、193、195、196、198、199、9999	1	0
	P191	FU 端子功能选择		1	4

续表

功　能	参数号	名　　称	设　定　范　围	最小设定单位	初　始　值
输出端子功能分配	P192	ABC端子功能选择	0、1、3、4、7、8、11～16、20、25、26、46、47、64、90、91、95、96、98、99、100、101、103、104、107、108、111～116、120、125、126、146、147、164、190、191、195、196、198、199、9999	1	99
多段速度设定	P232	多段速设定（8速）	0～400Hz、9999	0.01Hz	9999
	P233	多段速设定（9速）	0～400Hz、9999	0.01Hz	9999
	P234	多段速设定（10速）	0～400Hz、9999	0.01Hz	9999
	P235	多段速设定（11速）	0～400Hz、9999	0.01Hz	9999
	P236	多段速设定（12速）	0～400Hz、9999	0.01Hz	9999
	P237	多段速设定（13速）	0～400Hz、9999	0.01Hz	9999
	P238	多段速设定（14速）	0～400Hz、9999	0.01Hz	9999
	P239	多段速设定（15速）	0～400Hz、9999	0.01Hz	9999
—	P240	Soft—PWM动作选择	0、1	1	1
—	P241	模拟输入显示单位切换	0、1	1	0
—	P244	冷却风扇的动作选择	0、1	1	1
转差补偿	P245	额定转差	0～50%、9999	0.01%	9999
	P246	转差补偿时间常数	0.01～10s	0.01s	0.5s
	P247	恒功率区域转差补偿选择	0、9999	1	9999
—	P250	停止选择	0～100s、1000～1100s、8888、9999	0.1s	9999
—	P251	输出缺相保护选择	0、1	1	1
掉电停止	P261	掉电停止方式选择	0、1.2	1	0
—	P267	端子4输入选择	0、1、2	1	0
—	P268	监视器小数位数选择	0、1、9999	1	9999
—	P277	失速防止电流切换	0、1	1	0
制动顺控功能	P278	制动开启频率	0～30Hz	0.01Hz	3Hz
	P279	制动开启电流	0～200%	0.1%	130%
	P280	制动开启电流检测时间	0～2s	0.1s	0.3s
	P281	制动操作开始时间	0～5s	0.1s	0.3s
	P282	制动操作频率	0～30Hz	0.01Hz	6Hz
	P283	制动操作停止时间	0～5s	0.1s	0.3s

续表

功能	参数号	名称	设定范围	最小设定单位	初始值
固定偏差控制	P286	增益偏差	0～100%	0.1%	0%
	P287	滤波器偏差时定值	0～1s	0.01s	0.3s
—	P292	自动加减速	0、1、7、8、11	1	0
—	P293	加速减速个别动作选择模式	0～2	1	0
—	P295	频率变化量设定	0、0.01、0.10、1.00、10.00	0.01	0
—	P298	频率搜索增益	0～32767、9999	1	9999
—	P299	再启动时的旋转方向检测选择	0、1、9999	1	0
模拟量输出	P306	模拟量输出信号选择	1～3、5、7～12、14、21、24、52、53	1	2
	P307	模拟量输出零时设定	0～100%	0.1%	0
	P308	模拟量输出最大时设定	0～100%	0.1%	100
	P309	模拟量输出信号电压/电流切换	0、1、10、11	1	0
	P310	模拟量仪表电压输出选择	1～3、5、7～12、14、21、24、52、53	1	2
	P311	模拟量仪表电压输出零时设定	0～100%	0.1%	0
	P312	模拟量仪表电压输出最大时设定	0～100%	0.1%	100
继电器输出	P320	RA1 输出选择	0、1、3、4、7、8、11～16、20、25、26、46、47、64、90、91、95、96、98、99、9999	1	0
	P321	RA2 输出选择		1	1
	P322	RA3 输出选择		1	4
RS-485 通信	P338	通信运行指令权	0、1	1	0
	P339	通信速率指令权	0、1、2	1	0
	P340	通信启动模式选择	0、1、10	1	0
	P342	通信 EEPROM 写入选择	0、1	1	0
	P343	通信错误计数	—	1	0
保护功能	P872	输入缺相保护选择	0、1	1	1
PU	P990	PU 蜂鸣器音控制	0、1	1	1
	P991	PU 对比度调整	0～63	1	58
清除参数	Pr.CL	清除参数	0、1	1	0
	ALLC	参数全部清除	0、1	1	0
	Er.CL	清除报警历史	0、1	1	0
	Pr.CH	初始值变更清单	—	—	—

注：
（1）容量不同也各不相同。6%：0.75k 以下、4%：1.5k～3.7k、3%：5.5k、7.5k。
（2）容量不同也各不相同。5s：3.7k 以下、10s：5.5k、7.5k。
（3）容量不同也各不相同。4%：0.4k～7.5k。
（4）根据 P71 的设定值不同而不同。

附录 B FX₃ᵤ 系列 PLC 定位用特殊软元件

附录 B-1 定位用特殊辅助继电器一览表（M8000-）

编号	功能	对应特殊软元件
M8130	HSZ（FNC 55）指令表格比较模式	D8130
M8131	同上，执行结束标志位	
M8132	HSZ（FNC 55）、PLSY（FNC 57）指令，速度模型模式	D8131~D8134
M8133	同上的执行结束标志位	
M8138	HSCT（FNC 280）指令，执行结束标志位	D8138
M8139	HSCS（FNC 53）、HSCR（FNC 54）、HSZ（FNC 55）、HSCT（FNC 280）指令，高速计数器比较指令执行中	D8139
M8336	DVIT（FNC 151）指令，中断输入指定功能有效	D8336
M8338	PLSV（FNC 157）指令，加减速动作	—
M8340	[Y000]脉冲输出中监控（ON:BUSY/OFF:READY）	—
M8341	[Y000]清除信号输出功能有效	—
M8342	[Y000]指定原点回归方向	—
M8343	[Y000]正转极限	—
M8344	[Y000]反转极限	—
M8345	[Y000]近点 DOG 信号逻辑反转	—
M8346	[Y000]零点信号逻辑反转	—
M8347	[Y000]中断信号逻辑反转	—
M8348	[Y000]定位指令驱动中	—
M8349	[Y000]脉冲输出停止指令	—
M8350	[Y001]脉冲输出中监控（ON:BUSY/OFF:READY）	—
M8351	[Y001]清除信号输出功能有效	—
M8352	[Y001]指定原点回归方向	—
M8353	[Y001]正转极限	—
M8354	[Y001]反转极限	—
M8355	[Y001]近点 DOG 信号逻辑反转	—
M8356	[Y001]零点信号逻辑反转	—
M8357	[Y001]中断信号逻辑反转	—

续表

编 号	功 能	对应特殊软元件
M8358	[Y001]定位指令驱动中	—
M8359	[Y001]脉冲输出停止指令	—
M8360	[Y002]脉冲输出中监控（ON:BUSY/OFF:READY）	—
M8361	[Y002]清除信号输出功能有效	—
M8362	[Y002]指定原点回归方向	—
M8363	[Y002]正转极限	—
M8364	[Y002]反转极限	—
M8365	[Y002]近点 DOG 信号逻辑反转	—
M8366	[Y002]零点信号逻辑反转	—
M8367	[Y002]中断信号逻辑反转	—
M8368	[Y002]定位指令驱动中	—
M8369	[Y002]脉冲输出停止指令	—
M8460	DVIT（FNC 151）指令，[Y000]用户中断输入指令	D8336
M8461	DVIT（FNC 151）指令，[Y001]用户中断输入指令	D8336
M8462	DVIT（FNC 151）指令，[Y002]用户中断输入指令	D8336
M8464	DSZR（FNC 150）指令、ZRN（FNC 156）指令，[Y000]指定清零信号软元件的功能有效	D8464
M8465	DSZR（FNC 150）指令、ZRN（FNC 156）指令，[Y001]指定清零信号软元件的功能有效	D8465
M8466	DSZR（FNC 150）指令、ZRN（FNC 156）指令，[Y002]指定清零信号软元件的功能有效	D8466

附录 B-2 定位用特殊数据寄存器一览表（D8000-）

编 号		功 能	对应特殊软元件
D8130		HSZ（FNC 55）指令，高速比较表格计数器	M8130
D8131		HSZ（FNC 55）指令、PLSY（FNC 57）指令，速度形式表格计数器	M8132
D8132	低位	HSZ（FNC 55）、PLSY（FNC 57）指令，速度形式频率	M8132
D8133	高位		
D8134	低位	HSZ（FNC 55）、PLSY（FNC 57）指令，速度形式目标脉冲数	M8132
D8135	高位		
D8136	低位	PLSY（FNC 57）、PLSR（FNC 59）指令，输出到 Y000 和 Y001 的脉冲合计数的累计	—
D8137	高位		
D8138		HSCT（FNC 280）指令，表格计数器	M8138
D8139		HSCS（FNC 53）、HSCR（FNC 54）、HSZ（FNC 55）、HSCT（FNC 280）指令，执行中的指令数	M8139

续表

编号		功能	对应特殊软元件
D8140	低位	PLSY（FNC 57）、PLSR（FNC 59）指令，输出到 Y000 的脉冲数的累计或使用定位指令时的当前值地址	—
D8141	高位		
D8142	低位	PLSY（FNC 57）、PLSR（FNC 59）指令，输出到 Y001 的脉冲数的累计或使用定位指令时的当前值地址	—
D8143	高位		
D8336		DVIT（FNC 151）用，中断输入的指定初始值	M8336
D8340	低位	[Y000]当前值寄存器	—
D8341	高位	初始值：0	
D8342		[Y000]偏置速度，初始值：0	—
D8343	低位	[Y000]最高速度	—
D8344	高位	初始值：100000	
D8345		[Y000]爬行速度，初始值：1000	—
D8346	低位	[Y000]原点回归速度	—
D8347	高位	初始值：50000	
D8348		[Y000]加速时间，初始值：100	—
D8349		[Y000]减速时间，初始值：100	—
D8350	低位	[Y001]当前值寄存器	—
D8351	高位	初始值：0	
D8352		[Y001]偏置速度 初始值：0	—
D8353	低位	[Y001]最高速度	—
D8354	高位	初始值：100000	
D8355		[Y001]爬行速度，初始值：1000	—
D8356	低位	[Y001]原点回归速度	—
D8357	高位	初始值：50000	
D8358		[Y001]加速时间，初始值：100	—
D8359		[Y001]减速时间，初始值：100	—
D8360	低位	[Y002]当前值寄存器	—
D8361	高位	初始值：0	
D8362		[Y002]偏置速度，初始值：0	—
D8363	低位	[Y002]最高速度	—
D8364	高位	初始值：100000	
D8365		[Y002]爬行速度，初始值：1000	—
D8366	低位	[Y002]原点回归速度	—
D8367	高位	初始值：50000	
D8368		[Y002]加速时间，初始值：100	—
D8369		[Y002]减速时间，初始值：100	—
D8464		DSZR（FNC 150）、ZRN（FNC 156）指令，[Y000]指定清除信号软元件	M8464

续表

编　号	功　　能	对应特殊软元件
D8465	DSZR（FNC 150）、ZRN（FNC 156）指令，[Y001]指定清除信号软元件	M8465
D8466	DSZR（FNC 150）、ZRN（FNC 156）指令，[Y002]指定清除信号软元件	M8466

注："—"表示没有对应特殊软元件。

附录 C 台达 ASDA-B2 系列伺服参数一览表

监控及一般输出设定参数							
代　号	简　称	功　能	初　值	单　位	适用控制模式		
					PT	S	T
P0-00★	VER	韧体版本	工厂设定	N/A	O	O	O
P0-01■	ALE	驱动器错误状态显示（七段显示器）	N/A	N/A	O	O	O
P0-02	STS	驱动器状态显示	00	N/A	O	O	O
P0-03	MON	模拟输出监控	01	N/A	O	O	O
P0-08★	TSON	伺服启动时间	0	h			
P0-09★	CM1	状态监控缓存器 1	N/A	N/A	O	O	O
P0-10★	CM2	状态监控缓存器 2	N/A	N/A	O	O	O
P0-11★	CM3	状态监控缓存器 3	N/A	N/A	O	O	O
P0-12★	CM4	状态监控缓存器 4	N/A	N/A	O	O	O
P0-13★	CM5	状态监控缓存器 5	N/A	N/A	O	O	O
P0-17	CM1A	选择状态监控缓存器 1 的显示内容	0	N/A			
P0-18	CM2A	选择状态监控缓存器 2 的显示内容	0	N/A			
P0-19	CM3A	选择状态监控缓存器 3 的显示内容	0	N/A			
P0-20	CM4A	选择状态监控缓存器 4 的显示内容	0	N/A			
P0-21	CM5A	选择状态监控缓存器 5 的显示内容	0	N/A			
P0-46★	SVSTS	驱动器数字输出（DO）信号状态显示	0	N/A	O	O	O
P1-04	MON1	MON1 模拟监控输出比例	100	%	O	O	O
P1-05	MON2	MON2 模拟监控输出比例	100	%	O	O	O
滤波平滑及共振抑制相关参数							
代　号	简　称	功　能	初　值	单　位	适用控制模式		
					PT	S	T
P1-06	SFLT	模拟速度指令加减速平滑常数	0	ms		O	
P1-07	TFLT	模拟扭矩指令平滑常数	0	ms			O
P1-08	PFLT	位置指令平滑常数	0	10ms	O		
P1-34	TACC	速度加速常数	200	ms		O	
P1-35	TDEC	速度减速常数	200	ms		O	
P1-36	TSL	S 形加减速平滑常数	0	ms		O	
P1-59	MFLT	模拟速度指令线性滤波常数	0	0.1ms		O	

续表

\multicolumn{6}{	c	}{滤波平滑及共振抑制相关参数}

代号	简称	功能	初值	单位	适用控制模式		
					PT	S	T
P1-62	FRCL	摩擦力补偿	0	%	O	O	O
P1-63	FRCT	摩擦力补偿	0	ms	O	O	O
P1-68	PFLT2	位置命令 Moving Filter	0	ms	O		
P2-23	NCF1	共振抑制 Notch Filter（1）	1000	Hz	O	O	O
P2-24	DPH1	共振抑制 Notch Filter 衰减率（1）	0	dB	O	O	O
P2-25	NLP	共振抑制低通滤波	2/5	0.1ms	O	O	O
P2-43	NCF2	共振抑制 Notch Filter（2）	1000	Hz	O	O	O
P2-44	DPH2	共振抑制 Notch Filter 衰减率（2）	0	dB	O	O	O
P2-45	NCF3	共振抑制 Notch Filter（3）	1000	Hz	O	O	O
P2-46	DPH3	共振抑制 Notch Filter 衰减率（3）	0	dB	O	O	O
P2-47	ANCF	自动共振抑制模式设定	1	N/A	O	O	O
P2-48	ANCL	自动共振抑制灵敏度设定	100	N/A	O	O	O
P2-49	SJIT	速度检测滤波及微振抑制	0	sec	O	O	O

\multicolumn{6}{	c	}{增益及切换相关参数}

代号	简称	功能	初值	单位	适用控制模式		
					PT	S	T
P2-00	KPP	位置控制增益	35	rad/s	O		
P2-01	PPR	位置控制增益变动比率	100	%	O		
P2-02	PFG	位置前馈增益	50	%	O		
P2-03	PFF	位置前馈增益平滑常数	5	ms	O		
P2-04	KVP	速度控制增益	500	rad/s	O	O	O
P2-05	SPR	速度控制增益变动比率	100	%	O	O	O
P2-06	KVI	速度积分补偿	100	rad/s	O	O	O
P2-07	KVF	速度前馈增益	0	%	O	O	O
P2-26	DST	外部干扰抵抗增益	0	0.001	O	O	O
P2-27	GCC	增益切换条件及切换方式选择	0	N/A	O	O	O
P2-28	GUT	增益切换时间常数	10	10ms	O	O	O
P2-29	GPE	增益切换条件	1280000	pulse kpps r/min	O	O	O
P2-31	AUT1	自动及半自动模式设定	80	Hz	O	O	O
P2-32▲	AUT2	增益调整方式	0	N/A	O	O	O

续表

位置控制相关参数								
代 号	简 称	功 能	初 值	单 位	适用控制模式		
					PT	S	T
P1-01●	CTL	控制模式及控制命令输入源设定	0	pulse r/min N-M	O	O	O
P1-02▲	PSTL	速度及扭矩限制设定	0	N/A	O	O	O
P1-12～ P1-14	TQ1～3	内部扭矩限制1～3	100	%	O	O	O
P1-46▲	GR3	检出器输出脉冲数设定	2500	pulse	O	O	O
P1-55	MSPD	最大速度限制	rated	r/min	O	O	O
P2-50	DCLR	脉冲清除模式	0	N/A	O		
外部脉冲控制命令（PT mode）								
P1-00▲	PTT	外部脉冲列输入形式设定	0x2	N/A	O		
P1-44▲	GR1	电子齿轮比分子（N1）	1	pulse	O		
P1-45▲	GR2	电子齿轮比分母（M）	1	pulse	O		
P2-60▲	GR4	电子齿轮比分子（N2）	1	pulse	O		
P2-61▲	GR5	电子齿轮比分子（N3）	1	pulse	O		
P2-62▲	GR6	电子齿轮比分子（N4）	1	pulse	O		
速度控制相关参数								
代 号	简 称	功 能	初 值	单 位	适用控制模式		
					PT	S	T
P1-01●	CTL	控制模式及控制命令输入源设定	0	pulse r/min N-M	O	O	O
P1-02▲	PSTL	速度及扭矩限制设定	0	N/A	O	O	O
P1-09～ P1-11	SP1～3	内部速度指令1～3	1000～ 3000	0.1r/min		O	O
P1-12～ P1-14	TQ1～3	内部扭矩限制1～3	100	%	O	O	O
P1-40▲	VCM	模拟速度指令最大回转速度	rated	r/min		O	
P1-41▲	TCM	模拟扭矩限制最大输出	100	%	O	O	O
P1-46▲	GR3	检出器输出脉冲数设定	1	pulse	O	O	O
P1-55	MSPD	最大速度限制	rated	r/min	O	O	O
P1-76	AMSPD	检出器输出（OA、OB）最高转速设定	5500	r/min	O	O	O

续表

扭矩控制相关参数							
代号	简称	功 能	初 值	单 位	适用控制模式		
					PT	S	T
P1-01●	CTL	控制模式及控制命令输入源设定	0	pulse r/min N-M	O	O	O
P1-02▲	PSTL	速度及扭矩限制设定	0	N/A	O	O	O
P1-09～ P1-11	SP1～3	内部速度限制 1～3	1000～ 3000	r/min		O	O
P1-12～ P1-14	TQ1～3	内部扭矩指令 1～3	100	%		O	O
P1-40▲	VCM	模拟速度限制最大回转速度	rated	r/min		O	
P1-41▲	TCM	模拟扭矩指令最大输出	100	%		O	O
P1-46▲	GR3	检出器输出脉冲数设定	1	pulse	O	O	O
P1-55	MSPD	最大速度限制	rated	r/min			

数字输入/输出接脚规划及输出相关设定参数							
代号	简称	功 能	初 值	单 位	适用控制模式		
					PT	S	T
P2-09	DRT	数字输入响应滤波时间	2	2ms	O	O	O
P2-10	DI1	数字输入接脚 DI1 功能规划	101	N/A	O	O	O
P2-11	DI2	数字输入接脚 DI2 功能规划	104	N/A	O	O	O
P2-12	DI3	数字输入接脚 DI3 功能规划	116	N/A	O	O	O
P2-13	DI4	数字输入接脚 DI4 功能规划	117	N/A	O	O	O
P2-14	DI5	数字输入接脚 DI5 功能规划	102	N/A	O	O	O
P2-15	DI6	数字输入接脚 DI6 功能规划	22	N/A	O	O	O
P2-16	DI7	数字输入接脚 DI7 功能规划	23	N/A	O	O	O
P2-17	DI8	数字输入接脚 DI8 功能规划	21	N/A	O	O	O
P2-36	DI9	数字输入接脚 DI9 功能规划	0	N/A	O	O	O
P2-18	DO1	数字输出接脚 DO1 功能规划	101	N/A	O	O	O
P2-19	DO2	数字输出接脚 DO2 功能规划	103	N/A	O	O	O
P2-20	DO3	数字输出接脚 DO3 功能规划	109	N/A	O	O	O
P2-21	DO4	数字输出接脚 DO4 功能规划	105	N/A	O	O	O
P2-22	DO5	数字输出接脚 DO5 功能规划	7	N/A	O	O	O
P2-37	DO6	数字输出接脚 DO6 功能规划	7	N/A	O	O	O
P1-38	ZSPD	零速度检出准位	100	0.1r/min	O	O	O
P1-39	SSPD	目标转速检出准位	3000	r/min	O	O	O
P1-42	MBT1	电磁刹车开启延迟时间	0	ms	O	O	O

续表

数字输入/输出接脚规划及输出相关设定参数							
代号	简称	功能	初值	单位	适用控制模式		
					PT	S	T
P1-43	MBT2	电磁刹车关闭延迟时间	0	ms	O	O	O
P1-47	SCPD	速度比对检出准位	10	r/min		O	
P1-54	PER	位置到达确认范围	12800	pulse	O		
P1-56	OVW	预先过负载输出准位	120	%	O	O	O
通信参数							
代号	简称	功能	初值	单位	适用控制模式		
					PT	S	T
P3-00●	ADR	栈号设定	0x7F	N/A	O	O	O
P3-01	BRT	通信传输率	0x0033	bps	O	O	O
P3-02	PTL	通信协议	6	N/A	O	O	O
P3-03	FLT	通信错误处置	0	N/A	O	O	O
P3-04	CWD	通信超时设定	0	sec	O	O	O
P3-05	CMM	通信功能	0	N/A	O	O	O
P3-06■	SDI	输入接点（DI）来源控制开关	0	N/A	O	O	O
P3-07	CDT	通信回复延迟时间	0	1ms	O	O	O
P3-08	MNS	监视模式	0000	N/A	O	O	O
诊断参数							
代号	简称	功能	初值	单位	适用控制模式		
					PT	S	T
P4-00★	ASH1	异常状态记录（N）	0	N/A	O	O	O
P4-01★	ASH2	异常状态记录（N-1）	0	N/A	O	O	O
P4-02★	ASH3	异常状态记录（N-2）	0	N/A	O	O	O
P4-03★	ASH4	异常状态记录（N-3）	0	N/A	O	O	O
P4-04★	ASH5	异常状态记录（N-4）	0	N/A	O	O	O
P4-05	JOG	伺服电机寸动控制	20	r/min	O	O	O
P4-06▲■	FOT	软件DO数据缓存器（可擦写）	0	N/A	O	O	O
P4-07	ITST	数字输入接点多重功能	0	N/A	O	O	O
P4-08★	PKEY	驱动器面板输入接点状态	N/A	N/A	O	O	O
P4-09★	MOT	数字输出接点状态显示	N/A	N/A	O	O	O
P4-10▲	CEN	校正功能选择	0	N/A	O	O	O
P4-11	SOF1	模拟速度输入（1）硬件漂移量校正	工厂设定	N/A	O	O	O
P4-12	SOF2	模拟速度输入（2）硬件漂移量校正	工厂设定	N/A	O	O	O
P4-14	TOF2	模拟扭矩输入（2）硬件漂移量校正	工厂设定	N/A	O	O	O
P4-15	COF1	电流检出器（V1相）硬件漂移量校正	工厂设定	N/A	O	O	O

续表

诊断参数							
代 号	简 称	功 能	初 值	单 位	适用控制模式		
					PT	S	T
P4-16	COF2	电流检出器（V2 相）硬件漂移量校正	工厂设定	N/A	O	O	O
P4-17	COF3	电流检出器（W1 相）硬件漂移量校正	工厂设定	N/A	O	O	O
P4-18	COF4	电流检出器（W2 相）硬件漂移量校正	工厂设定	N/A	O	O	O
P4-19	TIGB	IGBT NTC 校正准位	工厂设定	N/A	O	O	O
P4-20	DOF1	模拟监控输出（MON1）漂移量校正值	0	mv	O	O	O
P4-21	DOF2	模拟监控输出（MON2）漂移量校正值	0	mv	O	O	O
P4-22	SAO	模拟速度输入 OFFSET	0	mv		O	
P4-23	TAO	模拟扭矩输入 OFFSET	0	mv			O

注：

"O" 表示具有相应的功能；

★表示只读缓存器，只能读取状态值；

▲表示 Servo On 伺服启动时无法设定；

●表示必须重新开关机参数才有效；

■表示断电后此参数不记忆设定的内容值。

参 考 文 献

[1] 曹菁.三菱PLC、触摸屏和变频器应用技术项目教程（第2版）.北京：机械工业出版社.2017.

[2] 严惠、张同苏.自动化生产线安装与调试（三菱FX系列）（第3版）.北京：中国铁道出版社.2022.

[3] 梁森、王侃夫、黄杭美.自动检测与转换技术（第4版）.北京：机械工业出版社.2019.

[4] 张文明、刘志军.组态软件控制技术.北京：北京交通大学出版社.2006.

[5] 王文红、李志梅.可编程控制器应用技术项目式教程.北京：机械工业出版社.2015.

[6] 张文明、华祖银.嵌入式组态控制技术（第二版）.北京：中国铁道出版社.2014.

[7] 舒志兵.交流伺服运动控制系统.北京：清华大学出版社.2006.

[8] 李全利.PLC运动控制技术应用设计与实践（三菱）.北京：机械工业出版社.2010.

[9] 李金城、付明忠.三菱FX系列PLC定位控制应用技术.北京：电子工业出版社.2014.

[10] 郑长山.现场总线与PLC网络通信图解项目化教程.北京：电子工业出版社.2016.

[11] 周中艳、党丽峰.传感与检测技术.北京：北京理工大学出版社.2016.